● 現代基礎数学 12

新井仁之・小島定吉・清水勇二・渡辺 治 編集

位相空間とその応用

北田韶彦 著

朝倉書店

編 集 委 員

新井仁之　東京大学大学院数理科学研究科

小島定吉　東京工業大学大学院情報理工学研究科

清水勇二　国際基督教大学教養学部理学科

渡辺　治　東京工業大学大学院情報理工学研究科

まえがき

　本書は物理学や各種工学を専攻する方々のための位相空間論 (general topology) の入門書, 兼実用書である. これまで位相空間論といえばすべての数学の基礎としての位置付けが一般的であり, それが物理学など, 数学の応用分野に直接むすびつくことは少なかったように思われる. しかし, 近年の chaos, fractal 理論に代表される離散力学系理論や物質の nano 構造に関する議論, あるいは, ある種の結晶成長に関する議論などにおいては, その重要な部分が連続体 (compact な連結空間) や巾空間 (巻末の参考書・参考文献 [3], [5] 参照) の考え方を用いて語られており, 現代の位相空間論は, 自然科学と数学の新しい接点になろうとしている. そこで本書では, 連続体理論の中でも特に基本的なものを選び, 離散力学系などとの関係の中でそれらを詳しく解説することにした. その記述においては数学的厳密さにあまりこだわることはせず, 何よりも読みやすいことを心がけた. そのために通読可能なように, 全体のページ数を抑え, また, 内容は, 章, 節ごとに通し番号をつけて区切り, 後の記述においてはその通し番号を引用して, 既出の内容との関係を明確にするように工夫したつもりである. さらに, 読者にとって便利なように, 同じ記号や同じ定義の説明を何度か行ったところがある.

　本書をまとめるにあたり多くの方々のお世話になった. まず 7 章 [7.4.3], i) の内容は江田勝哉早稲田大学教授のアイディアによるものである. [7.2.1]〜[7.2.6] の内容は本書の中心的話題のひとつであるが, これらのうちのいくつかは, 小西徹治氏の学位論文 ([14], [7]) 作成時の議論を通して, 氏から教えていただいたものを基礎にしている. その意味で氏が本書に与えられた影響は大変大きいも

のである．また，[7.3.1], [7.3.2] は畑政義氏の著名な論文 On the structure of self–similar sets, Japan Journal of Applied Mathematics 2(1985)381 によるものである．さらに本書全体にわたり，[3],[15] を特に参考にさせていただいた．

新井仁之東京大学教授には，応用を考慮に入れた位相空間論の入門書の執筆をおすすめいただいた上に色々と御指導いただいた．深石博夫香川大学教授ならびに加藤久男筑波大学教授には連続体理論の現状について詳しい情報を伝えていただいた．大谷光春早稲田大学教授には定期的なセミナーを通して貴重なコメントを頂戴した．足立恒雄早稲田大学教授には数学書の書き方について留意すべき点について御指導いただいた．また，岡良己博士には，常に筆者の執筆環境の整備に心を配っていただいた．早稲田大学の山本知之助教授と小笠原義仁博士には原稿を清書していただいた．朝倉書店編集部には出版にあたり筆者のわがままを色々ときいていただいた．最後に入江昭二早稲田大学名誉教授には Laurent Schwartz 直伝の Bourbaki 位相線形空間論（Espaces Vectoriels Topologiques）を御指導いただき，物質の数理構造を専攻する筆者に，この方面の知識を授けていただいた．

以上の方々に深甚なる謝意を表するものである．

2006 年 12 月

北 田 韶 彦

目　　次

0. 序　　章 ··· 1
   - 0.1　集合と写像に関する基本的事項 ··························· 1
   - 0.2　位相空間に関する基本的事項 ······························ 6
   - 0.3　部分空間に関する基本的事項 ······························ 16

1. 連 続 写 像 ··· 20
   - 1.1　連 続 写 像 ·· 20
   - 1.2　同　　相 ·· 24

2. 連 結 空 間 ··· 28
   - 2.1　連 結 空 間 ·· 28
   - 2.2　成　　分 ·· 33
   - 2.3　準 成 分 ·· 35
   - 2.4　end point と cut point ······································ 40
   - 2.5　局 所 連 結 ·· 44
   - 2.6　弧 状 連 結 ·· 46

3. compact 空間 ·· 50
   - 3.1　compact 空間 ·· 50
   - 3.2　完備距離空間と Baire の定理 ······························ 57
   - 3.3　局所 compact ·· 65

4. usc 写 像 ·· 69
   - 4.1　完全空間と 0 次元空間 ·· 69

4.2　空間の分割 ･･･ 72
　4.3　連続全射の存在 ･･････････････････････････････････････ 75

5. Hahn–Mazurkiewicz の定理 ･･････････････････････････････ 80
　5.1　ε–chain ･･･ 80
　5.2　性質 S ･･ 81
　5.3　$\langle\varepsilon\rangle$–chain ･･･ 84
　5.4　Hahn–Mazurkiewicz の定理 ･･･････････････････････････ 89

6. 分解空間 ･･ 91
　6.1　商写像と分解空間 ････････････････････････････････････ 91
　6.2　usc 分解 ･･ 94

7. 弱い自己相似集合 ･･････････････････････････････････････ 97
　7.1　Hausdorff 距離と Vietoris 位相 ････････････････････････ 97
　7.2　弱い自己相似集合の存在 ･･････････････････････････････ 102
　7.3　弱い自己相似集合の性質 ･･････････････････････････････ 108
　7.4　0 次元で compact な完全空間の存在 ･･････････････････ 111
　7.5　dendrite の系列 ･････････････････････････････････････ 116

8. Cantor の中央 1/3 集合 ････････････････････････････････ 119
　8.1　Cantor の中央 1/3 集合（CMTS）の定義 ･･････････････ 119
　8.2　CMTS の性質 ･･･････････････････････････････････････ 126
　8.3　CMTS と同相な空間 ････････････････････････････････ 127

9. 有限次元線形空間の位相 ･･･････････････････････････････ 133
　9.1　ノルムの定める位相 ･･････････････････････････････････ 133
　9.2　アフィン空間の位相 ･･････････････････････････････････ 140

付　録 ･･ 146
　A.1　fixed point property ･････････････････････････････････ 146

A.2 位相空間 dendrite（本文 [2.4.8]）の物理学 ·················· 148
A.3 集合列の収束 —Hausdorff 距離 d_H（本文 7.1 節）の補足— ······ 151
A.4 数学的帰納法 ·· 154

参考書・参考文献 ·· 156

索　引 ·· 159

第 0 章

序　章

CHAPTER 0

　この序章では，位相空間とその周辺に関する要素的な事項を列挙するが，体系だったより詳しい内容については，参考書・参考文献 [1], [15] などを参照していただきたい．

0.1　集合と写像に関する基本的事項

[0.1.1]　Λ を添字集合とする集合 X の部分集合の族を $\{A_\lambda\}$，B を X の部分集合とする．次の式が成立する．

$$B\cap(\bigcap_{\lambda\in\Lambda} A_\lambda) = \bigcap_{\lambda\in\Lambda}(B\cap A_\lambda),\ B\cup(\bigcup_{\lambda\in\Lambda} A_\lambda) = \bigcup_{\lambda\in\Lambda}(B\cup A_\lambda)$$

$$B\cap(\bigcup_{\lambda\in\Lambda} A_\lambda) = \bigcup_{\lambda\in\Lambda}(B\cap A_\lambda),\ B\cup(\bigcap_{\lambda\in\Lambda} A_\lambda) = \bigcap_{\lambda\in\Lambda}(B\cup A_\lambda),$$

$$(\bigcup_{\lambda\in\Lambda} A_\lambda)^c = \bigcap_{\lambda\in\Lambda} A_\lambda^c \ ^{*1)},\ (\bigcap_{\lambda\in\Lambda} A_\lambda)^c = \bigcup_{\lambda\in\Lambda} A_\lambda^c$$

[0.1.2]　選択公理（axiom of choice）

　ϕ（空）でない集合から成る集合族 $\{X_\lambda;\ \lambda\in\Lambda\}$（$\Lambda$ は添字の集合）を考える．$\varphi:\Lambda\to\bigcup_{\lambda\in\Lambda} X_\lambda$ なる写像で $\varphi(\lambda)\in X_\lambda$ なるものが常に存在する．これを選択公理とよぶ．

[0.1.3]　写像[*2)] $f:X\to Y$ が関係 "$x\neq x' \Rightarrow f(x)\neq f(x')$" をみたすとき，$f$

[*1)] A^c は集合 A の補集合を表す．c は complement の頭文字．補集合に関しては $A\cap B=\phi \Leftrightarrow A\subset B^c$ が成り立つ．

[*2)] 本書では写像と関数を同じ意味で用いる．

を単射 (one to one mapping) という．また，"$^\forall y \in Y, {}^\exists x \in X$ s.t. $f(x) = y$"なる関係が成り立つとき，f を全射 (onto mapping) という．ここで∀は "任意の"，∃は "存在する"，s.t. は "such that" をそれぞれ表す記号である．両者が成り立つとき，すなわち，"$^\forall y \in Y, {}^{\exists 1} x \in X$ s.t. $f(x) = y$" となるとき，f を全単射という．ここで∃1 は，"ただひとつ存在する" を表す記号である．

■ Bernstein の定理

X から Y への単射が存在し，かつ Y から X への単射が存在するならば，X から Y への全単射が存在する（Y から X への全単射が存在するといってもよい）．

X から Y への全単射が存在するとき，X と Y とは全単射同型であるという．全単射同型という言葉を利用して "無限集合" を定義しておこう．n をひとつの自然数として集合 $\{1, \ldots, n\}$ を記号 $\bar{n}$ で表すことにする．$\bar{n}$ と全単射同型な集合を有限集合 (finite set) という．有限集合は，その真部分集合と全単射同型にはならないことを示すことが出来る．有限集合でない集合を無限集合 (infinite set) という．したがって，もし真部分集合が在って，それと全単射同型になるならば，その集合は無限集合ということになる．また，逆に無限集合は必ず，それと全単射同型になるような真部分集合を含むことが知られている．故に無限集合とは，その真部分集合と全単射同型になる集合，ということが出来る．当然，有限集合は無限集合と全単射同型になることはない．

[0.1.4] 写像 $f: X \to Y$ を考える．X の部分集合 A あるいは部分集合族 $\{A_\lambda; \lambda \in \Lambda\}$，$Y$ の部分集合 B あるいは部分集合族 $\{B_\mu; \mu \in M\}$ に対して，以下が成り立つ．

$$f^{-1}(f(A)) \supset A, \ f(f^{-1}(B)) \subset B,$$
$$f(\bigcup_{\lambda \in \Lambda} A_\lambda) = \bigcup_{\lambda \in \Lambda} f(A_\lambda), \ f(\bigcap_{\lambda \in \Lambda} A_\lambda) \subset \bigcap_{\lambda \in \Lambda} f(A_\lambda),$$
$$f^{-1}(\bigcup_{\mu \in M} B_\mu) = \bigcup_{\mu \in M} f^{-1}(B_\mu), \ f^{-1}(\bigcap_{\mu \in M} B_\mu) = \bigcap_{\mu \in M} f^{-1}(B_\mu),$$
$$f^{-1}(B^c) = (f^{-1}(B))^c.$$

i) 写像 $f : X \to Y$ において，常に $f(E^c) \supset f(X) \cap (f(E))^c$ なる関係が成り立つことを注意しよう．さらにもし f が単射ならば逆向きの包含関係 $\subset$ も成り立つから，そのときは
$$f(E^c) = f(X) \cap (f(E))^c$$
となる．この関係を用いて，[0.1.3] の Bernstein の定理を証明しよう．すなわち，X から Y への単射が存在し，かつ Y から X への単射が存在するならば，X から Y への全単射が存在することを示そう．

$f : X \to Y, g : Y \to X$ をそれぞれ単射とする．$f(X)^c (= Y - f(X)) \neq \phi$ としよう．もし，$f(X)^c = \phi$ ならば f 自身が全単射である．そこで $f(X)^c = Y_0$ とおこう．さらに
$$g(Y_0) = X_1, f(X_1) = Y_1, \ldots, g(Y_{n-1}) = X_n, f(X_n) = Y_n, \ldots$$
とおいて，それぞれの和を
$$\bigcup_{n=1}^{\infty} X_n = E \ , \ \bigcup_{n=0}^{\infty} Y_n = F$$
と書こう．上に述べた関係から
$$\begin{aligned} f(E^c) &= f(X) \cap (f(E))^c = (f(X)^c \cup f(E))^c \\ &= (Y_0 \cup f(E))^c \end{aligned}$$
となる．ここで
$$Y_0 \cup f(E) = Y_0 \cup f(\bigcup_{n=1}^{\infty} X_n) = Y_0 \cup (\bigcup_{n=1}^{\infty} f(X_n)) = \bigcup_{n=0}^{\infty} Y_n = F$$
であるから，関係
$$f(E^c) = F^c$$
がえられる．一方，
$$g(F) = g(\bigcup_{n=0}^{\infty} Y_n) = \bigcup_{n=0}^{\infty} g(Y_n) = \bigcup_{n=1}^{\infty} X_n = E$$
であるから，今
$$F \ni y \mapsto g(y) \in E$$
なる写像を考えれば，これは全単射である．そこでこの写像の逆写像を

$k'' : E \to F$ とおけば，これも全単射である．次に
$$E^c \ni x \mapsto f(x) \in F^c$$
なる全単射を k' とおいて，以下の写像
$$k(x) = \begin{cases} k'(x), & x \in E^c \\ k''(x), & x \in E \end{cases}$$
を新たに考えれば，これが求める全単射 $k : X \to Y$ となる．なおもし，$E^c = \phi$ ならば $k = k''$ となる．

ii) X から Y への全射が存在するための必要十分条件は Y から X への単射が存在することである．これを示そう．そのために以下の a), b) をまず示そう．

 a) $f : A \to B$ は単射 $\Leftrightarrow$ $^\exists h : B \to A$ s.t. $h \circ f : A \to A$ は恒等写像[*3]．

$$\text{ただし } h \circ f(a) = h(f(a)).$$

 b) $f : A \to B$ は全射 $\Leftrightarrow$ $^\exists g : B \to A$ s.t. $f \circ g : B \to B$ は恒等写像．

まず a) $\Leftarrow$ を示そう．$a, a' \in A$, $a \neq a'$ としよう．$h \circ f(a) = a$, $h \circ f(a') = a'$ であるから，$f(a) \neq f(a')$．したがって f は単射である．a) $\Rightarrow$ を示そう．$A \to f(A)$, $a \mapsto f(a)$ なる写像は全単射だから逆写像 $h' : f(A) \to A$ が存在する．この h' と A のひとつの任意の元 $\breve{a}$ とを用いて，
$$h(b) = \begin{cases} h'(b), & b \in f(A) \\ \breve{a}, & b \in f(A)^c \end{cases}$$
によって写像 $h : B \to A$ を定めれば，$h \circ f(a) = h'(b) = a$ が任意の点 $a \in A$ で成り立つ．次に b) $\Leftarrow$ を示そう．$^\forall b \in B$ を考える．仮定から $f \circ g(b) = b$ となるから，$^\exists g(b) \in A$ s.t. $f(g(b)) = b$ となる．したがって f は全射である．b) $\Rightarrow$ を示そう．A の部分集合族 $\{f^{-1}(b); b \in B\}$ を考えよう．f は全射であるから各 $f^{-1}(b)$ は ϕ ではない．そこで選択公理 [0.1.2] から，$^\exists \varphi : B \to \bigcup_{b \in B} f^{-1}(b)$ s.t. $\varphi(b) \in f^{-1}(b)$, となる．この φ を g ととればよい．実際 $^\forall b \in B$, $f \circ g(b) = f \circ \varphi(b) = b$, が成り立つ．

 さて，この a), b) を用いて，はじめの事実を示そう．今，$F : X \to Y$

[*3] 写像 $F : X \to X$ が恒等写像であるとは $^\forall x \in X$, $F(x) = x$, となること．

を全射とする．b) から $^\exists G : Y \to X$ s.t. $F \circ G : Y \to Y$ は恒等写像，と出来る．このとき a) から $G : Y \to X$ は単射となる．逆に $G : Y \to X$ を単射としよう．a) から $^\exists F : X \to Y$ s.t. $F \circ G : Y \to Y$ は恒等写像，と出来る．このとき b) から，$F : X \to Y$ は全射となる．

[0.1.5] 同値関係（equivalence relation）

集合族 $\{X_\lambda ; \lambda \in \Lambda\}$ において各 X_λ からひとつずつ元 x_λ をとって作った集合 $x = \{x_\lambda \in X_\lambda ; \lambda \in \Lambda\}$ を考える．他の集合 $x' = \{x'_\lambda \in X_\lambda ; \lambda \in \Lambda\}$ に対して $x_\lambda = x'_\lambda$ がすべての $\lambda \in \Lambda$ に対して成り立つときにだけ $x = x'$，と定めよう．このような集合 x の全体を $\Pi_{\lambda \in \Lambda} X_\lambda$ [*4] と書いて，$X_\lambda, \lambda \in \Lambda$ の直積集合（direct product set）という．Λ が有限集合 $\overline{n} = \{1, \ldots, n\}$ のときには直積集合 $\Pi_{i \in \overline{n}} X_i$ を $X_1 \times \cdots \times X_n$ と書くこともある．

ϕ でない同じ X から成る直積集合 $X \times X$（すなわち，X の元から成る順序対 (x, x') の全体）と $X \times X$ の部分集合 R とを考える．今,

i) X のすべての元 x に対して $(x, x) \in R$,

ii) $(x, y) \in R \Rightarrow (y, x) \in R$,

iii) $(x, y) \in R, (y, z) \in R \Rightarrow (x, z) \in R$,

が成り立つとき，部分集合 R を同値関係という．このような R が指定されたとき，X 上に R に関する同値関係が定まっているといって，$(x, y) \in R$ を記号 $x \sim y$ で表すことが多い．X のひとつの元 x_0 に対して，X の部分集合

$$C(x_0) = \{x \in X; \ x_0 \sim x\}$$

を x_0 の同値類（equivalence class）という．明らかに以下の関係が成り立つ．$\bigcup_{x_0 \in X} C(x_0) = X$, $C(x_0) = C(x'_0) \Leftrightarrow x_0 \sim x'_0$, $C(x_0) \cap C(x'_0) = \phi \Leftrightarrow x_0 \sim x'_0$ でない．

同値関係 $\sim$ によって X を同値類に分割することを，X を $\sim$ によって類別するという．異なる同値類全体の作る集合を，$\sim$ による X の商集合（quotient set）といって $X/\sim$ と書く．写像 $p : X \to X/\sim$, $x \mapsto C(x)$ を射影（projection）という．

[*4] [0.1.2] から $\Pi_{\lambda \in \Lambda} X_\lambda \neq \phi$.

0.2 位相空間に関する基本的事項

[0.2.1] 位相空間 (topological space)

集合 X の部分集合の族 τ が次の3つの条件

O_1) X および空集合 ϕ は τ に属する.

O_2) τ に属する2つの集合の共通部分は τ に属する. すなわち, $U, V \in \tau \Rightarrow U \cap V \in \tau$.

O_3) τ に属する任意個の集合の和は τ に属する. すなわち, $U_\lambda \in \tau, \lambda \in \Lambda \Rightarrow \bigcup_{\lambda \in \Lambda} U_\lambda \in \tau$.

をみたすとき, 部分集合族 τ を X の位相 (topology) という. 位相の定まっている集合 X を位相空間といって, 位相 τ と合わせて (X, τ) と書く. 部分集合族 τ に属する集合を開集合 (open set) という. 上の O_3) から容易にわかるように, 開集合に関しては以下の関係が成り立つ (図1).

$$\phi \neq U \in \tau \Leftrightarrow {}^\forall x \in U, \, {}^\exists u(x)^{*5)} \in \tau \text{ s.t. } u(x) \subset U. \qquad (*)$$

開集合 $\{x \in X; \, {}^\exists u(x) \in \tau \text{ s.t. } u(x) \subset A\}$ を集合 A の内部 (interior of A) といって Int$A$ と書く. Int$A$ の点を A の内点という. すなわち, $U \in \tau$ とは Int$U = U$ のことである. Int に関しては, Int$(A \cap B) = $ Int$A \cap IntB$ が成り

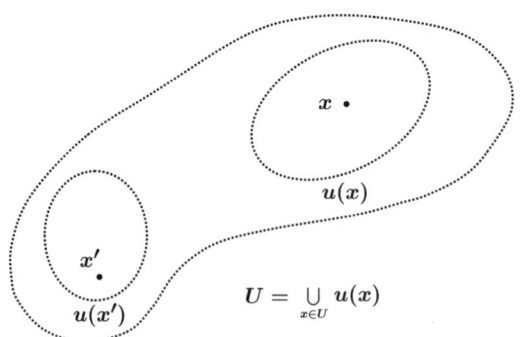

図1 開集合 U

---

*5) 本書では A が点 x を含むとき, これを $A(x)$ と書くことにする.

立つ．

　X の部分集合全部から成る部分集合族—これを一般に 2^X と書く—は X の位相である．この位相を離散位相 (discrete topology) という．X の部分集合族として X 自身と空集合 ϕ とだけから成るもの $\{X, \phi\}$ を考えれば，これも X の位相であって，密着位相 (trivial topology) とよばれる．X が1点だけから成る集合 $\{x\}$ のときは，両者は一致する．τ_1, τ_2 を X の2つの位相として，集合族として $\tau_1 \supset \tau_2$ となるとき，τ_1 は τ_2 より強い（精）といい，τ_2 は τ_1 より弱い（粗）という．離散位相は他のどんな位相よりも強く，密着位相は他のどんな位相よりも弱い．

　位相空間 (X, τ) の任意の点 x と x と異なる点 y に対し，点 x を含み点 y を含まないような開集合が存在するか，あるいは逆に点 y を含み点 x を含まないような開集合が存在するか，そのいずれかが存在するとき，この位相空間を T_0 空間とよぶ．また，両者が存在するとき，T_1 空間という．T_1 空間 X で，1点 a を X から除いた集合 $X - \{a\}$ は開集合である．また，点 x を含む開集合 u と点 y を含む開集合 v とが在って $u \cap v = \phi$ と出来るとき，この位相空間を T_2 空間とよぶ（図2）．T_1 空間にならない T_0 空間の例と，T_2 空間にならない T_1 空間の例を以下に示そう．

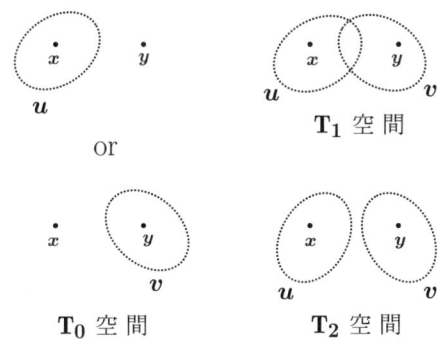

図2　各種の分離公理

■ T_2 空間にならない T_1 空間の例

　$I = [0, 1]$ の部分集合で，含まない点が在ったとしてもそれがたかだか有限個

であるようなものの全部に ϕ をつけ加えたものを τ とすると, τ は明らかに I 上の位相である. I の異なる 2 点 a,b に対して, 点 a を含む開集合として $I-\{b\}$ を, 点 b を含む開集合としては, $I-\{a\}$ をそれぞれとればよいから, T_1 空間であることがわかる. 次に点 a を含む開集合と点 b を含む開集合とは, それらがどのようなものであっても共有する点が（無限個）存在するから T_2 空間にはならない.

■ T_1 空間にならない T_0 空間の例
 i)　$X=\{a,b\}, \tau=\{X, \phi, \{a\}\}$.
 ii)　実数 x に対して, x が有理数のときは, その同値類（[0.1.5] 参照）を有理数全体 Q とし, x が無理数のときは, その同値類を x 自身, $\{x\}$, だけであるとして実数全体 R^1 を類別しよう. この商集合を R^1/Q と書こう. $R^1/Q=\{Q,\{x\}(x\in Q^c,\ ie.,\ x\text{ は無理数})\}$ である. 射影 $p:R^1\to R^1/Q$ を用いて, R^1/Q に位相 $\tau_p=\{D\subset R^1/Q;\ p^{-1}(D)\in\tau\}$ を定めよう. ここで R^1 の位相 τ はその距離 d が $d(x,y)=|x-y|$ によって定めたときの距離位相（次頁参照）である. 商空間[*6]$(R^1/Q,\tau_p)$ は T_0 空間ではあるが T_1 空間にはならないことを示そう. R^1/Q の 2 点を考える. 少なくとも片方は $\{x\}, x\in Q^c$ である. 今, 他方 Q もしくは $\{x'\}\ (x'\in Q^c, x\neq x')$ を含むところの部分集合 D として $R^1/Q-\{x\}$ を考える. $p^{-1}(R^1/Q-\{x\})=\{x\}^c\in\tau$ （(R^1,τ) は距離空間であり, 距離空間は T_2 空間であり—次頁参照— T_2 空間は T_1 空間だから $R^1-\{x\}$ は R^1 の開集合である）となるから $D=R^1/Q-\{x\}\in\tau_p$ である. さて, $Q\in R^1/Q-\{x\}, \{x'\}\in R^1/Q-\{x\}$ だから, $(R^1/Q,\tau_p)$ が T_0 空間であることがわかる. 次に T_1 空間にはならないことを示そう. 商空間 R^1/Q の点 $\{x\}, x\in Q^c$, と点 Q とを考えよう. $\{x\}$ を含む任意の τ_p の開集合 D を考えよう. すなわち, $p^{-1}(D)\in\tau$ となっている. $\{x\}\in D$ だから, $x\in p^{-1}(D)\in\tau$. $^\exists\delta>0$ s.t. $(x-\delta,x+\delta)\subset p^{-1}(D)$ となっている. 開区間 $(x-\delta,x+\delta)$ 内には必ず有理数 q が含まれるから, $p(q)\in D$ となる

[*6]　(X,τ) を位相空間とする. 同値関係 $\sim$ による X の商集合 $X/\sim$ に射影 $p:X\to X/\sim$, $x\mapsto C(x)$ を用いて, $\tau_p=\{D\subset X/\sim;\ p^{-1}(D)\in\tau\}$ として位相を定めたとき, 位相空間 $(X/\sim,\tau_p)$ を同値関係 $\sim$ による (X,τ) の商空間（quotient space）という.

が $p(q) = Q$ であるから R^1/Q の点 $\{x\}$ を含むところのどんな R^1/Q の開集合 D も必ず点 Q を含むことになる.したがって $(R^1/Q, \tau_p)$ は T_1 空間にはならない.

位相空間 (X, τ) 内の点列 $\{x_n\}$ が点 $x \in X$ に収束する,すなわち,$x_n \to x \; (n \to \infty)$ となるとは,$^\forall u(x) \in \tau$, $^\exists N$ s.t. $N \leq {}^\forall n$, $x_n \in u(x)$, となることである.したがって $\{x_n\}$ が x に収束しないとは,$^\exists u(x) \in \tau$ s.t. $^\forall N$, $N \leq {}^\exists n_N$ s.t. $x_{n_N} \notin u(x)$, ということである.

T_2 空間においては,明らかに収束点列は 1 点に収束する.密着位相においては,任意の点列が任意の点に収束する.一方,離散位相においては,収束点列は,ある番号から先はすべて同じ点でなければならない.

d が任意の $x, y, z \in X$ に対して以下の条件 D_1), D_2), D_3) をみたすとき d を X 上の距離 (metric) とよぶ.
D_1) $d(x, y) \geq 0$, $d(x, y) = 0 \Leftrightarrow x = y$,
D_2) $d(x, y) = d(y, x)$,
D_3) $d(x, z) \leq d(x, y) + d(y, z)$ (三角不等式).
実際,
$$d(x, y) = \begin{cases} 1, & x \neq y \\ 0, & x = y \end{cases}$$
として X 上の d を定めれば,たしかに d は D_1), D_2), D_3) をみたす.この d を離散距離 (discrete metric) という.

u をなんらかの距離 d が与えられた集合 X の部分集合とする.u の任意の点 x に対して,
$$^\exists \delta > 0 \text{ s.t. } S_d(x, \delta)(= \{y \in X \; ; \; d(x, y) < \delta\}) \subset u$$
となっているものとする.ただし,$\delta > 0$ は点 x に依存してよい.ここで $S_d(x, \delta)$ を,点 x を中心とした半径 δ の開球 (open sphere) という.このような u の全体に ϕ をつけ加えたものは,X の位相をなす.この位相を距離 d による位相 (距離位相) といって,τ_d などで表す.距離の定まった集合 X を距離空間 (metric space) といって (X, d) あるいは (X, τ_d) で表す.本書ではこの 2 つの

記法を混用する.

$S_d(x,\delta) \in \tau_d$ であることは見やすい. 実際, $^\forall y \in S_d(x,\delta)$ に対して点 y を中心とした半径 $\delta - d(x,y)$ の開球 $S_d(y, \delta - d(x,y))$ を考えよう. $^\forall p \in S_d(y, \delta - d(x,y))$ に対して上の三角不等式 $D_3)$ から

$$d(x,p) \leq d(x,y) + d(y,p) < d(x,y) + \delta - d(x,y) = \delta$$

となるから $p \in S_d(x,\delta)$ がえられる. すなわち, $S_d(y, \delta - d(x,y)) \subset S_d(x,\delta)$ となって, $S_d(x,\delta) \in \tau_d$ がたしかめられた. 距離空間は, $u = S_d(x, d(x,y)/2)$, $v = S_d(y, d(x,y)/2)$ とおけば $u \cap v = \phi$ だから, T_2 空間である.

d を集合 X 上のなんらかの距離とする. $\tau = \tau_d$ と出来るとき, 位相空間 (X, τ) は距離化可能 (metrizable) であるという. $\tau = \tau_d$ となるためには, 以下の i), ii) が成り立つことが十分である.
  i) $\phi \neq {}^\forall u \in \tau$ に対して, その各点 $x \in u$ を中心として, 半径 $\varepsilon_x > 0$ の開球 $S_d(x, \varepsilon_x)$ が在って, $S_d(x, \varepsilon_x) \subset u$ となる.
  ii) $S_d(x, \varepsilon) \in \tau$ が $^\forall x \in X$, $^\forall \varepsilon > 0$ に対して成り立つ.

実際, まず i) は $u \in \tau_d$ の条件そのままである. ii) となるとき, $\phi \neq {}^\forall u \in \tau_d$ を考えると, $u = \bigcup_{x \in u} S_d(x, \varepsilon_x)$ であるから, 前述の位相の性質 $O_3)$ から $u \in \tau$ をうる.

■例 1 離散空間 (X, τ) は距離化可能である.

距離 d として上で述べた離散距離をとろう. まず, $^\forall x \in u \in \tau$ に対して $S_d(x, 1)$ を考えれば $S_d(x, 1) = \{x\} \subset u$ となるから, 上の i) がみたされていることがわかる. 次に, $S_d(x, \varepsilon)$ は, x と ε とにかかわらず X の部分集合であるから, $S_d(x, \varepsilon) \in \tau$ となって上の ii) もみたされている.

■例 2 X を 2 点以上をもつ集合とし, τ を密着位相とすると, τ は距離化可能ではない.

今もし距離 d が在って $\tau_d = \tau = \{X, \phi\}$ となっているものとしよう. 前に述べたように開球 $S_d(a, d(a,b))$ は τ_d の元である. しかし $a \in S_d(a, d(a,b))$ かつ $b \notin S_d(a, d(a,b))$ だから, $S_d(a, d(a,b)) \neq \phi$, $S_d(a, d(a,b)) \neq X$ となって, X

と ϕ 以外に τ の開集合が存在することになってしまう.

[0.2.2] 開基 (open base)

ß が位相空間 (X,τ) のいくつかの開集合から成る集合族であり, (X,τ) のどんな開集合も ß に属するいくつかの開集合の和として表現されるとき, τ の部分族 ß を τ の開基 (open base) とよぶ. τ 自身は τ のひとつの開基である. 開基が可算個[*7)]の開集合から成っているとき, 特に可算開基 (countable open base) という. 位相空間が可算開基をもつとき, それは第2可算 (second countable) であるといわれる.

ß を集合 X の部分集合から成る集合族であって ϕ を含むものとする. ß が

 i) $\cup ß$[*8)] $= X$,

 ii) $\forall U, V \in ß$ に対して, $\exists ß' \subset ß$ s.t. $U \cap V = \cup ß'$,

をみたすならば ß はひとつの位相空間の開基となる.

X の部分集合の集まり $\pounds$ を考える. この $\pounds$ が X 自身および空集合 ϕ を含んでいれば (もし $\pounds$ が X, ϕ を含んでいなければ, それらをつけ加えたものをあらためて $\pounds$ とおけばよい), 以下のようにして部分集合族 $\pounds$ をその部分族として含む位相 $\tau_\pounds$ を作ることが出来る. まず, $\pounds$ に属する任意の有限個の集合の共通部分をすべて $\pounds$ につけ加えてえられる集合族を $\pounds^*$ とする. 次に $\pounds^*$ の任意個の集合の和を $\pounds^*$ につけ加えて $\tau_\pounds$ に拡張する. この $\tau_\pounds$ は X の位相となるが, 部分集合族 $\pounds$ を含む位相の中で最も弱い位相である. $\tau_\pounds$ を部分集合族 $\pounds$ によって, 生成された位相 (topology generated by $\pounds$) という. $\pounds^*$ は, この位相空間のひとつの開基である.

ここで写像が定める位相について考えよう. 写像 $f: X \to (Y,\tau')$ によって, X に位相を入れる場合と, 写像 $f: (X,\tau) \to Y$ によって Y に位相を入れる場合とに分けて考えよう. ここでは, 写像の連続性に関する議論 ([1.1.1] 参照) を先取りして用いる. そちらを先に読まれた後に戻って読んでいただいてもよい.

 i) $f: X \to (Y,\tau')$ によって X の位相を定める. $\tau = \{f^{-1}(u') \subset X; u' \in$

[*7)] 有限個もしくは可算無限個を本書では可算個と表現する. 自然数の全体 $\mathbf{N}$ と全単射同型な集合を可算無限集合という.

[*8)] 記号 $\cup ß$ は $\bigcup_{B \in ß} B$ のこと.

τ'} とおくと τ は明らかに X の位相である．これは f を連続にするところの最も弱い位相である．実際，f を連続にするところの X のひとつの位相 T を考える．たとえば X の全部分集合 2^X はそのような位相である．$u \in \tau$ を考えると，$^{\exists}u' \in \tau'$ s.t. $u = f^{-1}(u')$，であるが，f は連続だから $u \in T$ となる．すなわち，$\tau \subset T$ である．

ii) $f : (X, \tau) \to Y$ によって Y の位相を定める．f を全射とする．$\tau' = \{u' \subset Y; f^{-1}(u') \in \tau\}$ とおくと，τ' は明らかに Y の位相である．これは f を連続にするところの最も強い位相である．実際，f を連続にするところの Y のひとつの位相 T' を考える．たとえば $\{Y, \phi\}$ はそのような位相である．$u' \in T'$ を考えると，$f^{-1}(u') \in \tau$ だから，$u' \in \tau'$ となって，$T' \subset \tau'$ である．

次に単一の写像ではなく，いくつかの写像から成る写像族が定める位相について考えよう．$\{(X_\lambda, \tau_\lambda); \lambda \in \Lambda\}$ を位相空間の族とする．各写像 $f_\lambda : X \to (X_\lambda, \tau_\lambda)$, $\lambda \in \Lambda$ を連続にするところの，X の最も弱い位相は，X の部分集合族 $\mathcal{L} = \{f_\lambda^{-1}(u_\lambda) \subset X; u_\lambda \in \tau_\lambda, \lambda \in \Lambda\}$ によって生成された位相である．$(X_\lambda, \tau_\lambda)$ の直積 $\Pi_{\lambda \in \Lambda} X_\lambda$ を X として，射影 (projection) $p_\lambda : X \to (X_\lambda, \tau_\lambda)$, $\lambda \in \Lambda$ を $p_\lambda(\{x_\lambda; \lambda \in \Lambda\}) = x_\lambda$ として定める．$\mathcal{L} = \{p_\lambda^{-1}(u_\lambda) \subset X; u_\lambda \in \tau_\lambda, \lambda \in \Lambda\}$ が生成する位相は，すべての p_λ を連続にするところの $\Pi_{\lambda \in \Lambda} X_\lambda$ の最も弱い位相である．これを積位相 (product topology) といって，$\Pi_{\lambda \in \Lambda} \tau_\lambda$ と書く．$(\Pi_{\lambda \in \Lambda} X_\lambda, \Pi_{\lambda \in \Lambda} \tau_\lambda)$ を積空間 (product space) という．

$\mathcal{L}$ が生成する位相の開基 $\mathcal{L}^*$ の形を調べよう．$\mathcal{L}^*$ の元は $\mathcal{L}$ の元の有限個の共通部分であるから，$\{1, \ldots, n\} = \overline{n}$ とおいて

$$\bigcap_{i \in \overline{n}} p_{\lambda_i}^{-1}(u_{\lambda_i}),\ u_{\lambda_i} \in \tau_{\lambda_i}$$

という形をしている．実際，同じ番号 i に対しては，

$$p_{\lambda_i}^{-1}(u_{\lambda_i}) \cap p_{\lambda_i}^{-1}(v_{\lambda_i}) = p_{\lambda_i}^{-1}(u_{\lambda_i} \cap v_{\lambda_i})$$

であって，$u_{\lambda_i} \cap v_{\lambda_i} \in \tau_{\lambda_i}$ となるからである．ここで $p_{\lambda_i}^{-1}(u_{\lambda_i}) = u_{\lambda_i} \times \Pi_{\lambda \neq \lambda_i} X_\lambda$ であるから[*9]，

[*9] もちろん $u_{\lambda_i} = X_{\lambda_i}$ ということもありうる．

$$\bigcap_{i\in\overline{n}} p_{\lambda_i}^{-1}(u_{\lambda_i}) = u_{\lambda_1}\times\cdots\times u_{\lambda_n}\times \Pi_{\lambda\neq\lambda_1,\ldots,\lambda\neq\lambda_n}X_\lambda$$

となる. 特に Λ が有限集合 $\overline{k}=\{1,\ldots,k\}$ のときには, $\mathcal{L}^*$ は $\{u_1\times\cdots\times u_k; u_i \in \tau_i\}$ と簡潔に表される.

ここで各射影 $p_\lambda : (\Pi_{\lambda\in\Lambda}X_\lambda, \Pi_{\lambda\in\Lambda}\tau_\lambda) \to (X_\lambda, \tau_\lambda)$, $\{x_\lambda; \lambda\in\Lambda\}\mapsto x_\lambda$ は連続な開写像 ([1.2.3] 参照) であることを注意しよう. 実際, 積位相 $\Pi_{\lambda\in\Lambda}\tau_\lambda$ の各元 H は $u_{\lambda_1}\times\cdots\times u_{\lambda_n}\times\Pi_{\lambda\neq\lambda_1,\ldots,\lambda\neq\lambda_n}X_\lambda$ なる形の集合の和であって, $p_\lambda(u_{\lambda_1}\times\cdots\times u_{\lambda_n}\times\Pi_{\lambda\neq\lambda_1,\ldots,\lambda\neq\lambda_n}X_\lambda) \in \tau_\lambda$ であるから, 公式 $f(\bigcup_\mu A_\mu) = \bigcup_\mu f(A_\mu)$ ([0.1.4] 参照) によって $p_\lambda(H)\in\tau_\lambda$ となる. p_λ の連続性は明らかである.

次に距離空間の有限個の積の場合について積位相を具体的に求めてみよう. 各位相空間が距離空間 (X_i, d_i), $i\in\overline{n}$ であるとき, 積位相 τ は

$$d(x,y) = \max_i d_i(x_i, y_i), \quad x=(x_1,\ldots,x_n), y=(y_1,\ldots,y_n)$$

なる距離 d による位相 τ_d に一致する. 以下でこれをたしかめよう. $H\in\tau \Rightarrow H\in\tau_d$ をまず示そう. $h=(h_1,\ldots,h_n)\in H$ に対して, $^\exists u_1\in\tau_{d_1},\ldots,u_n\in\tau_{d_n}$, $u_1\times\cdots\times u_n\in\mathcal{L}^*$ s.t. $h_1\in u_1,\ldots,h_n\in u_n$, $u_1\times\cdots\times u_n\subset H$ となっている. ただし, 各 τ_{d_i} は距離 d_i による距離位相である. 今, $\delta_i>0$ が在って, $S_{d_i}(h_i,\delta_i)\subset u_i$ となっているのだから, $\min_i\delta_i=\delta$ とおけば,

$$S_{d_1}(h_1,\delta)\times\cdots\times S_{d_n}(h_n,\delta)\subset u_1\times\cdots\times u_n\subset H.$$

そこで $S_d(h,\delta)$ なる τ_d の開球を考えれば, $x\in S_d(h,\delta)$ に対して, $\delta > d(h,x) = \max_i d_i(x_i,h_i)$ だから $x_i\in S_{d_i}(h_i,\delta)$ となって $x=(x_1,\ldots,x_n)\in H$ がえられる. すなわち $S_d(h,\delta)\subset H$ となって, $H\in\tau_d$ が示された.

次に $H\in\tau_d\Rightarrow H\in\tau$ を示そう. $h=(h_1,\ldots,h_n)\in H$ に対して, $^\exists\delta>0$ s.t. $S_d(h,\delta)\subset H$ となっている. 今, $S_{d_1}(h_1,\delta)\times\cdots\times S_{d_n}(h_n,\delta)$ なる $\mathcal{L}^*$ の元を考えよう. $x=(x_1,\ldots,x_n)\in S_{d_1}(h_1,\delta)\times\cdots\times S_{d_n}(h_n,\delta)$ なる任意の点 x を考えれば, $d(h,x)=\max_i d_i(h_i,x_i)<\delta$ だから $x\in S_d(h,\delta)$ をうる. これは $S_{d_1}(h_1,\delta)\times\cdots\times S_{d_n}(h_n,\delta)\subset S_d(h,\delta)\subset H$ を意味する. したがって

$$H\subset \bigcup_{h=(h_1,\ldots,h_n)\in H} S_{d_1}(h_1,\delta)\times\cdots\times S_{d_n}(h_n,\delta) \subset H$$

となるから, H は $\mathcal{L}^*$ の元の和 $\bigcup_{h=(h_1,\ldots,h_n)\in H} S_{d_1}(h_1,\delta)\times\cdots\times S_{d_n}(h_n,\delta)$ と

なっていることがわかる．すなわち，$H \in \tau$ が示された．

[0.2.3] 集積点（accumulation point）

A を位相空間 (X, τ) の部分集合とするとき，(X, τ) の点 x を含む任意の開集合 $G(x)$ から点 x を除いた集合が，部分集合 A と ϕ でない共通部分をもつならば，すなわち，

$$(G(x) - \{x\}) \cap A \neq \phi$$

となるならば，点 x を部分集合 A の集積点という．

位相空間 (X, τ) の点 x が，X の集積点でないとき，X の孤立点（isolated point）とよぶ．点 x が X の孤立点であるとは，$\{x\} \in \tau$ ということである．

[0.2.4] 閉包（closure）

その点を含む任意の開集合が，部分集合 A と空でない共通部分をもつとき，その点を A の触点（adherent point）という．x が A の点ならば，当然 A の触点である．A の触点の集合を ClA で表し，A の閉包（closure）という．定義から $A \subset$ ClA であるが，反対に Cl$A \subset A$ となるとき，すなわち $A =$ ClA となるとき，この集合を位相空間 (X, τ) の閉集合（closed set）とよぶ．閉集合とは，そのすべての触点から成る集合のことである．ClA は常に閉集合である．閉集合の全体を $\mathfrak{F}$ で表す．閉集合の補集合は開集合である．[0.2.1] の開集合の性質 O_1), O_2), O_3) から，開集合の補集合である閉集合に関しては以下の性質 C_1), C_2), C_3) が成り立つ．

C_1)　　$X, \phi \in \mathfrak{F}$.

C_2)　　$E, F \in \mathfrak{F} \Rightarrow E \cup F \in \mathfrak{F}$.

C_3)　　$K_\lambda \in \mathfrak{F}, \lambda \in \Lambda \Rightarrow \bigcap_{\lambda \in \Lambda} K_\lambda \in \mathfrak{F}$.

さらに閉包に関しては，Cl$(A \cup B) =$ Cl$A \cup$ ClB, Cl$(A \cap B) \subset$ Cl$A \cap$ ClB などの関係が成り立つ．

　i)　　Cl$A \cap$ ClA^c（A の補集合の閉包）$= \partial A$ とおいて，これを A の境界（boundary）という．すなわち，$p \in \partial A$ とは $^\forall u(p) \in \tau$, $u(p) \cap A \neq \phi$, $u(p) \cap A^c \neq \phi$ ということである．ただし記号 $u(p)$ は点 p を含む集合

のことである．ここで $\partial A = \phi$ と $A \in \tau \cap \mathfrak{S}$ (開かつ閉なる集合を clopen set という) とは同等であることを注意しよう．実際，$\partial A = \phi$ とすれば $\mathrm{Cl}A \subset (\mathrm{Cl}A^c)^c \subset (A^c)^c = A$ となって $A \in \mathfrak{S}$. 同様にして，$A^c \in \mathfrak{S}$ となるから $A \in \tau$ となる．一方，$A \in \tau \cap \mathfrak{S}$ とすれば $\mathrm{Cl}A = A$, $\mathrm{Cl}A^c = A^c$ であるから $\partial A = A \cap A^c = \phi$ となる．

[0.2.1] の表記 $\mathrm{Int}A$ を用いて $\mathrm{Cl}A = \mathrm{Int}A \cup \partial A$ とも表現される．

ここで開球 $S_d(x,r)$ の境界 $\partial S_d(x,r)$ が実際に ϕ となるような距離 d の定め方について具体的に考えよう．そこで三角不等式 D_3) ([0.2.1] 参照) よりも，強い，

$$d(x,z) \leq \max\{d(x,y), d(y,z)\}$$

(記号 $\max\{a,b\}$ は a と b との大きい方を指す)

なる超距離不等式 (ultra metric inequality) が成り立つような集合 X 上の距離 d を考えよう (下記の例を参照)．このとき X の開球 $S_d(x,r)$ は閉集合である．実際，点 p を閉包 $\mathrm{Cl}S_d(x,r)$ の点として中心 p, 半径 r の開球 $S_d(p,r)$ を考えると，$^{\exists}q \in X$ s.t. $S_d(p,r) \cap S_d(x,r) \ni q$ となっている．

$d(x,p) \leq \max\{d(x,q), d(p,q)\} < r$ となるから，$p \in S_d(x,r)$ をうる．したがって $\mathrm{Cl}S_d(x,r) \subset S_d(x,r)$ をうる．[0.2.1] の距離位相のところで示したように $S_d(x,r) \in \tau_d$ は常に成り立っているから，結局 $S_d(x,r) \in \tau_d \cap \mathfrak{S}_d$ となって，$\partial S_d(x,r) = \phi$ がしたがう．

■超距離不等式をみたす距離の具体例

X を 0 と 1 とから成る無限列 x の全体とする．すなわち，$x = x_1 x_2 \cdots$, $x_i = 0$ もしくは 1, なる列 x の全体 $\{x\}$ を X とおいて $x' = x'_1 x'_2 \cdots$ に対して，$x_i = x'_i$ がすべての番号 i に対して成り立つときだけ $x = x'$ とおくことにする．

$$d(x,x') = \begin{cases} 1/n & , \ x_1 = x'_1, \ldots, x_{n-1} = x'_{n-1}, \ x_n \neq x'_n. \\ 0 & , \ x_i = x'_i, \ i = 1, \ 2, \ldots. \end{cases}$$

と定めれば d は明らかに超距離不等式をみたす．

ii)　位相空間 (X, τ) において部分集合 A が $X \subset \mathrm{Cl}A$ をみたすとき，すなわち，$X = \mathrm{Cl}A$ となるとき，部分集合 A は (X, τ) で密 (dense) であるという．密とは，X のすべての点が A の触点であるときである．また，密な可算集合が存在するとき，この位相空間は可分 (separable) であるという．位相空間が可算開基をもてば，この空間は可分である．実際，可算開基 $\{\theta_i \in \tau;\ i = 1, 2, \ldots\}$ を構成する各 θ_i からそれぞれ点 x_i を選べば集合 $\{x_i\}$ は，この空間で密である．また，逆に次の事実が成り立つ．

『距離空間 (X, τ_d) が可分ならば，可算開基が存在する』

これを示そう．今，密な可算集合を A としよう．A の各点 a を中心にして半径 $1/n$ の開球 $S_d(a, 1/n)$ を考えよう．この $S_d(a, 1/n)$ から成る集合族
$$\beta = \left\{ S_d\left(a, \frac{1}{n}\right);\ a \in A,\ n = 1,\ 2, \ldots \right\}$$
を考えれば，明らかに β は可算個の部分集合から成っている．各 $S_d(a, 1/n)$ は τ_d の開集合だから，あとは X の任意の開集合 u が β の部分族の和で表現されることを見ればよい．u の任意の点 x を考えると，$\delta_x > 0$ が在って $S_d(x, \delta_x) \subset u$ となっている．$1/m_x < \delta_x$ なる自然数 m_x をひとつとろう．点 $a_x \in A$ が在って $a_x \in S_d(x, 1/2m_x)$ となっている．そこで次に β の要素 $S_d(a_x, 1/2m_x)$ を考えればこれは点 x を含み，かつそれ自身 u に含まれることになる（図3）．このようにして u のすべての点に対して，u に含まれるところの A の点を中心とした開球が対応することになる．すなわち，
$$u \subset \bigcup_{x \in u} S_d\left(a_x, \frac{1}{2m_x}\right) \subset u$$
となるから，$u = \bigcup_{x \in u} S_d(a_x, 1/2m_x)$ となってたしかに β は τ_d の開基であることがわかる．

0.3　部分空間に関する基本的事項

[0.3.1]　部分空間 (subspace)

Y を位相空間 (X, τ) の部分集合とする．τ に属する集合，すなわち，(X, τ)

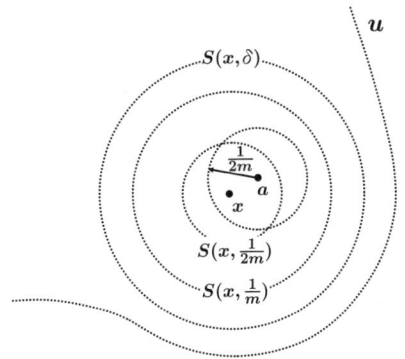

図 3 可算開基の存在

の開集合と Y との共通部分の全体から成る集合族を

$$\tau_Y = \{G \cap Y;\ G \in \tau\}$$

と書けば, 部分集合族 τ_Y は Y の位相となる. 位相空間 (Y, τ_Y) を位相空間 (X, τ) の部分 (位相) 空間という. $Y \in \tau$ のとき, $u \in \tau_Y$ なる u に対しては $u \in \tau$ が成り立つ.

ここで部分空間の補集合についてまとめておこう. $E, Y \subset X$ とするとき $Y - E$ を, すなわち $Y \cap E^c$ を E^{c_Y} と書こう. $Y = X$ ならば, これは E^c である. $E \subset Y$ なるとき, この E^{c_Y} を E の Y における補集合という.

i)
$$E \cup F = Y \subset X, \tag{a}$$

$$E \cap F = \phi \tag{b}$$

$$\Rightarrow F = E^{c_Y}\ (E = F^{c_Y}).$$

proof) (a) から $E^{c_Y} = Y \cap E^c = (E \cup F) \cap E^c = F \cap E^c$. (b) から $F \subset E^c$ だから, $E^{c_Y} = F$. ∎

ii) $(E^{c_Y})^{c_Y} = Y \cap E$. したがって $E \subset Y$ ならば, $(E^{c_Y})^{c_Y} = E$.

proof) $(E^{c_Y})^{c_Y} = Y \cap (E^{c_Y})^c = Y \cap (E^c \cap Y)^c = Y \cap (E \cup Y^c) = Y \cap E$. ∎

iii) $E \subset Y \subset X$ とする。E の Y における閉包を $\mathrm{Cl}_Y E$ と書けば $\mathrm{Cl}_Y E = \mathrm{Cl}E \cap Y$。$\mathrm{Cl}_Y E = E \Leftrightarrow E \in \mathfrak{S}_Y$ (Y の閉集合の全体)。ただし、$E \in \mathfrak{S}_Y \Leftrightarrow {}^\exists K \in \mathfrak{S}$ s.t. $E = K \cap Y$。
proof) $\Rightarrow E = \mathrm{Cl}E \cap Y \in \mathfrak{S}_Y$。$\Leftarrow {}^\exists K \in \mathfrak{S}$ s.t. $E = K \cap Y$、関係 $\mathrm{Cl}(A \cap B) \subset \mathrm{Cl}A \cap \mathrm{Cl}B$ を用いれば、$\mathrm{Cl}_Y E = \mathrm{Cl}E \cap Y = \mathrm{Cl}(K \cap Y) \cap Y \subset (K \cap \mathrm{Cl}Y) \cap Y = K \cap Y = E$。∎

iv) $E \subset Y \subset X$ とする。$E \in \mathfrak{S}_Y \Leftrightarrow E^{c_Y} \in \tau_Y$。
proof) $\Rightarrow E^{c_Y} = E^c \cap Y = (K \cap Y)^c \cap Y = (K^c \cup Y^c) \cap Y = K^c \cap Y$ がある $K \in \mathfrak{S}$ に対して成り立つから、$E^{c_Y} \in \tau_Y$ となる。$\Leftarrow {}^\exists U \in \tau$ s.t. $E^{c_Y} = U \cap Y$ となっている。ii) から $E = (E^{c_Y})^{c_Y} = (U \cap Y)^{c_Y} = (U \cap Y)^c \cap Y = (U^c \cup Y^c) \cap Y = U^c \cap Y \in \mathfrak{S}_Y$ となる。∎

距離空間について注意しておこう。(X, τ) を距離 d による距離空間とする。$\phi \neq A \subset X$、d を A に制限してえられる A 上の距離を d' とし、d' による A の距離位相を τ' とする。このとき、A 上の 2 つの位相 τ_A, τ' は等しい。
proof) ${}^\forall u \in \tau_A$ を考える。ie., ${}^\exists U \in \tau$ (d による距離位相) s.t. $u = U \cap A$。今、点 $p \in u$ を考える。${}^\exists \delta > 0$ s.t. $S_d(p, \delta) \subset U$、となっている。$u \supset S_d(p, \delta) \cap A = S_{d'}(p, \delta)$[*10] 故に $u \in \tau'$。

一方、${}^\forall v \in \tau'$ を考える。$x \in v$、${}^\exists \delta_x > 0$ s.t. $S_{d'}(x, \delta_x) \subset v$ となっている。そこで $S_{d'}(x, \delta_x) = S_d(x, \delta_x) \cap A$ だから $v = \bigcup_{x \in v} S_{d'}(x, \delta_x) = (\bigcup_{x \in v} S_d(x, \delta_x)) \cap A$、故に $v \in \tau_A$。∎

さて Y, E をそれぞれ $E \subset Y \subset X$ となる、X の部分集合としよう。X の部分空間 E の位相を τ_E、X の部分空間 Y の部分空間 E の位相を $(\tau_Y)_E$ と書こう。このとき、

$$(\tau_Y)_E = \tau_E$$

が成り立つ。実際、まず $u \in (\tau_Y)_E$ とすると、${}^\exists v \in \tau_Y$ s.t. $v \cap E = u$ となっている。ところで、なんらかの $\omega \in \tau$ が在って、$v = \omega \cap Y$ となってい

[*10] $S_d(p, \delta) \cap A = S_{d'}(p, \delta)$。
proof) $q \in$ 左辺, $d(q, p) < \delta$, $q \in A$. 故に $d(p, q) = d'(p, q)$. したがって $q \in$ 右辺である。$q \in$ 右辺, $q \in A$ かつ $d(p, q) < \delta$. 故に $q \in S_d(p, \delta)$. したがって $q \in$ 左辺である。∎

るのだから $u = \omega \cap Y \cap E = \omega \cap E \in \tau_E$ である.一方,$u \in \tau_E$ とすると,$^\exists v \in \tau$ s.t. $v \cap E = u$ であるが,$E \subset Y$ だから $v \cap E \cap Y = u$ と書ける.$v \cap Y \in \tau_Y$ だから,$(v \cap Y) \cap E = u$ となって,$u \in (\tau_Y)_E$ をうる.

[2.1.3], [3.1.1] のそれぞれ最後に述べるように,この事実は,連結集合や compact 集合において重要な役割をはたす.

$\Im$ を閉集合の全体とすれば,同値な関係として $(\Im_Y)_E = \Im_E$ がえられる.

第 1 章
連続写像

CHAPTER 1

本章では 2 つの位相空間がどのようなときに，位相的に異ならないと判断出来るかについて検討する．

1.1 連 続 写 像

[1.1.1] 連続写像（continuous mapping）

位相空間 (X,τ) から位相空間 (Y,τ') への写像 $f:(X,\tau) \to (Y,\tau')$ を考える．写像 f が (X,τ) の点 x において連続（continuous at x）であるとは，$f(x)$ を含む任意の開集合 $V(f(x))$ に対して，x を含む開集合 $U(x)$ が在って，

$$f(U(x)) \subset V(f(x)) \qquad (*)$$

と出来ることである．したがって写像 $f:(X,\tau) \to (Y,\tau')$ が点 x において不連続 (discontinuous at x) であるとは，$^\exists V(f(x)) \in \tau'$ s.t. $^\forall U(x) \in \tau, f(U(x)) \not\subset V(f(x))$，となることである（図 4）．

写像 $f:(X,\tau) \to (Y,\tau')$ が連続であるとは，

$$V \in \tau' \Rightarrow f^{-1}(V) \in \tau \qquad (**)$$

が成り立つことである．したがって写像 f が不連続であるとは，$^\exists V \in \tau'$ s.t. $f^{-1}(V) \notin \tau$，となることである．

 i) f が (X,τ) の各点で連続であれば，f は連続である．実際，$V \in \tau'$ として，任意の $x \in f^{-1}(V)$ を考えれば，$f(x) \in V$ であるが，f は点 x において連続であるから，x を含む $U(x) \in \tau$ が存在して $f(U(x)) \subset V$ となっているから，$U(x) \subset f^{-1}(f(U(x))) \subset f^{-1}(V)$ となる．したがって，$f^{-1}(V) \subset$

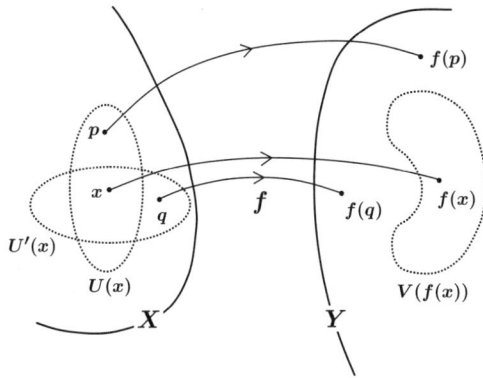

図4 写像 f は点 x において不連続

$\bigcup_{x \in f^{-1}(V)} U(x) \subset f^{-1}(V)$ であるから, $f^{-1}(V) = \bigcup_{x \in f^{-1}(V)} U(x)$ となって, $U(x) \in \tau$ を考えれば, その和であるところの $f^{-1}(V)$ に関して, $f^{-1}(V) \in \tau$ をうる.

ii) $f : (X, \tau) \to (Y, \tau')$ が連続であるとは, 『(Y, τ') の任意の閉集合 F に対して, $f^{-1}(F)$ が (X, τ) の閉集合である』が成り立つことであるといってもよい. この事実は補集合を考えれば見やすい.

iii) 写像 f のいかんにかかわらず, その上で定義されたところのどのような写像も連続となるような, そのような位相空間が存在する. 事実, 離散位相空間 ([0.2.1] 参照) 上の任意の写像は連続である. 逆に密着位相 $\tau = \{X, \phi\}$ をもつ空間上の写像は多くの場合, 不連続となる.

iv) $f : (X, \tau) \to (Y, \tau')$ が連続で, $A \subset X$ とすれば f の A への制限 $f_A : (A, \tau_A) \to (Y, \tau')$, $a \mapsto f(a)$ も連続である. また, f の値域を制限した写像 $g : (X, \tau) \to (f(X), \tau'_{f(X)})$, $x \mapsto f(x)$ も連続となる.

v) (X, τ), (Y, τ') をそれぞれ位相空間, A, B をそれぞれ X の閉集合とする. $A \cup B = X$ となるとき, 写像 $f : (X, \tau) \to (Y, \tau')$ の制限 $f_A : (A, \tau_A) \to (Y, \tau')$, $a \mapsto f(a)$ と, 制限 $f_B : (B, \tau_B) \to (Y, \tau')$, $b \mapsto f(b)$ とがともに連続であれば, f も連続である. 実際, $K \in \Im'$ に対して, $f^{-1}(K) = f^{-1}(K) \cap X = f^{-1}(K) \cap (A \cup B) = (f^{-1}(K) \cap A) \cup (f^{-1}(K) \cap B) = f_A^{-1}(K) \cup f_B^{-1}(K)$, となるが f_A, f_B の連続性から $f_A^{-1}(K) \in \Im_A$, $f_B^{-1}(K) \in \Im_B$ であるから, 仮定 $A, B \in \Im$ を考慮すれば $f_A^{-1}(K) \in \Im$, $f_B^{-1}(K) \in \Im$ と

なって結局 $f^{-1}(K) \in \mathfrak{F}$ がえられる．したがって上の ii) から f は連続である．

[1.1.2] ε–δ 論法

距離空間においては連続写像の定義は以下のようになる．写像 $f:(X,\tau_d) \to (Y,\tau_{d'})$ が点 x で連続であるとは，

$$^\forall \varepsilon > 0, \ ^\exists \delta > 0 \text{ s.t. } f(S_d(x,\delta)) \subset S_{d'}(f(x),\varepsilon) \qquad (***)$$

と出来ることである．実際 $(*)$ が点 x で成り立っているならば，$S_{d'}(f(x),\varepsilon) \in \tau_{d'}$ に対して τ_d の開集合 $U(x)$ が在って $f(U(x)) \subset S_{d'}(f(x),\varepsilon)$ となっている．ところで $U(x) \in \tau_d$ だから，$^\exists \delta > 0 \text{ s.t. } S_d(x,\delta) \subset U(x)$，と出来るから結局 $f(S_d(x,\delta)) \subset S_{d'}(f(x),\varepsilon)$，となる．一方，関係 $(***)$ が，点 x において成り立っているならば，$^\forall V(f(x)) \in \tau_{d'}$ に対して，$^\exists \varepsilon > 0 \text{ s.t. } S_{d'}(f(x),\varepsilon) \subset V(f(x))$，となっている．この $\varepsilon > 0$ に対して $(***)$ にしたがって，$\delta > 0$ をとれば $f(S_d(x,\delta)) \subset S_{d'}(f(x),\varepsilon) \subset V(f(x))$ となる．ここで $S_d(x,\delta) \in \tau_d$ であるから，これは $(*)$ が成り立っていることを意味する．

さて，もし X も Y もともに実数 R^1 であるならば，上の定義 $(***)$ は

$$^\forall \varepsilon > 0, \ ^\exists \delta > 0 \text{ s.t. } f((x-\delta, x+\delta)) \subset (f(x)-\varepsilon, f(x)+\varepsilon)$$

となる．すなわち，$|x-x'| < \delta \Rightarrow |f(x)-f(x')| < \varepsilon$，となる．これを実数上の実数値連続写像に対する ε–δ 論法という．

[1.1.3] 写像 $f:(X,\tau) \to (Y,\tau')$ が点 x で連続ならば，x に収束する任意の点列 $\{x_n\}$（[0.2.1] 参照）に対して，Y の点列 $\{f(x_n)\}$ は $f(x)$ に収束する．
proof) $^\forall u'(f(x)) \in \tau'$, $^\exists u(x) \in \tau \text{ s.t. } f(u(x)) \subset u'(f(x))$ となっている．また，$^\exists N \text{ s.t. } N \leq {}^\forall n, \ x_n \in u(x)$，であるから，結局，$f(x_n) \subset u'(f(x))$ が $N \leq {}^\forall n$ に対して成り立つ．∎

   i) 点 x に収束する任意の点列 $\{x_n\}$ に対して，点列 $\{f(x_n)\}$ が点 $f(x)$ に収束するならば距離空間上の写像 $f:(X,\tau_d) \to (Y,\tau')$ は点 x で連続である．
   proof) もし不連続であるとすると，点 $f(x)$ を含むところの τ' の開集合

$u'(f(x))$ が在って, X のどんな開球 $S_d(x, 1/n)$ に対しても $f(S_d(x, 1/n)) \subset u'(f(x))$ となることはない. すなわち, $^\exists x_n \in S_d(x, 1/n)$ s.t. $f(x_n) \notin u'(f(x))$, となっている. 点列 $\{x_n\}$ は x に収束するが, 点列 $\{f(x_n)\}$ は $f(x)$ に収束しない. ∎

ii) 写像列の一様収束 (uniform convergence)

f_n, $n = 1, 2, \ldots$ をそれぞれ位相空間 (X, τ) から距離空間 (Y, τ_d) への写像としよう. 列 $\{f_n\}$ が f に一様収束するとは, 各点 $x \in X$ において x を含む開集合 $u(x)$ が在って,

$$^\forall \varepsilon > 0, \ ^\exists N \text{ s.t. } N \leq \ ^\forall n, \ ^\forall x' \in u(x), \ d(f_n(x'), f(x')) < \varepsilon$$

と出来ることである[*1]. すなわち $u(x)$ 内の点 x' に依存しないで番号 N を一様に定めることが出来るということである.

今, X の各点 x ごとに, 点 x で連続となるような部分列 $\{f_{n_j}\}$ がそれぞれとれるものとすれば, f は点 x において連続である. 実際, 点 x を固定したとき, $u(x) \in \tau$ が在って, 任意の $\varepsilon > 0$ に対して, $^\exists N$ s.t. $N \leq \ ^\forall n$, $^\forall x' \in u(x)$, $d(f_n(x'), f(x')) < \varepsilon/3$ と出来る. 仮定から, $N \leq \ ^\exists n_N$, $^\exists v(x) \in \tau$ s.t. $^\forall x' \in v(x)$, $d(f_{n_N}(x), f_{n_N}(x')) < \varepsilon/3$, となっている. また, 当然 $d(f_{n_N}(x), f(x)) < \varepsilon/3$ となっているから, $u(x) \cap v(x) = w(x)$ とおけば $^\forall x' \in w(x) \in \tau$ に対して

$d(f(x), f(x'))$
$\leq d(f(x), f_{n_N}(x)) + d(f_{n_N}(x), f_{n_N}(x')) + d(f_{n_N}(x'), f(x')) < \varepsilon$

がえられる. すなわち, $f(x)$ は点 x において連続となる.

iii) 写像 $f : (X, \tau) \to (Y, \tau')$ の極限

Y を T_2 空間, $A \neq \phi$ を X の部分集合, x_0 を $x_0 \notin A$, $x_0 \in \text{Cl}A$ なる X の点とする. このとき写像 $F : (A \cup \{x_0\}, \tau_{A \cup \{x_0\}}) \to (Y, \tau')$ を, Y の点 α を用いて

$$F(x) = \begin{cases} f(x), & x \in A \\ \alpha, & x = x_0 \end{cases}$$

と定めたとき, この F が点 x_0 で連続になるならば, α を, $f(x)$ の, 部分集合 A に関する, 点 x_0 における極限 (limit of $f(x)$ at the point x_0

[*1] 最も一般的な一様収束は, $u(x)$ が点 x によらずに常に X としてとれる場合である.

with respect to A) といって

$$\lim_{A \ni x \to x_0} f(x) = \alpha$$

と書く．

たとえば $f: (R^1, \tau) \to (R^1, \tau)$ (τ は $d(x,y) = |x-y|$ なる距離による距離位相) を無理数においては 0, 有理数においては 1 と定めるとき，有理数の全体を $\mathbf{Q}$ と書けば，$\lim_{\mathbf{Q} \ni x \to \sqrt{2}} f(x) = 1$ であり，$\lim_{R^1 - (\mathbf{Q} \cup \{\sqrt{2}\}) \ni x \to \sqrt{2}} f(x) = 0$ である．実際，たとえば $F: (\mathbf{Q} \cup \{\sqrt{2}\}, \tau_{\mathbf{Q} \cup \{\sqrt{2}\}}) \to (R^1, \tau)$ を $F(\mathbf{Q}) = f(\mathbf{Q}) = 1$, $F(\sqrt{2}) = 1$ として定めれば，F は点 $\sqrt{2}$ で連続になる．f を同じく実数上の実数値関数とするとき，記号 $\lim_{x \downarrow x_0} f(x) = \alpha$, $\lim_{x \uparrow x_0} f(x) = \beta$ はそれぞれ，$\delta > 0$ が在って，$\lim_{(x_0, x_0+\delta) \ni x \to x_0} f(x) = \alpha$, $\lim_{(x_0-\delta, x_0) \ni x \to x_0} f(x) = \beta$, のことである．

1.2 同　　相

[1.2.1] 同相写像（homeomorphism）

写像 $h: (X, \tau) \to (Y, \tau')$ が全単射であれば，逆写像 $h^{-1}: (Y, \tau') \to (X, \tau)$ が存在するが，h と h^{-1} どちらもが連続なとき，h を同相写像という．位相空間 X, Y の間に同相写像が存在するとき，X と Y とは同相（homeomorphic）であるという．同相写像を本書では $h: (X, \tau) \simeq (Y, \tau')$ と表すことにする．

i) h は連続全単射であるが h^{-1} が不連続となる例

X を 2 点以上を含む集合とし，$I: X \to X$ を恒等写像とする．すなわち $I(x) = x$ なる写像とする．X の位相 τ を離散位相 2^X, すなわち X の部分集合の全体，とし，他の位相 τ' を密着位相，すなわち X 自身と ϕ だけから成るもの，とすれば $I: (X, \tau) \to (X, \tau')$ は連続全単射であるが逆写像は明らかに不連続となる．

ii) 同相は位相空間の間のひとつの同値関係である．実際，a) $I: (X, \tau) \simeq (X, \tau)$ は恒等写像，b) $h: X \simeq Y \Rightarrow h^{-1}: Y \simeq X$, c) $h: X \simeq Y$; $k: Y \simeq Z \Rightarrow k \circ h: X \simeq Z$ ($k \circ h$ は，$X \ni x \mapsto k(h(x)) \in Z$ なる合成写像）が成り立つ．

同相な空間どうしの間でともに成り立つ性質を位相的性質（topological

property) という.

[1.2.2] 埋め込み (embedding)
$f:(X,\tau) \to (Y,\tau')$ を連続単射とする. $g:(X,\tau) \to (f(X),\tau'_{f(X)})$, $x \mapsto f(x)$ なる写像 g が同相写像となるとき, f を埋め込みという.

[1.2.3] $f:X \to Y$ を全単射とし, $g:Y \to X$ を f の逆写像とすると, 関係 $g^{-1}(A) = f(A)$ が X の任意の部分集合 A に対して成り立つ. ただし $g^{-1}(A)$ は g による A の逆像である.
proof) $g:Y \to X$ は, $y \in Y$ に, $f(x)=y$ によって一意的に定まる $x \in X$ を対応させる写像である. まず $^\forall y \in g^{-1}(A)$ を考えよう. $g(y) \in A$ であるから $g(y) = a \in A$ としよう. 上の g の定義からこれは $f(a) = y$ を意味する. したがって $y \in f(A)$ をうる. 逆に $^\forall y \in f(A)$ を考えると, $^\exists a \in A$ s.t. $y = f(a)$. したがって $g(y) = a \in A$ となるから $y \in g^{-1}(A)$ をうる. ∎

$f:(X,\tau) \to (Y,\tau')$ を連続な全単射とすると,

$$f\text{ は開写像} \Leftrightarrow f\text{ は同相写像}$$

なる関係が成り立つ. ただし, 開写像 (open mapping) とは, 開集合の像がまた, 開集合となるところの写像のことである.
proof) $\Rightarrow$ f の逆写像 $g:Y \to X$ の連続性が示されればよい. $^\forall A \in \tau$ に対して上の関係から $g^{-1}(A) = f(A)$ であって, 仮定から $f(A) \in \tau'$ であるから直ちに $g^{-1}(A) \in \tau'$ をえて, g が連続であることがわかる.
$\Leftarrow$ $^\forall A \in \tau$ を考える. 仮定から g は連続だから $g^{-1}(A) \in \tau'$ となるが, 再び上の関係から $f(A) = g^{-1}(A) \in \tau'$. したがって f が開写像であることがわかる. ∎

上の開写像を閉写像 (closed mapping) におきかえることが出来る. 閉写像とは, 閉集合の像がまた, 閉集合となるところの写像のことである.

[1.2.4] 同相写像 h について後で必要になる事項をまとめておこう.
　i) $h:(X,\tau) \simeq (Y,\tau')$ のとき, $A \subset X$, $h(A) = B$ とすれば, h の A への

制限で，その値域を B に縮めたものを h_A とすると，この h_A に関して，$h_A : (A, \tau_A) \simeq (B, \tau'_B)$ が成り立つ．すなわち，A と B とは同相となる．

ii) $h : (X, \tau) \simeq (Y, \tau')$ とすると，集合 $A \subset X$ の境界 ∂A に関して $h(\partial A) = \partial h(A)$ が成り立つ．

proof) まず $\partial A = \phi \Leftrightarrow A \in \tau \cap \mathfrak{S}$ ([0.2.4] 参照) であるから，$\partial A = \phi$ のときは，[1.2.3] から $h(A) \in \tau' \cap \mathfrak{S}'$ となって，$\partial h(A) = \phi$ がしたがう．また，逆に $\partial h(A) = \phi$ から $\partial A = \phi$ もしたがう．そこで $\partial A \neq \phi$, $\partial h(A) \neq \phi$ としよう．$^\forall q \in h(\partial A)$ を考える．$^\exists p \in \partial A$ s.t. $h(p) = q$, となっている．$^\forall u'(q) \in \tau'$ に対して $u'(q) \cap h(A) = h(h^{-1}(u'(q))) \cap h(A) =$ [*2)] $h(h^{-1}(u'(q)) \cap A) \neq \phi$ となる．実際，$p \in h^{-1}(u'(q)) \in \tau$ であって $p \in \partial A$ であるから．次に，上と同様にして $u'(q) \cap (h(A))^c =$ [*3)] $u'(q) \cap h(A^c) = h(h^{-1}(u'(q))) \cap h(A^c) = h(h^{-1}(u'(q)) \cap A^c) \neq \phi$ となる．故に $q \in \partial h(A)$ である．逆に $^\forall q \in \partial h(A)$ を考えよう．$^\exists p \in X$ s.t. $h(p) = q$ となっている．$^\forall u(p) \in \tau$ に対して，$u(p) \cap A = h^{-1}(h(u(p) \cap A)) = h^{-1}(h(u(p)) \cap h(A)) \neq \phi$. 実際，$h$ は開写像だから $q \in h(u(p)) \in \tau'$ であって $q \in \partial h(A)$ であるから．同様にして，$u(p) \cap A^c = h^{-1}(h(u(p) \cap A^c)) = h^{-1}(h(u(p)) \cap h(A^c))) = h^{-1}(h(u(p)) \cap (h(A))^c) \neq \phi$. したがって $p \in \partial A$ となるから $q \in h(\partial A)$ である． ∎

iii) 位相空間 (X, τ) と (Y, τ') とが同相であって，かつ Y の部分空間 (F, τ'_F) と位相空間 (Z, τ'') とが同相ならば，Z と同相となるような X の部分空間が存在する．

proof) $h : (X, \tau) \simeq (Y, \tau'),\ k : (Z, \tau'') \simeq (F, \tau'_F)$ とする．h^{-1} の F への制限 h_F^{-1} を考えると，上の i) から，$h_F^{-1} : (F, \tau'_F) \simeq (E, \tau_E)$ となる．ただし $E = h^{-1}(F)$ である．そこで合成 $h_F^{-1} \circ k$ は同相写像となるから ([1.2.1], ii) 参照)，Z と，X の部分空間 E とは同相になる． ∎

したがってたとえば Y が単純閉曲線[*4)] F をその部分空間として含めば，F は半径 1 の円の円周 S^1 と同相だから，Y と同相であるところの

[*2)] h が単射であることに注意．
[*3)] $f : X \to Y$ が全単射ならば，$f(A^c) = (f(A))^c$ が $A \subset X$ に対して成り立つから．
[*4)] 半径 1 の円の円周 S^1 と同相な位相空間を単純閉曲線 (simple closed curve) という ([2.4.6] 参照)．

X も，その部分空間として S^1 と同相なもの，すなわち単純閉曲線を含むことになる．

iv) 位相空間 (Y, τ') が距離空間 (X, τ_d) と同相ならば Y は距離化可能 ([0.2.1] 参照) である．

proof) Y 上の距離 ρ が在って，距離位相 τ_ρ が τ' に等しくなることを示そう．今, h を $X \to Y$ なる同相写像とすると，$^\forall y, y' \in Y$, $^{\exists 1} x, x' \in X$ s.t. $h(x) = y, h(x') = y'$ となっている．ここで $\rho(y, y') = d(h^{-1}(y), h^{-1}(y')) = d(x, x')$ として ρ を定めよう．ρ が Y 上の距離になっていることは見やすい．そこで $\tau_\rho = \tau'$ となることをたしかめよう．$^\forall v \in \tau_\rho$ を考える．$^\forall x \in h^{-1}(v)$, $^\exists \delta > 0$ s.t. $S_\rho(h(x), \delta) \subset v$, となっている．ここで $^\forall x' \in S_d(x, \delta)$ を考えれば，$\rho(h(x), h(x')) = d(x, x') < \delta$ となるから，$h(S_d(x, \delta)) \subset S_\rho(h(x), \delta) \subset v$ である．したがって $h^{-1}(v) \in \tau_d$ となる．h は開写像だから $v = h(h^{-1}(v)) \in \tau'$ をうる．逆に $^\forall u' \in \tau'$ を考える．$^\forall y \in u'$, $^\exists x \in X$ s.t. $h^{-1}(y) = x$, となっている．$x \in h^{-1}(u') \in \tau_d$ だから，$^\exists \delta > 0$ s.t. $S_d(x, \delta) \subset h^{-1}(u')$ である．ここで $S_\rho(y, \delta)$ と点 $y' \in S_\rho(y, \delta)$ とを考えよう．$h(x') = y'$ として $\delta > \rho(y, y') = d(x, x')$ だから $x' \in S_d(x, \delta)$. $y' = h(x') \in h(S_d(x, \delta)) \subset u'$, となるから，結局 $S_\rho(y, \delta) \subset u'$ をうる．すなわち $u' \in \tau_\rho$ である．したがって $\tau_\rho = \tau'$ となる．■

第 2 章
連 結 空 間

CHAPTER 2

位相空間の連結性は，微積分の中間値定理の本質である．なお本章では [2.2.3]，[2.2.4]，[2.3.3]〜[2.3.7]，[2.3.9] および [2.4.5] において次章の内容を先取りして利用する．先に次章の compact 空間を読まれた後に戻って読んでいただいてもよい．しかし内容はあくまでも連結性に関するものである．

2.1 連 結 空 間

[2.1.1] 離れた集合

位相空間 (X,τ) の部分集合 E, F が互いに離れた (mutually separated) 集合であるとは，$\mathrm{Cl}E \cap F = \phi$ かつ $\mathrm{Cl}F \cap E = \phi$ となることである．たとえば，$A \cap B = \phi$ なる $A, B \in \tau$ は互いに離れた集合である．実際，$A \subset B^c \in \mathfrak{F}$ だから $\mathrm{Cl}A \subset \mathrm{Cl}B^c = B^c$ となって $\mathrm{Cl}A \cap B = \phi$ となる．関係 $\mathrm{Cl}B \cap A = \phi$ も同様にしてえられる．

また，一般に $E, F \subset Y \subset X$ なる E, F に対しては，$\mathrm{Cl}_Y E \cap F = \mathrm{Cl}E \cap Y \cap F = \mathrm{Cl}E \cap F$（[0.3.1] 参照）なる関係が成り立つから，$E$ と F とが互いに離れていることは X においても，またその部分空間 Y においても同様に議論される．

[2.1.2] ϕ でない E, F を $E \cup F = X$ なる互いに離れた集合としよう．そのとき，E と F は，ともに開かつ閉なる集合となることに注意しよう．実際，$E \cap F = \phi$ であるから $E \subset F^c$．一方 $E^c \cap F^c = \phi$ だから，$F^c \subset E$ となって $E = F^c$ である．ここで $\mathrm{Cl}E \subset F^c = E$ だから $E \in \mathfrak{F}$ となる．同様にして $F \in \mathfrak{F}$ であるから，結局 E, F ともに開かつ閉となる．

今，2つの集合 K, L に対して，$K \subset E, L \subset F$ なる互いに離れた集合 E, F が存在して，$E \cup F = X$，と出来るとき，K と L とは位相空間 X において離れている (separated in X) という．これは直ちにわかるように，以下の表現と同等である．

$$^\exists G \in \tau \cap \mathfrak{S} \text{ s.t. } K \subset G, \ L \cap G = \phi^{*1)}$$

[2.1.3] 連結空間 (connected space) と連結集合 (connected set)
位相空間 (X, τ) が以下の条件をみたすとき，この位相空間は不連結 (disconnected) であるという．

$$^\exists E \subset X \text{ s.t. } E \in \tau \cap \mathfrak{S}, \ E \neq \phi, \ E \neq X$$

すなわち，X の ϕ でない開かつ閉なる真部分集合が存在することである．これは明らかに，$\phi \neq ^\exists A \in \tau, \ \phi \neq ^\exists B \in \tau$ s.t. $A \cup B = X, \ A \cap B = \phi$，と同等である．また，ここで A, B を ϕ でない閉集合としてもよい．

不連結でないとき連結 (connected) であるという．連結な位相空間を連結空間という．X の部分集合 A に関して，部分空間 (A, τ_A) が連結のとき，A を X の連結集合という．[0.3.1] における関係 $\tau_A = (\tau_Y)_A$ から以下が成り立つ．

A を X の連結集合とすれば $A \subset Y \subset X$ なる任意の部分空間 Y に対しても A は Y の連結集合である．また，$A \subset X$ なる A に対して，$A \subset Y \subset X$ なる Y が存在して，A が Y の連結集合であれば，A は X の連結集合でもある．

すなわち，(A, τ_A) が連結ならば $(A, (\tau_Y)_A)$ も連結であり，また，逆に $(A, (\tau_Y)_A)$ が連結となるような Y が存在すれば (A, τ_A) も連結である．

[2.1.4] 1 点のみから成る空間は連結である．$\tau = \{X, \phi\}$ とおいてえられる密着空間も連結である．また，実数 R^1 においては特に以下の重要な事実が成り立つ．

『2 点以上から成るところの，R^1 の部分集合 A が，"A に含まれる任意の 2 点 a, b に対して，$a < \xi < b$ となる任意の ξ はまた A に含まれる" という性質

---

*1) この表現において，当然 K と L とを入れかえてもよい．

をもつならば，A は連結である．また，1 点でない，R^1 の連結集合は必ずこの性質をもつ』[*2)]

以下，この事実をたしかめよう．まず A が連結でないものとして定理の前段を示そう．すなわち，$\phi \neq B \in \tau_A$, $\phi \neq C \in \tau_A$ が在って $B \cup C = A$, $B \cap C = \phi$ となるものとしよう．ここで τ は $|x-y| = d(x,y)$ とおいた距離 d による R^1 の通常の距離位相である．今，$x \in B$, $y \in C$ としよう．$[x,y] \cap B$ は実数 R^1 内の有界集合であるから，上限が存在する（[3.2.2] 参照）．それを z とおき，$z \in B$ であるものとしよう．まず $z \leq y$ であるが，$B \cap C = \phi$ だから，$y \notin B$ となって，$z < y$ が成り立つ．次に $B \in \tau_A$ であるから，$^\exists U \in \tau$ s.t. $B = U \cap A$, となっている．$z \in B$ だから，$[z, z+\delta) \subset U$ なる，$\delta > 0$ が存在する．もし $y < z+\delta$ とすると，$z < y < z+\delta$, $y \in C \subset A$ だから，$y \in U \cap A = B$ となって，$y \in B \cap C = \phi$ なる矛盾に導かれる．したがって，$z+\delta \leq y$ でなければならない．故に，$p \in (z, z+\delta)$ なる任意の点 p に対して，$z < p < y$ なる関係が成り立つ．$z, y \in A$ であるから定理の条件から $p \in A$ とならなければならない．結局，$(z, z+\delta) \subset U \cap A = B$. 点 $p \in (z, z+\delta)$ をひとつ考えると，$x \leq z < y$ となるから，$p \in [x,y] \cap B$ である．ここで，$z < p$ となっているのだから，z が $[x,y] \cap B$ の上限であることに反することになる．したがって，$z \notin B$ でなければならない．

そこで次に $z \in C$ としよう．$C \in \tau_A$ だから，$^\exists V \in \tau$ s.t. $C = V \cap A$, となっている．$z \in C$ だから，$(z-\eta, z] \subset V$ なる $\eta > 0$ が存在する．もし $x \in (z-\eta, z]$ であるとすると，$x \in B \subset A$ だから $x \in C$ となる．これは $B \cap C = \phi$ なる条件に反するから，$x \notin (z-\eta, z]$ でなければならない．$x \leq z$ であるから，$x \leq z-\eta$ となる．$q \in (z-\eta, z)$ なる任意の点 q に対して $x < q < z$ なる関係が成り立つ．$x, z \in A$ であるから，定理の条件から $q \in A$ とならなければならない．結局，$(z-\eta, z) \subset V \cap A = C$. $z \in C$ であるとしているから，$(z-\eta, z] \subset C$ であり，一方，z は $[x,y] \cap B$ の上限だから，$\omega \in (z-\eta, z] \cap B$ なる点 ω が存在する．$\omega \in B \cap C$ となって $B \cap C = \phi$ なる条件に反することになる．故に $z \notin C$ でなければならない．今，z は $x \leq z \leq y$ なる関係をみたしているから，$x < z < y$ となる場合，定理の条件から $z \in A$ であり，また等号の場合には仮定からそ

[*2)] 実数 R^1 および R^1 の区間はすべてこの性質をもつ．

れぞれ B, C に含まれるのだから，いずれの場合にも $z \in A$ となる．しかし，$z \notin B$, $z \notin C$ かつ $A = B \cup C$ であるから，これは矛盾である．

次に定理の後段をたしかめよう．集合 A がこの性質をもたないとすると，2点 $a, b \in A$ と $a < \xi < b$ なる点 ξ が在って，$\xi \notin A$ となっている．今，$(-\infty, \xi) \cap A = M$, $A \cap (\xi, \infty) = N$ とおくと $a \in M$, $b \in N$ だから，M, N はそれぞれ ϕ でない，A の開集合であって，$M \cap N = \phi$ かつ $M \cup N = A$ となっているから A は不連結である．

[2.1.5] 位相空間 (X, τ) の ϕ でない部分集合 A を考える．$B \cup C = A$, かつ $\text{Cl}_A B \cap C = \phi$, $\text{Cl}_A C \cap B = \phi$ ([0.3.1] 参照) となっているような[*3)] $B \neq \phi$, $C \neq \phi$ が存在することが，A が X の不連結集合，すなわち部分空間 (A, τ_A) が不連結であるために必要十分である．

proof) $B \cap C = \phi$ かつ $B \cup C = A$ であるから $C = B^{c_A} (= B^c \cap A)$ となる ([0.3.1] 参照)．ここで $\text{Cl}_A C \subset B^c$ だから $\text{Cl}_A C = \text{Cl}_A C \cap A \subset B^c \cap A = C$ となって，[0.3.1] から $C \in \mathfrak{F}_A$ がえられる．まったく同様にして $B \in \mathfrak{F}_A$ がえられるから，$C \in \tau_A$ をうる．$C \neq \phi$, $C \neq A$ なのだから (A, τ_A) は不連結となる．逆に (A, τ_A) が不連結ならば，$D \neq \phi$, $D \neq A$ なる $D \subset A$ で，$D \in \tau_A \cap \mathfrak{F}_A$ なるものが存在する．$D \in \mathfrak{F}_A$，すなわち [0.3.1] から $\text{Cl}_A D = D$ だから $\text{Cl}_A D \cap D^{c_A} = D \cap D^c \cap A = \phi$ である．一方，$D^{c_A} \in \mathfrak{F}_A$ だから $\text{Cl}_A D^{c_A} = D^{c_A}$ となって，$\text{Cl}_A D^{c_A} \cap D = D^{c_A} \cap D = D^c \cap A \cap D = \phi$, もえられるから，$D \neq \phi$ と $D^{c_A} \neq \phi$ とは定理の B, C の条件をみたす．∎

[2.1.6] 位相空間 (X, τ) の連結集合 N が互いに離れた集合 A, B の和に含まれるならば $N \subset A$ もしくは $N \subset B$ のいずれかである．
proof) $A \neq \phi$, $B \neq \phi$ としよう．$N_1 = N \cap A \neq \phi$, $N_2 = N \cap B \neq \phi$ とおくと，まず $N_1 \cup N_2 = N$ である．$\text{Cl} N_1 \cap N_2 = \text{Cl}(N \cap A) \cap (N \cap B) \subset \text{Cl} N \cap \text{Cl} A \cap (N \cap B) \subset \text{Cl} A \cap B = \phi$．したがって，$\text{Cl}_N N_1 \cap N_2 = \phi$ となる．同様にして，$\text{Cl}_N N_2 \cap N_1 = \phi$ となるから，上の [2.1.5] から N は不連結集合となってしま

[*3)] $\text{Cl}_A B = \text{Cl} B \cap A$ だから $\text{Cl}_A B \cap C = \text{Cl} B \cap A \cap C = \text{Cl} B \cap C$ となる．したがって，$\text{Cl}_A B \cap C = \phi$ は $\text{Cl} B \cap C = \phi$, と同じことである．同様に $\text{Cl}_A C \cap B = \phi$ と $\text{Cl} C \cap B = \phi$ とは同等である．

う．∎

[2.1.7] A を位相空間 (X,τ) の連結集合とするとき，$A\subset B\subset \mathrm{Cl}A$ なるどんな B も X の連結集合である．特に $\mathrm{Cl}A$ は連結集合である．
proof) 不連続な B が存在するものとすれば，上の [2.1.5] から，${}^\exists B_1\neq \phi,\ B_2\neq \phi$ s.t. $B_1\cup B_2=B$, $\mathrm{Cl}_B B_1\cap B_2=\phi$, $\mathrm{Cl}_B B_2\cap B_1=\phi$, となっている．[2.1.5] の欄外の記述から，B_1 と B_2 とは互いに離れているから，[2.1.6] が適用出来て，$A\subset B_1$ もしくは $A\subset B_2$ である．今，$A\subset B_1$ としよう．$\mathrm{Cl}A\cap B_2\subset \mathrm{Cl}B_1\cap B_2=\phi$ となるから，$B_2\subset (\mathrm{Cl}A)^c$ となる．これは $B\subset \mathrm{Cl}A$ なる仮定に反する．∎

[2.1.8] $\{E_\lambda;\ \lambda\in\Lambda\}$ を位相空間 (X,τ) の連結集合の族とする．今，$\lambda_0\in\Lambda$ が在って，任意の $\lambda\in\Lambda$ に対して $E_{\lambda_0}\cap E_\lambda\neq\phi$ が成り立つならば，E_λ の和 $\bigcup_{\lambda\in\Lambda}E_\lambda$ も連結集合である．
proof) $\bigcup_{\lambda\in\Lambda}E_\lambda=E$ が不連結であるとする．[2.1.5] から，${}^\exists A\neq\phi,\ B\neq\phi$ s.t. $A\cup B=E$, $\mathrm{Cl}A\cap B=\phi$, $\mathrm{Cl}B\cap A=\phi^{*4)}$, となっている．そこで [2.1.6] から $E_{\lambda_0}\subset A$ もしくは $E_{\lambda_0}\subset B$ となる．今，$E_{\lambda_0}\subset A$ としよう．$B\neq\phi$ なので，${}^\exists\lambda_1\in\Lambda$ s.t. $E_{\lambda_1}\cap B\neq\phi$. [2.1.6] を考えればこれは $E_{\lambda_1}\subset B$ を意味するから，$E_{\lambda_1}\cap E_{\lambda_0}=\phi$ となって，仮定に反することになる．∎

[2.1.8] から，各 E_λ を連結とするとき，$\bigcap_{\lambda\in\Lambda}E_\lambda\neq\phi$ が成り立つならば $\bigcup_{\lambda\in\Lambda}E_\lambda$ も連結となることがわかる．位相空間の任意の 2 点が，ともにある同じ連結集合に含まれるならば，この位相空間は連結である．

[2.1.9] 位相空間 (X,τ) を連結とする．もし (X,τ) から位相空間 (Y,τ') への連続全射が存在するならば，(Y,τ') も連結である．
proof) Y が連結でないものとすると，Y とも ϕ とも異なる，Y の開かつ閉なる集合 E が存在する．f は連続だから，$f^{-1}(E)$ は X の開かつ閉なる集合となるが，まず f は全射だから $f^{-1}(E)\neq\phi$. また，$f^{-1}(E)=X$ であるとすると，f が全射であることから $E\supset f(f^{-1}(E))=f(X)=Y$ となって，$Y\neq E$ とい

---

*4) [2.1.5] の欄外注を参照のこと．

う仮定に反することになる. ∎

連結は位相的性質（[1.2.1] 参照）である. また, (X,τ) が連結ならば (Y,τ') の部分空間としての連続像 $(f(X),\tau'_{f(X)})$ は Y の連結集合である（[1.1.1], iv) 参照).

[2.1.10] 中間値の定理（intermediate value theorem）
　f を連結空間 (X,τ) 上の実数値連続写像とし, $p, q \in f(X)$, $p < q$ とする. このとき, $p < \eta < q$ なる任意の η に対して, $f(\xi) = \eta$ となる点 $\xi \in X$ が存在する.
proof）上の [2.1.9] から, $f(X)$ は実数 R^1 の連結集合であるからそれは [2.1.4] から区間である. したがって, $\eta \in f(X)$ となって証明が終る. ∎

2.2　成　　分

[2.2.1]　成分（component）
　位相空間 (X,τ) において, 1 点 x だけから成る集合 $\{x\}$ は X の連結集合だから, 点 x を含むところの, X の連結集合は常に存在する. そこで点 x を含むところの X の連結集合全部の和を $C(x)$ と書いて, X における点 x の成分という. $C(x)$ は [2.1.8] より連結である. したがって $C(x)$ は x を含むところの任意の連結集合を含むのだから, x の成分は x を含むところの X の連結集合の中で最大のものであることがわかる. X 自身が連結ならば, どんな点 x に対しても $C(x) = X$ である. どんな点 x に対しても $C(x) = \{x\}$ であるとき, この位相空間 X は完全不連結（totally disconnected）であるという. すなわち, 2 点以上を含む部分集合がすべて不連結となる場合である. たとえば 2 点以上を含む離散空間は完全不連結である. 実際, M を X の, 2 点以上をもつ任意の部分集合とすると, その 1 点 $\{x\}$ は X の開かつ閉なる集合であるから, $\{x\}$ は部分空間 (M,τ_M) の, $\{x\} \neq M$ なる開かつ閉なる集合でもある. したがって, (M,τ_M) は不連結である.

　位相空間 (X,τ) の成分といえば, これは X のある点 x の成分のことである.

$C(x)$ の性質について以下の i), ii) を注意しておこう．

　i)　$C(x)$ は閉集合である．

　　proof)　$C(x)$ は連結だから，$\mathrm{Cl}C(x)$ も X で連結となる（[2.1.7] 参照）．$C(x)$ は点 x を含む連結集合の中で最大だから $\mathrm{Cl}C(x) \subset C(x)$ となるから，$C(x) \in \mathfrak{F}$ である．∎

　ii)　$C(x) \cap C(x') \neq \phi \Rightarrow C(x) = C(x')$

　　proof)　仮定から $^{\exists}p \in C(x) \cap C(x')$．そこで [2.1.8] より $C(x) \cup C(x')$ は連結であって，かつ点 x を含む．故に $C(x) \cup C(x') \subset C(x)$．したがって $C(x') \subset C(x)$．また，同様にして $C(x) \subset C(x')$ をうるから $C(x) = C(x')$ である．∎

[2.2.2]　部分空間の成分

　i)　(Y, τ_Y) を位相空間 (X, τ) の部分空間とする．$y \in Y$ の Y における成分とは点 y を含むところの Y の連結集合全部の和であって，それを $C_Y(y)$ と書く．点 y を含む X の連結集合で Y に含まれるもの（$\{y\}$ はそうなので，このようなものはたしかに存在する）全部の和を $D(y)$ と書くことにすれば [2.1.3] において述べたことから明らかに $C_Y(y) = D(y)$ である．

　ii)　成分 $C_Y(y)$ は部分空間 (Y, τ_Y) の閉集合である．実際，$C_Y(y) \subset \mathrm{Cl}C_Y(y) \cap Y \subset \mathrm{Cl}C_Y(y)$ であって，$C_Y(y)$ は X の連結集合だから，[2.1.7] から，$\mathrm{Cl}_Y C_Y(y) = \mathrm{Cl}C_Y(y) \cap Y$ も X の連結集合となる．ここで $\mathrm{Cl}_Y C_Y(y)$ は，点 y を含むところの，Y の連結集合でもあるから，$\mathrm{Cl}_Y C_Y(y) \subset C_Y(y)$ となる．したがって，[0.3.1], iii) から $C_Y(y) \in \mathfrak{F}_Y$ となる．

今後，次章 compact 空間の内容を利用するところには * 印をつける．

[2.2.3] *　位相空間 (X, τ) において，点 p と compact 集合（[3.1.1], i) 参照）C とを考える．今，C の各点 x と点 p とが X において離れている（[2.1.2] 参照）なら，点 p と C も X において離れている．

proof)　仮定から $p \notin G(x) \in \tau \cap \mathfrak{F}$ なる，点 x を含む $G(x)$ が，C の各点 x に対してとれる．C が compact であるという仮定から，C の開被覆 $\{G(x); x \in C\}$ から有限部分被覆 $\{G(x_1), \ldots, G(x_n)\}$ がとれる．$\bigcup_{i \in \overline{n}} G(x_i) = G$ とおけば開

かつ閉なる集合の有限和であるから,$G \in \tau \cap \mathfrak{S}$ となる. 当然 $p \notin G$ であって $C \subset G$ だから,点 p と C とは X において離れていることになる. ∎

[2.2.4] * K と L とを位相空間 (X,τ) の 2 つの ϕ でない compact 集合とする. K の点と L の点とはすべて X において離れているとするならば,K と L も X において離れている.

proof) 上の [2.2.3] から,K の点 x に対して $G(x) \in \tau \cap \mathfrak{S}$ が在って,$G(x) \cap L = \phi$ と出来る. K の開被覆 $\{G(x); x \in K\}$ から有限部分被覆 $\{G(x_1),\ldots,G(x_n)\}$ がとれる. $\bigcup_{i \in \overline{n}} G(x_i) = G$ とおくと,$G \in \tau \cap \mathfrak{S}$ であって,$K \subset G$ かつ $G \cap L = \bigcup_{i \in \overline{n}}(G(x_i) \cap L) = \phi$ である. したがって K と L も X において離れていることになる. ∎

[2.2.5] Z を位相空間 (X,τ) の部分集合,p を Z の点とする. p と Z の境界 ∂Z とが X において離れているならば,点 p と Z の補集合 Z^c とは,X において離れている.

proof) 仮定から,$^{\exists}G(p) \in \tau \cap \mathfrak{S}$ s.t. $G(p) \cap \partial Z = \phi$,となっている. 今,$H(p) = G(p) \cap Z$ とおこう. $H(p) \cap Z^c = \phi$ である. ところで $\mathrm{Cl}(G(p) \cap Z) \subset \mathrm{Cl}G(p) \cap \mathrm{Cl}Z = G(p) \cap \mathrm{Cl}Z = G(p) \cap (\mathrm{Int}Z^{*5)} \cup \partial Z) = G(p) \cap \mathrm{Int}Z \subset G(p) \cap Z$ ([0.2.4] 参照) となるから $H(p) \in \mathfrak{S}$ である. 一方,$G(p) \cap Z \subset G(p) \cap \mathrm{Cl}Z = G(p) \cap \mathrm{Int}Z = \mathrm{Int}\,G(p) \cap \mathrm{Int}Z = \mathrm{Int}(G(p) \cap Z)^{*6)}$ となるから $H(p) \in \tau$ をうる. したがって $H(p)$ は開かつ閉なる集合となって,点 p と Z^c とは X において離れていることになる. ∎

2.3 準 成 分

[2.3.1] 点 p の準成分 (quasi component)

点 p と X において離れていない点 x 全部の集合を点 p の準成分という. それをここでは qc of p と書くことにしよう. このとき以下が成り立つ.

[*5)] $\mathrm{Int}A$ は A の内部 ([0.2.1] 参照).
[*6)] $\mathrm{Int}(A \cap B) = \mathrm{Int}A \cap \mathrm{Int}B$.

i)　qc of $p = \cap\{G(p) \in \tau \cap \Im\}$*7)．したがって qc of $p \in \Im$．
ii)　$C(p)$（点 p の成分）$\subset$ qc of p．

proof) i) $^\forall x \in$ 左辺を考える．点 p を含むどんな開かつ閉なる集合も点 x を含むのだから $x \in$ 右辺である．逆に $^\forall x \in$ 右辺を考える．点 p を含む任意の開かつ閉なる集合が x を含むのだから，x と p とは X において離れていない．

ii) 今，$C(p)$ の点 q が在って，q が点 p と X において離れているものとする．すなわち，$^\exists G(p) \in \tau \cap \Im$ s.t. $G(p) \not\ni q$，となっているものとする．$G(p) \cap C(p) \in \tau_{C(p)} \cap \Im_{C(p)}$ であるが，$G(p) \cap C(p) \neq \phi$，かつ $q \notin G(p) \cap C(p)$ であるから $G(p) \cap C(p) \neq C(p)$ となって，$G(p) \cap C(p)$ は $C(p)$ 内の $C(p)$ と異なる ϕ でない開かつ閉なる集合ということになる．これでは，成分 $C(p)$ が不連結ということになるから $C(p) \subset$ qc of p でなければならない．∎

単に準成分といえば，成分の場合と同様に，X のなんらかの点 p の準成分のことである．集合 A が点 a の準成分ならば，それは a 以外の A の点の準成分でもある．実際，$b \in A, a \neq b$ としよう．$^\forall G(b) \in \tau \cap \Im$ を考えると，$a \in G(b)$ だから $G(b)$ は点 a を含む開かつ閉なる集合である．したがって $^\forall x \in A, x \in G(b)$ がえられる．故に $A \subset G(b)$ となって，$A \subset$ qc of b がえられる．また $y \notin A$ なる点 y を考えると，y は点 a と X において離れているのだから，$^\exists G(a) \in \tau \cap \Im$ s.t. $y \notin G(a)$ となっている．$b \in G(a)$ だから，点 b を含む開かつ閉なる集合 $G(a)$ が在って，それは点 y を含まないのだから，点 y は点 b と X において離れていることになる．すなわち，qc of $b \subset A$ となるから，qc of $b = A$ である．

[2.3.2]　準成分は成分の和で表される．
proof) 準成分を qc と書けば qc $\subset \bigcup_{p \in \text{qc}} C(p)$ である．一方 [2.3.1] から $C(p) \subset$ qc of p であるから，$\bigcup_{p \in \text{qc}} C(p) \subset \bigcup_{p \in \text{qc}}$ qc of $p =$ qc となって，qc $= \bigcup_{p \in \text{qc}} C(p)$ がえられる．∎

[2.3.3] *　compact T_2 空間においては qc of $p = C(p)$ が成り立つ．

---

*7)　集合 A が点 p を含むとき $A(p)$ と書こう．$p \in X \in \tau \cap \Im$ だから $\{G(p) \in \tau \cap \Im\} \neq \phi$．なお記号 $\cap\{G\}$ は，$\{G\}$ に含まれるすべての G の共通部分を表す．すなわち，点 p の準成分 qc of p は点 p を含むすべての開かつ閉なる集合の共通部分である．

proof) [2.3.1], ii) を考えれば，qc of $p \subset C(p)$ が示されればよいことがわかる．以下で qc of p が点 p を含む連結集合であることをたしかめよう．そこで今，qc of p を P とおいて P が点 p を含む不連結集合であると仮定しよう．すなわち，$^{\exists}E, F \in \mathfrak{S}_P$ s.t. $p \in E$, $F \neq \phi$, $E \cup F = P$, $E \cap F = \phi$, となっているとしよう．[2.3.1], i) で示したように $P \in \mathfrak{S}$ だから，$E, F \in \mathfrak{S}$ となる．T_2 空間 (X, τ) が compact ならば，当然局所 compact ([3.3.1] 参照) だから，[3.3.2] から，$^{\exists}U \in \tau$ s.t. $E \subset U$, $\mathrm{Cl}U \cap F = \phi$, と出来る．$\partial U \cap P = (\mathrm{Cl}U \cap \mathrm{Cl}U^c) \cap (E \cup F) = (\mathrm{Cl}U \cap U^c) \cap (E \cup F) = (\mathrm{Cl}U \cap U^c \cap E) \cup (\mathrm{Cl}U \cap U^c \cap F) = \phi$, である．そこで ∂U の点はすべて，点 p と X において離れていることになる．$\partial U (= \mathrm{Cl}U \cap \mathrm{Cl}U^c)$ は compact 集合だから，[2.2.3] から点 p と ∂U とは X において離れている．$p \in E \subset U$ であったから [2.2.5] から点 p と U^c とは X において離れている．すなわち，$^{\exists}H(p) \in \tau \cap \mathfrak{S}$ s.t. $H(p) \cap U^c = \phi$, と出来る．ところが元来 [2.3.1], i) から $F \subset P \subset H(p)$, また，$F \subset U^c$ であるから，$(H(p) \cap U^c) \supset F \neq \phi$ となって，今えられた $H(p) \cap U^c = \phi$ なる結果と矛盾する．したがって qc of p は，点 p を含むところの連結集合でなければならないから qc of $p \subset C(p)$ がえられる．∎

[2.3.4] * (X, τ) を compact T_2 空間とする．ϕ でない2つの閉集合 A, B に対して，X のどんな連結集合 V も同時に，$V \cap A \neq \phi$, $V \cap B \neq \phi$ となることがないならば A と B とは X で離れている．
proof) まず，当然 $A \cap B = \phi$ である．実際，1点は X の連結集合であるから．A の任意の点 a と B の任意の点 b とを考える．点 a の成分 $C(a)$ は点 b を含まないから $C(a) = $ qc of a なる [2.3.3] の結果から，点 a と点 b とは X で離れていることになる．そこで [2.2.4] から A と B も X で離れている．∎

[2.3.5] * (X, τ) を compact で連結な T_2 空間とする．$\phi \neq U \subsetneq X$ なる $U \in \tau$ に対して K を $\mathrm{Cl}U$ の成分とするとき，$K \cap \partial U \neq \phi$, すなわち，$K \cap U^c \neq \phi$, となる．
proof) $U \in \tau \cap \mathfrak{S}$ とすると，U に関する仮定から X は連結でないことになる．したがってまず $\partial U \neq \phi$. 今，$K \cap \partial U = \phi$ としよう．$K \in \mathfrak{S}_{\mathrm{Cl}U}$ ([2.2.2] 参照) だから，K と ∂U とは X の部分空間 $(\mathrm{Cl}U, \tau_{\mathrm{Cl}U})$ 内の ϕ でない閉集合となる．

(ClU, $\tau_{\text{Cl}U}$) は compact T_2 空間だから, これに [2.3.4] を適用することが出来る. 今, もし, K と ∂U とが, (ClU, $\tau_{\text{Cl}U}$) 内のなんらかの連結集合 $V^{*8)}$ によって, $V\cap K\neq \phi$ および $V\cap\partial U\neq \phi$ となるならば, $K\cup V$ は K より真に大きい ClU 内の連結集合となるから, K の定義に反することになる. 故に, [2.3.4] から K と ∂U とは, (ClU, $\tau_{\text{Cl}U}$) において離れていなければならない. すなわち, $^{\exists}G(K)^{*9)} \in \tau_{\text{Cl}U}\cap\mathfrak{S}_{\text{Cl}U}$ s.t. $G(K)\cap\partial U = \phi$, となっている. まず $G(K)\in\mathfrak{S}$ は明らかである. 次に, $^{\exists}H\in\tau$ s.t. $G(K) = H\cap \text{Cl}U = H\cap(\text{Int}U\cup\partial U) = (H\cap\text{Int}U)\cup(H\cap\partial U)$ となるが, $G(K)\subset(\partial U)^c$ であるから, $H\cap\partial U = \phi$ でなければならない. 結局, $G(K) = H\cap\text{Int}U$ となって $G(K)\in\tau$ がえられる. $\partial U\neq\phi$, かつ $G(K)\cap\partial U = \phi$ なのだから $G(K)\neq X$. これは X が連結であるという仮定に反する. したがって, $K\cap\partial U\neq\phi$ でなければならない. ∎

[2.3.6] * (X,τ) を 2 点以上の点から成る compact で連結な T_2 空間, $\phi\neq A$ を X でない compact で連結な部分集合とする. $A\subset U\in\tau$ $(U\neq X)$ となるとき, compact で連結な集合 B が在って, $A\subsetneqq B\subset U$ と出来る.
proof) X は compact T_2 空間だから, $^{\exists}G\in\tau$ s.t. $A\subset G\subset\text{Cl}G\subset U$, と出来る ([3.3.2] 参照). 1 点 $a\in A$ を考える. 点 a の ClG における成分を $C_{\text{Cl}G}(a)$ と書くと A が連結であるという仮定から $A\subset C_{\text{Cl}G}(a)$ となる. $C_{\text{Cl}G}(a)\in\mathfrak{S}_{\text{Cl}G}$ であったから ([2.2.2] 参照), $C_{\text{Cl}G}(a)\in\mathfrak{S}$ となる. したがって $C_{\text{Cl}G}(a)$ は compact であって, それは X において連結である. ところで $C_{\text{Cl}G}(a)$ は ClG の成分だから, [2.3.5] から $C_{\text{Cl}G}(a)\cap G^c\neq\phi$. $A\subset G$ であるから $C_{\text{Cl}G}(a)\neq A$ となる. ここで $C_{\text{Cl}G}(a)$ を B とおけばよい. ∎

[2.3.7] * (X,τ) を compact で連結な T_2 空間とし, $\phi\neq Z\subsetneqq X$ とする. K を Z の成分とすると, Cl$K\cap\partial Z\neq\phi$ となる.
proof) まず X は連結だから $Z\in\tau\cap\mathfrak{S}$ ではありえない. したがって $\partial Z\neq\phi$. ここで ∂Z の定義 $\partial Z = \text{Cl}Z\cap\text{Cl}Z^c$ から, $\phi = \text{Cl}K\cap\partial Z$ となるときは, Cl$K\cap\text{Cl}Z^c = \phi$ となっていなければならないことがわかる. 今, K は X で連結だから [2.1.7] から ClK も X で連結となる. そこで Cl$K\subset(\text{Cl}Z^c)^c\in\tau$ という

---

*8) V は X の連結集合 ([2.1.3] 参照).
*9) $G(K)$ は K を含む集合.

仮定の下で, [2.3.6] を適用すれば, compact で連結な B が在って, $K \subset \mathrm{Cl}K \subsetneqq B \subset (\mathrm{Cl}Z^c)^c$, と出来る. ここで $(\mathrm{Cl}Z^c)^c \subset Z$ だから, 関係 $K \subsetneqq B \subset Z$, が成り立つ. これは K が Z の成分であることに反する. ∎

[2.3.8] 0 次元空間 (zero–dimensional space)[*10]

位相空間 (X, τ) が, 0 次元であるとは, $\forall x \in X$, $\forall U(x) \in \tau$, $\exists u(x) \in \tau \cap \Im$ s.t. $u(x) \subset U(x)$, となることである. X が 0 次元であることを本書では $\dim X = 0$ と書く. T_0 空間 ([0.2.1] 参照) が 0 次元ならば, それは完全不連結 ([2.2.1] 参照) である. 実際, 今, 異なる 2 点 p, q を含む部分集合 $M \subset X$ を考えよう. p, q いずれかに, その点を含み他方を含まないような開集合 U が存在する. 今, 一般性を失うことなく $p \in U$, $q \notin U$ としよう. 0 次元という仮定から, $\exists u(p) \in \tau \cap \Im$ s.t. $u(p) \subset U$, となっている. $\phi \neq u(p) \cap M \in \tau_M \cap \Im_M$ であって $q \notin u(p)$ だから $u(p) \cap M \subsetneqq M$. したがって X は完全不連結となる.

[2.3.9] * compact T_2 空間 (X, τ) においては 0 次元と完全不連結とは同じことである.

proof) まず T_0 空間が 0 次元ならば, それは完全不連結であることは, 上の [2.3.8] において示された. 逆に (X, τ) が完全不連結であるとする. $\forall p \in X$ と, $\forall U(p) \in \tau$ とを考える. X は T_1 空間だから $\{p\} \in \Im$ であり ([0.2.1] 参照), $U(p)^c \in \Im$ である. $U(p) = X$ のときは $X \in \tau \cap \Im$ だから, 点 p を含み, X に含まれるところの開かつ閉なる集合としては X 自身をとればよいから, 今, $U(p)^c \neq \phi$ としよう. 完全不連結であるという仮定から, X のどんな連結集合も点 p を含み, かつ $U(p)^c$ とも共通部分をもつということは出来ない. したがって [2.3.4] から点 p と $U(p)^c$ とは X において離れている. すなわち, $\exists G(p) \in \tau \cap \Im$ s.t. $G(p) \cap U(p)^c = \phi$, ie., $G(p) \subset U(p)$, と出来る. したがって X は 0 次元である. ∎

[*10] より詳しい説明は [4.1.4] において行う.

2.4　end point と cut point

[2.4.1]　end point

位相空間 (X,τ) を連結とする．点 $e \in X$ が end point であるとは，点 e を含む任意の開集合 $U(e)$ に対して，その境界 $\partial u(e)$ が 1 点だけから成るような，点 e を含む開集合 $u(e)$ が在って $u(e) \subset U(e)$，となることである．

end point は連結空間で定義されている．空間が不連結のときは，その境界が 1 点だけであるという通常の端点のイメージと合致しないような点が，end point の定義をみたすことがある[*11]．たとえば，実数 R^1 の位相 τ を通常の距離 $d(x,y) = |x-y|$ による距離位相とし，有理数の全体 (Q, τ_Q) をその部分空間としよう．点 $a \in Q$ を含む任意の τ_Q の開集合 $U(a)$ を考える．このとき，点 $p \in Q$, $q \in Q^c$（すなわち，q は無理数）が在って $a \in (p,q) \cap Q \subset U(a)$，と出来る．$(p,q) \cap Q \in \tau_Q$ であって，その (Q, τ_Q) における境界は点 p, 1 点である．

[2.4.2]　位相空間 (X,τ) と (Y,τ') とが同相（[1.2.1] 参照）であるとする．このとき，X と Y の片方が end point をもつならば，他方も end point をもち，X の end point の全体と Y の end point の全体は全単射同型[*12]となる．

proof)　X が end point をもつものとする．その点を e とし，e の同相写像 $h: X \to Y$ による像である点 $h(e)$ を含む Y の任意の開集合 $u'(h(e))$ を考えよう．$h^{-1}(u'(h(e)))$ は X の開集合だから，e が X の end point であるという仮定から，その境界 $\partial v(e)$ が 1 点となるような $v(e) \in \tau$ が在って，$v(e) \subset h^{-1}(u'(h(e)))$ となっている．h は開写像だから [1.2.3] から $h(v(e)) \in \tau'$ であって，$h(v(e)) \subset u'(h(e))$ となる．ここで [1.2.4], ii) においてたしかめた関係から，$\partial h(v(e)) = h(\partial v(e))$ となるから $\partial h(v(e))$ は 1 点となる．したがって Y の点 $h(e)$ は Y のひとつの end point となる．したがって X が end point をもつとき，Y も end point をもつことになる．今，X の end point の全体を E, Y

[*11]　連結ならば必ずイメージに合致するかどうかという議論は論理的ではない．ここでは単に感覚的な話をしているにすぎない．

[*12]　2 つの集合の間に全単射が存在するとき，それらの集合は全単射同型であるという（[0.1.3] 参照）．

のそれを E' としよう．このとき $e \mapsto h(e)$ なる単射 $h_E : E \to E'$ を考えよう．$\forall y \in E'$ に対して $h^{-1}(y) \in E$ がまったく同様に示されるから，h_E は全射であることがわかる．したがって E と E' とは全単射同型になる．∎

　$h : (X, \tau) \simeq (Y, \tau')$ 以外の同相写像 $h' : (X, \tau) \simeq (Y, \tau')$ を考える．上の [2.4.2] から，h' に対しても $h'(E) = E'$ であるから $h'(E) = h(E)$ である．
　たとえば，位相空間 (X, τ) が arc（閉区間 $[0, 1]$ と同相な位相空間）であるとする．すなわち，$\exists h : [0, 1] \simeq (X, \tau)$ となっているとき，2 点 $\{0, 1\}$ が $[0, 1]$ の end point の全体だから $\{h(0), h(1)\}$ が X の end point の全体となる．$h' : [0, 1] \simeq (X, \tau)$ をほかの同相写像とするとき，$\{h(0), h(1)\}$ と $\{h'(0), h'(1)\}$ とは集合として等しい．たとえば具体的には，$f : [0, 1] \to [0, 1]$ を $t \mapsto 1-t$ として定めれば，f は同相写像であるから，同相写像 h との合成 $h' = h \circ f : [0, 1] \to (X, \tau)$ も同相写像となって，$h'(0) = h(1)$, $h'(1) = h(0)$ となる．

[2.4.3] cut point
　位相空間 (X, τ) を連結とする．点 $c \in X$ が cut point であるとは，$X - \{c\}$ が不連結となることである．

[2.4.4]　位相空間 (X, τ) と (Y, τ') とが同相であるとする．このとき X と Y の片方が cut point をもつならば，他方も cut point をもち，X の cut point の全体と Y の cut point の全体とは全単射同型となる．
proof) X の cut point の全体を A, Y のそれを B としよう．$a \in A$ に対して，X の部分空間 $(X-\{a\}, \tau_{X-\{a\}})$ は不連結である．すなわち，$\exists E \subsetneq X-\{a\}$, $E \neq \phi$ s.t. $E \in \tau_{X-\{a\}} \cap \mathfrak{I}_{X-\{a\}}$, となっている．$h' : (X-\{a\}, \tau_{X-\{a\}}) \to (Y-\{h(a)\}, \tau'_{Y-\{h(a)\}})$, $x \mapsto h(x)$ は，[1.2.4], i) より同相写像である．したがって $h'(E) \in \tau'_{Y-\{h(a)\}} \cap \mathfrak{I}'_{Y-\{h(a)\}}$ となる．$E \neq X-\{a\}$ だから $h'(E) \neq Y-\{h(a)\}$. 故に $(Y-\{h(a)\}, \tau'_{Y-\{h(a)\}})$ は不連結となるから，$h(a)$ は Y の cut point となる．したがって $h(A) \subset B$ である．そこで $h_A : A \to B$, $a \mapsto h(a)$ なる単射を考えれば，[2.4.2] の場合と同様に h_A が全射であることがわかる．∎

[2.4.5] *　(X, τ) を 2 点以上の点から成る compact で連結な T_2 空間とする．

点 p をその end point とすると，$X-\{p\}$ は連結である．すなわち点 p は cut point ではない．

proof) まず X は 2 点以上を含む連結な T_1 空間だから，無限集合である．今，p 以外の点 $y \in X$ をひとつ固定する．$p \neq x$ なる点 x をひとつ考える．T_1 という仮定から，点 p を含む開集合 U_x が在って，$x, y \notin U_x$ と出来る．点 p が X の end point であるという仮定から，点 x に対応して $^\exists u_x \in \tau$ s.t. $p \in u_x \subset U_x$, $\partial u_x = \{a_x\}$ (1 点 a_x) と出来る．$x, y \in u_x{}^c$ であって $p \notin u_x{}^c$ だから，$\phi \neq u_x{}^c \neq X$. $\partial u_x = \partial u_x{}^c$ だから $\partial u_x{}^c = \{a_x\}$ となることに注意しよう．$u_x{}^c$ 内の任意の点 z の $u_x{}^c$ 内の成分を $K(z)$ とおくと，$u_x{}^c \in \mathfrak{F}$ であるから $\mathrm{Cl}K(z) = K(z)$ となって，[2.3.7] から $K(z) \cap \partial u_x{}^c \neq \phi$ となる．$\partial u_x{}^c = \{a_x\}$ であったから，$K(z) \ni a_x$ なる関係が点 z のいかんにかかわらず成り立っている．$\bigcup_{z \in u_x{}^c} K(z) = u_x{}^c$ は X で連結となる．$u_x{}^c$ はすべて，x のいかんにかかわらず，点 y を共有しているから [2.1.8] から $\bigcup_{x \in X-\{p\}} u_x{}^c$ は連結となる．$X - \{p\} = \bigcup_{x \in X-\{p\}} u_x{}^c$ であるから証明が終る．■

[2.4.6] 単純閉曲線 (simple closed curve)

半径 1 の円の円周 $S^1 = \{(x_1, x_2) \in R^2 ; \sqrt{x_1{}^2 + x_2{}^2} = 1\}$ と同相な位相空間 (X, τ) を単純閉曲線という．$f : [0, 1) \to S^1$, $x \mapsto (\cos 2\pi x, \sin 2\pi x)$ は R^1 の区間上の連続全射だから[13] S^1 は連結である ([2.1.9] 参照)．したがって単純閉曲線 X は連結である．

単純閉曲線 X の任意の点 c を考える．$h : S^1 \to X$ を同相写像とし，$h^{-1}(c) = p \in S^1$ とおくと，$\check{h} : S^1 - \{p\} \to X - \{c\}$, $q \mapsto h(q)$ は同相写像となるから ([1.2.4], i) 参照)，$S^1 - \{p\}$ が連結である[14] ことから $X - \{c\}$ も連結となる．すなわち，単純閉曲線の点は，どんな点も cut point ではない．

位相空間 (X, τ) の部分集合 A, B, C を考える．$A \subset E$, $B \subset F$ であって，$E \cup F = X - C$, $E \cap F = \phi$, $E, F \in \tau_{X-C}$ なる E, F が存在するとき，A と B と

---

[13] S^1 は平面 R^2 の部分空間として考えている．$[0, 1)$ は R^1 の区間だから連結 ([2.1.4] 参照)．

[14] $S^1 \ni p = (a, b)$, $a = \cos h$, $b = \sin h$ とおくとき
$g : (0, 1) \to S^1 - \{p\}$, $x \mapsto (\cos 2\pi(x + h/(2\pi)), \sin 2\pi(x + h/(2\pi)))$
は連続全射，$(0, 1)$ は連結．

は X において, C によって分けられる (separated by C), という. この意味では, 単純閉曲線 X のどんな2点 a, b も第3の点 c によって分けられることはない. 実際もし $\exists E, F \in \tau_{X-\{c\}}$ s.t. $\{a\} \subset E$, $\{b\} \subset F$, $E \cup F = X-\{c\}$, $E \cap F = \phi$, となったとすると, $X-\{c\}$ は不連結となってしまう ([2.1.3] 参照).

[2.4.7] 位相空間 (X, τ) の任意の異なる2点 a, b が X において, 第3の点 c によって分けられるならば X は, その部分空間としていかなる単純閉曲線も含むことはない.

proof) 単純閉曲線は, その定義から S^1 と同相だから異なる2点を含む. そこで今 Y を異なる2点 a, b を含むところの X の部分集合としよう. 仮定から $\exists c \in X$, $\exists u(a), u(b) \in \tau_{X-\{c\}}$ s.t. $u(a) \cup u(b) = X-\{c\}$, $u(a) \cap u(b) = \phi$, と出来る. 今, $\exists U(a), U(b) \in \tau$ s.t. $u(a) = U(a) \cap (X-\{c\})$, $u(b) = U(b) \cap (X-\{c\})$ となっているのだから, $X-\{c\}$ を $\{c\}^c$ と書けば, $U(a) \cap \{c\}^c \cap Y \in \tau_{Y-\{c\}}$, $U(b) \cap \{c\}^c \cap Y \in \tau_{Y-\{c\}}$ であって, $(U(a) \cap \{c\}^c \cap Y) \cup (U(b) \cap \{c\}^c \cap Y) = (U(a) \cup U(b)) \cap (Y \cap \{c\}^c) = ((U(a) \cap \{c\}^c) \cup (U(b) \cap \{c\}^c)) \cap Y = (u(a) \cup u(b)) \cap Y = \{c\}^c \cap Y = Y-\{c\}$, となる. また, $(U(a) \cap \{c\}^c \cap Y) \cap (U(b) \cap \{c\}^c \cap Y) = \phi$ であるから, 部分空間 $(Y-\{c\}, \tau_{Y-\{c\}})$ は不連結となる. $c \notin Y$ ならば (Y, τ_Y) が不連結である. 今, Y が単純閉曲線なら, (Y, τ_Y) も $(Y-\{c\}, \tau_{Y-\{c\}})$ も, 連結でなければならない ([2.4.6] から単純閉曲線は cut point をもたないから). したがって, Y が単純閉曲線となることはない. ∎

[2.4.8] dendrite (付録 A.2 節参照)

単純閉曲線をその部分空間として含まないような, 連結で局所連結 (次の [2.5.1] 参照) な compact 距離空間を dendrite という. 2点以上から成る dendrite の点は end point か cut point かいずれかであることが知られている. dendrite は compact で連結な T_2 空間だから, その end point と cut point とは異なる ([2.4.5] 参照) ことに注意しよう.

2.5 局所連結

[2.5.1] 局所連結 (locally connected)

位相空間 (X,τ) の任意の点 x と, x を含む任意の開集合 $U(x)$ に対して, $u(x) \subset U(x)$ なる連結開集合 $u(x)$ が存在するとき, (X,τ) は局所連結であるという.

$\mathbf{Z}$ を整数の集合とするとき, R^1 の部分空間 $R^1 - \mathbf{Z} = \cup\{(n, n+1); n \in \mathbf{Z}\}$ を考えれば $(n, n+1)$ は $R^1 - \mathbf{Z}$ の開かつ閉なる集合であるから, この部分空間は不連結である. しかし, そのどんな点 p に対しても p を含む $R^1 - \mathbf{Z}$ の連結開集合としての開区間[15]がとれるから, 局所連結である.

[2.5.2] 局所連結な空間に同相な空間は局所連結である.
proof) (X,τ) を局所連結, $h : (X,\tau) \to (Y,\tau')$ を同相写像とする. Y が局所連結であることを示そう. $^\forall y \in Y$ と $^\forall U(y) \in \tau'$ とを考える. 仮定から $h(x) = y$ なる点 x に対して X の連結開集合 $u(x)$ が在って $u(x) \subset h^{-1}(U(y))$, と出来る. 写像 h を $u(x)$ に制限した写像 $h_{u(x)} : (u(x), \tau_{u(x)}) \to (h(u(x)), \tau'_{h(u(x))})$ は [1.2.4], i) より再び同相写像だから, $h(u(x))$ は Y の連結開集合となる. $y \in h(u(x)) \subset U(y)$ だから, Y は局所連結である. ∎

[2.5.3] 位相空間 (X,τ) が局所連結であるための必要十分な条件は, X の任意の開集合 G に対して, G における成分がすべて X の開集合となることである.
proof) X を局所連結とし, $G = \phi$ ならば自明だから G は ϕ でないとしよう. G の任意の成分 C を考える. C の点 x に対して, 仮定から, 連結な開集合 $u(x)$ が存在して, $u(x) \subset G$ となっている. $u(x) \subset C$ であるから

$$C \subset \bigcup_{x \in C} u(x) \subset C$$

となって $C = \bigcup_{x \in C} u(x)$ をうる. したがって $C \in \tau$ である. 逆に任意の点 x

---

[15] [2.1.3] 参照.

2.5 局所連結

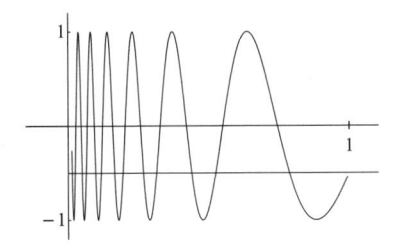

図 5 局所連結ではない連結空間

を含む開集合 $U(x)$ を考えよう．仮定から，点 x の $U(x)$ における成分は開集合だから X は局所連結である．■

連結ではあるが局所連結とはならない例として，平面 R^2 内の以下の図形 E (図 5) をあげることが出来る．
$E = A \cup B$
$A = \{(x, \sin(1/x));\ x \in (0,1]\}$
$B = \{(0,y);\ y \in [-1,1]\}$
まず E が平面 R^2 の連結集合であることをたしかめよう．ここで平面 R^2 の位相は，距離 $\rho(p,p') = \max\{|x-x'|, |y-y'|\}$, $p = (x,y)$, $p' = (x',y')$ による距離位相 τ_ρ である．これは R^1 の距離を $|x-y|$ で与えたときの $R^1 \times R^1$ の積位相となっている ([0.2.2] 参照)．$\sin(1/x)$ は連続写像 $\sin z$ と連続写像 $1/x$ との合成写像だから，区間 $(0,1]$ において連続である．ここで A の部分空間位相を $(\tau_\rho)_A$ として，全射 $g:(0,1] \to (A,(\tau_\rho)_A)$, $x \mapsto (x,\sin(1/x))$ を考えよう．$\rho((x_0,\sin(1/x_0)),(x,\sin(1/x)) = \max\{|x_0-x|,|\sin(1/x_0)-\sin(1/x)|\}$ であるから，$\sin(1/x)$ の連続性を考えれば，写像 g は $(0,1]$ の各点 x_0 において連続であることがわかる．区間 $(0,1]$ は連結だから [2.1.9] から A は R^2 の連結集合ということになる．次に $B \subset \mathrm{Cl}A$ となることを示そう．ここで閉包 Cl は R^2 の位相 τ_ρ によるものである．B の任意の点 $(0,t)$ を考えよう．点 $(0,t)$ に τ_ρ の位相で収束するところの A の点列が存在するから (図 5)，$(0,t) \in \mathrm{Cl}A$ となる．$E = A \cup B \subset \mathrm{Cl}A$ であるから，A が連結であることを考えれば直ちに E が R^2 の連結集合であることがわかる ([2.1.7] 参照)．

さてここで E は局所連結にはならないことを証明しよう．まず $B' = \{(0,y);$

$y \in (-1/2, 1/2)\}$ とおけば, $f : (-1/2, 1/2) \to (B', (\tau_\rho)_{B'})$, $a \mapsto (0, a)$ は明らかに連続全射だから, B' は R^2 の連結集合となる. すなわち [2.1.3] から E の連結集合である. 今, $(\tau_\rho)_E$ の開集合 $G = S_\rho((0, 0), 1/2) \cap E$ を考えよう. ここで $S_\rho((0, 0), 1/2)$ は R^2 における開球である. 点 $(0, 0)$ の, E の開集合 G における成分 $C_G((0, 0))$ を考えれば, $(0, 0) \in B' \subset G$ であって, B' は E の連結集合であるから G の連結集合でもあって B' は $C_G((0, 0))$ に含まれる. ここで G 内の B' 以外の点 (p, q) を考えれば点 (p, q) は明らかに点 $(0, 0)$ の連結成分には含まれないから, 結局 $C_G((0, 0)) = B'$ ということになる. さて, 点 $(0, 0)$ を含むところの, $(\tau_\rho)_E$ のどんな開集合 u も B' に含まれることはないから B' は $(\tau_\rho)_E$ の開集合ではない. したがって, $(\tau_\rho)_E$ の開集合 G が在って, その成分 $C_G((0, 0))$ で $(\tau_\rho)_E$ の開集合とならないものが存在するのだから [2.5.3] から, E は局所連結ではないことになる.

[2.5.4] 局所連結に類似の概念に cik (connected im kleinen) というものが在るので触れておきたい. 位相空間 (X, τ) の点 x において, 点 x を含むすべての開集合が, 点 x の連結な近傍 (点 x の近傍とは, 点 x を含む開集合を含む集合のこと) を含むとき, X は点 x において cik であるという. 図 6 に cik の例をあげる. 底辺のない無限個の三角形が点 p に向って無限に積み重なっている. 点 p においてこの図形は cik である. この連結な近傍を開集合としてとれるときが, 局所連結である. しかし, X のすべての点において, cik ならば, X は局所連結であることを示すことが出来る. 実際, $\phi \neq G \in \tau$ に対して, そのひとつの連結成分を C_G とすると, 任意の $p \in C_G$ に対して連結な近傍 $V(p)$ が在って $V(p) \subset G$ となっている. $V(p)$ は連結だから $V(p) \subset C_G$ となるが, $V(p)$ は点 p の近傍なので, $\exists u(p) \in \tau$ s.t. $u(p) \subset V(p)$, であるから, $u(p) \subset C_G$ をうる. したがって, $C_G \subset \bigcup_{p \in C_G} u(p) \subset C_G$ となって, $\bigcup_{p \in C_G} u(p) = C_G$ であるので $C_G \in \tau$ がいえる. すなわち, [2.5.3] から X は局所連結である.

2.6 弧状連結

[2.6.1] 弧状連結 (arcwise connected)

位相空間 (X, τ) の 2 点 a, b に対して, 連続写像 $f : [0, 1] \to X$ が存在して,

2.6 弧状連結

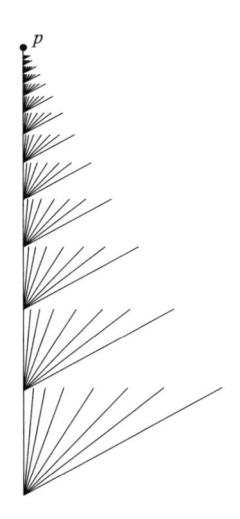

図 6 点 p において connected im kleinen

$f(0) = a$, $f(1) = b$, をみたすとき,点 a と点 b とは X において弧でむすべる[*16]という.

このとき以下が成り立つ.

i) 点 a と点 a とは弧でむすべる.
   proof) $f : [0,1] \to X$ を $f(t) \equiv a$, $t \in [0,1]$ で定めればよい. ∎

ii) 点 a と点 b とが弧でむすべるならば,点 b と点 a は弧でむすべる.
   proof) $f(0) = a$, $f(1) = b$ なる連続写像 $f : [0,1] \to X$ に対して, $g : [0,1] \to X$ を $g(t) = f(1-t)$ として定めればよい. ∎

iii) 点 a と点 b とが弧でむすべて,点 b と点 c とが弧でむすべるとすると,点 a と点 c は弧でむすべる.
   proof) 点 a と点 b とに対する連続写像を f,点 b と点 c とに対するそれを g と,それぞれするとき,写像 $F : [0,1] \to X$ を
$$F(t) = \begin{cases} f(2t), & t \in [0, 1/2] \\ g(2t-1), & t \in [1/2, 1] \end{cases}$$

[*16] ここでは "2 点が弧でむすべる" という言葉を定義したのであって,"弧" の定義を与えたのではないことに注意.

で定めれば F は連続であって[*17] $F(0)=a$, $F(1)=c$ となる． ∎

位相空間 X の任意の 2 点が X において弧でむすべるとき，X は弧状連結であるという．弧状連結ならば連結である．実際，今，1 点 a と他の任意の点 x とを考えれば，連続写像 $f_x : [0,1] \to X$ が在って $f_x(0)=a$, $f_x(1)=x$ となっている．すなわち点 a と点 x とを含むところの $f_x([0,1])$ は X の連結集合である．ところで
$$\bigcup_{x \in X} f_x([0,1]) = X$$
であって，$f_x([0,1])$ が点 x のいかんにかかわらず常に点 a を含んでいることから，[2.1.8] から，X は連結となることがわかる．

しかし逆は成り立たない．局所連結のところで述べた，連結ではあるが局所連結でなかった例（図 5）は連結であって弧状連結にもならない例である．実際，平面 R^2 の部分集合 E の点 $(0,0)$ と，$0 < q < 1$ なる q に対する，E の点 $(q, \sin(1/q))$ とが弧でむすばれていると仮定しよう．すなわち，連続写像 $f : [0,1] \to (E, (\tau_\rho)_E)$ が在って，$f(0)=(0,0)$, $f(1)=(q, \sin(1/q))$ となっているものとしよう．τ_ρ が積位相であることから，平面 (R^2, τ_ρ) から図 5 の x 軸への射影は連続であるから（[0.2.2] 参照），この射影の E への制限 $p : E \to R^1$（x 軸）も連続となる．今，合成写像 $p \circ f : [0,1] \to R^1$ を考えれば，$(p \circ f)(0) = 0$ であるから $D = \{t \in [0,1]; (p \circ f)(t) = 0\}$ なる D は ϕ ではない．D は R^1 の上に有界な集合だから上限をもつ（[3.2.2] 参照）．それを T で表そう．合成写像 $p \circ f$ は連続であり，また，$q \neq 0$ なのだから $T < 1$ でなければならない．さて，写像 f は連続だから，$0 < \delta < 1 - T$ なる δ を十分小さくとれば $|t - T| < \delta$ のとき，$\rho(f(t), f(T)) < 1$, と出来る．$(p \circ f)(T + \delta) \neq 0$ だから，n を十分大きくとれば

$$(p \circ f)(T) = 0 < \frac{1}{(2n+3/2)\pi} < \frac{1}{(2n+1/2)\pi} < (p \circ f)(T+\delta)$$

なる関係が成り立つ．区間 $[0,1]$ は連結だから，中間値の定理 [2.1.10] が使えて，その結果，

[*17] X, Y をそれぞれ位相空間，A, B をそれぞれ X の閉集合であって $A \cup B = X$ となるものとする．このとき写像 $f : X \to Y$ の制限 $f_A : A \to Y$, $f_B : B \to Y$ がともに連続ならば f も連続である（[1.1.1], v) 参照）．

$$(p \circ f)(t_1) = \frac{1}{(2n+3/2)\pi}, \quad (p \circ f)(t_2) = \frac{1}{(2n+1/2)\pi}$$

なる 2 点 t_1, $t_2 \in (T, T+\delta)$ がえられる.

$$f(t_1) = ((p \circ f)(t_1), \sin(1/(p \circ f)(t_1))) = ((p \circ f)(t_1), -1)$$
$$f(t_2) = ((p \circ f)(t_2), \sin(1/(p \circ f)(t_2))) = ((p \circ f)(t_2), 1)$$

であるから, $\rho(f(t_1), f(t_2)) \geq 2$ となる. 一方, $|t_1 - T| < \delta$, $|t_2 - T| < \delta$ であるから, 上記の評価より

$$\rho(f(t_1), f(t_2)) \leq \rho(f(t_1), f(T)) + \rho(f(T), f(t_2)) < 2$$

となって, 矛盾である. したがって E は弧状連結ではない.

第3章
compact空間

CHAPTER 3

R^1 の閉区間 $[a,b]$ に代表される, R^n の有界閉集合のもつ位相的性質の一般化として生まれたのが compact 空間の考え方である.

3.1 compact 空間

[3.1.1] 位相空間 (X, τ) の部分集合の族 $\mathcal{G} = \{G_\lambda \, ; \, \lambda \in \Lambda\}$ に対して
$$X = \bigcup_{\lambda \in \Lambda} G_\lambda$$
が成り立つとき, $\mathcal{G}$ を (X, τ) の被覆 (cover) という. すべての G_λ が開集合であるとき $\mathcal{G}$ を開被覆 (open cover) という. 位相空間 (X, τ) の任意の開被覆 $\{G_\lambda \in \tau; \lambda \in \Lambda\}$ が有限な部分被覆をもつとき, すなわち, ${}^\exists G_{\lambda_1}, \ldots, G_{\lambda_n}$ s.t. $\bigcup_{i \in \overline{n}} G_{\lambda_i} = X$, と出来るとき (X, τ) は compact であるという. したがって, 言いかえれば, 位相空間が compact であるとは, 閉集合の族でその共通部分が ϕ であるものに対して, その中の有限個を選んで, すでに共通部分が ϕ となるように出来ることである ([0.1.1] 参照). 位相空間 (X, τ) の部分集合 E が compact 集合であるとは, 部分空間 (E, τ_E) が compact 空間であること.

 i) (X, τ) の部分空間 (E, τ_E) が compact 空間であるとは, X の $\bigcup_{\lambda \in \Lambda} G_\lambda \supset E$ なる任意の開集合族 $\{G_\lambda \in \tau; \lambda \in \Lambda\}$ に対して, 常にその中の有限個 $G_{\lambda_1}, \ldots, G_{\lambda_n}$ を選んで $G_{\lambda_1} \cup \cdots \cup G_{\lambda_n} \supset E$ と, 出来ることである. 実際, (E, τ_E) のすべての開被覆 $\{u_\lambda \in \tau_E; \lambda \in \Lambda\}$ は, X のなんらかの開集合 G_λ を用いて, $\{G_\lambda \cap E; \lambda \in \Lambda\}$ と表現されるからである. ここで, E の X における開被覆 $\{G_\lambda \in \tau; \lambda \in \Lambda\}$ のことを単に E の開被覆とよぶこともある.

3.1 compact 空間

ii) compact 空間 (X,τ) の閉集合 K は compact 集合である．実際，K の補集合 K^c が開集合であるから，これは明らかであろう．

iii) K を T_2 空間 (X,τ) の compact 集合とすると，K は閉集合である．
proof) $\forall y \in K^c$ を考える．$x \in K$ に対して，$\exists u_x(y) \in \tau$, $\exists u(x) \in \tau$ s.t. $u(x) \cap u_x(y) = \phi$, と出来る．$\bigcup_{x \in K} u(x) \supset K$ であるから，$\bigcup_{i \in \bar{n}} u(x_i) \supset K$ と出来る．$u_{x_1}(y) \cap \cdots \cap u_{x_n}(y) = v(y)$ とおけば，$\phi = v(y) \cap (\bigcup_{i \in \bar{n}} u(x_i)) \supset v(y) \cap K$ となるから，$K^c \subset \bigcup_{y \in K^c} v(y) \subset K^c$, $v(y) \in \tau$ なる関係から $K^c \in \tau$ をうる．∎

iv) K, K' をそれぞれ T_2 空間 (X,τ) の $K \cap K' = \phi$ なる compact 集合とするとき，$K \subset U$, $K' \subset U'$ なる開集合 U, U' が存在して，$U \cap U' = \phi$ と出来る．
proof) 上の iii) から $\forall x \in K'$, $\exists v(x) \in \tau$, $V_x(K)^{*1)} \in \tau$ s.t. $v(x) \cap V_x(K) = \phi$, と出来る．$\{v(x) \in \tau ; x \in K'\}$ に対して $\{v(x_1), \ldots, v(x_n)\}$ が存在して $K' \subset \bigcup_{i \in \bar{n}} v(x_i)$, と出来る．今，$\bigcap_{i \in \bar{n}} V_{x_i}(K) = U$, $\bigcup_{i \in \bar{n}} v(x_i) = U'$ とおくと，$K \subset U \in \tau$, $K' \subset U' \in \tau$ であって $U \cap U' = \phi$ となる．∎

v) $\{K_\lambda ; \lambda \in \Lambda\}$ を T_2 空間 (X,τ) の compact 集合から成る集合族とする．$\bigcap_{\lambda \in \Lambda} K_\lambda = \phi$ となるならば，Λ の有限部分集合 Λ' が在って，$\bigcap_{\lambda \in \Lambda'} K_\lambda = \phi$, と出来る．
proof) 今，K_{λ_0}, $\lambda_0 \in \Lambda$ をひとつ固定しよう．$\forall x \in K_{\lambda_0}$, $x \notin \bigcap_{\lambda \in \Lambda} K_\lambda$, となっている．すなわち，[0.1.1] から $x \in \bigcup_{\lambda \in \Lambda} K_\lambda{}^c$ であるから，$K_{\lambda_0} \subset \bigcup_{\lambda \in \Lambda} K_\lambda{}^c$. X は T_2 だから，各 $K_\lambda{}^c$ は，上の iii) から開集合である．K_{λ_0} は compact だから，上の i) から $\exists \lambda_1, \ldots, \lambda_n \in \Lambda$ s.t. $K_{\lambda_0} \subset K_{\lambda_1}{}^c \cup \cdots \cup K_{\lambda_n}{}^c$, となっている．これは，$\phi = K_{\lambda_0} \cap (K_{\lambda_1}{}^c \cup \cdots \cup K_{\lambda_n}{}^c)^c = K_{\lambda_0} \cap (K_{\lambda_1} \cap \cdots \cap K_{\lambda_n})$ を意味するから，したがって $\Lambda' = \{\lambda_0, \lambda_1, \ldots, \lambda_n\}$ とおけばよい．∎

vi) compact 距離空間 (X,τ_d) は第 2 可算（[0.2.2] 参照）である．
proof) X の可算開基を実際に構成しよう．半径 $1/i$ ($i = 1, 2, \ldots$) の開球 $S_d(x, 1/i)$ を考えて，各 $1/i$ 球による X の有限被覆をそれぞれ

[*1)] $V_x(K)$ は集合 K を含む開集合．

$$S_d(x_{11}, 1), \ldots, S_d(x_{1n_1}, 1)$$
$$S_d(x_{21}, 1/2), \ldots, S_d(x_{2n_2}, 1/2)$$
$$\vdots$$
$$S_d(x_{i1}, 1/i), \ldots, S_d(x_{in_i}, 1/i)$$
$$\vdots$$

としよう．これらの開球の全体 β は距離位相 τ_d の可算開基をなしている．実際，$^\forall u \in \tau_d$，$^\forall x \in u$ を考えると，まず $^\exists \varepsilon > 0$ s.t. $S_d(x, \varepsilon) \subset u$，となっている．今 $1/N < \varepsilon/2$ なる自然数 N をひとつ定めると，$S_d(x_{N1}, 1/N), \ldots, S_d(x_{Nn_N}, 1/N)$ なる X の有限被覆が存在するのだから，なんらかの番号 j ($1 \le j \le n_N$) が在って，$x \in S_d(x_{Nj}, 1/N)$ となっている．$^\forall y \in S_d(x_{Nj}, 1/N)$ を考えると

$$d(x, y) \le d(x, x_{Nj}) + d(x_{Nj}, y) < 2/N < \varepsilon$$

となるから，$S_d(x_{Nj}, 1/N) \subset S_d(x, \varepsilon) \subset u$ となる．各点 $x \in u$ に対して β の要素が対応していて，さらにそれは u に含まれているのだから，u は β の部分族の和で表現されることになる（[0.2.4], ii) 参照）．∎

[0.3.1] に述べた関係 $(\tau_Y)_E = \tau_E$ から，E が X の compact 集合であれば，E を含む任意の $Y(\subset X)$ においても E は Y の compact 集合であることがわかる．また，逆に $E \subset Y$ なるなんらかの集合 Y が在って，そこにおいて E が compact ならば，E は X の compact 集合である．

[3.1.2] compact 空間の中の無限部分集合は集積点（[0.2.3] 参照）をもつ．実際，今，位相空間 X に集積点をもたない無限部分集合 E が存在したとすると，X のすべての点 x に，ある開集合 $u(x)$ が対応して，$(u(x) - \{x\}) \cap E = \phi$，と出来ることになる．$\{u(x); x \in X\}$ は X の開被覆であるが，各 $u(x)$ は E の点を多くとも 1 個しか含まないのだから，この被覆は決して有限部分被覆をもつことはない．

[3.1.3] compact 距離空間 (X, τ_d) の任意の点列 $\{x_n\}$ は収束部分列をもつ．

3.1 compact 空間 53

proof) $\{x_n\}$ が有限集合ならば同じ点が無限回繰り返すから，この同じ点から成る点列を部分列としてとれば，この部分列はこの点に収束する．$\{x_n\}$ が無限集合ならば，[3.1.2] から $\{x_n\}$ には集積点 x_0 が存在する．$^\exists x_{n_1} \in S_d(x_0, 1) \cap \{x_n\}$ s.t. $x_{n_1} \neq x_0$ となっている．$S_d(x_0, 1/2)$ に含まれる x_0 以外の $\{x_n\}$ の点[*2]の中で n_1 より大きい番号のものをひとつ選ぶ．もし $S_d(x_0, 1/2)$ の中にそのようなものがないならば，$S_d(x_0, 1/2) \cap \{x_n\}$ はたかだか有限集合になってしまう．点 x_0 と，x_0 と異なる，それらの点の距離の最小値（点が有限個であるから，それは必ず存在する）を δ とおくと $(S_d(x_0, \delta) - \{x_0\}) \cap \{x_n\} = \phi$ となるから，x_0 が $\{x_n\}$ の集積点であることに反することになる．したがって $n_1 < n_2$ なる点 x_{n_2} で $S_d(x_0, 1/2)$ に含まれるものが存在する．次に $S_d(x_0, 1/3)$ に含まれるところの x_0 以外の $\{x_n\}$ の点の中で n_2 より番号の大きいものをひとつ選ぶ．上と同じ理由でこれは可能である．こうして $\{x_n\}$ の部分列 $\{x_{n_j}\}$ を作れば，$\{x_{n_j}\}$ は明らかに点 x_0 に収束する．■

[3.1.4] 距離空間 (X, τ_d) において，無限部分集合は必ず集積点をもつとする．このとき X の任意の開被覆 $\{\theta_\lambda; \lambda \in \Lambda\}$ に対して，X の各点 x によらない正数 δ が在って，X の各点 x に対して開球 $S_d(x, \delta)$ を対応させると，なんらかの θ_λ が在って，$S_d(x, \delta) \subset \theta_\lambda$ と出来る．このような δ を Lebesgue 数 (Lebesgue number) という．

proof) ある開被覆 $\{\theta_\lambda; \lambda \in \Lambda\}$ が在って，そうならないものと仮定しよう．すなわち，点 a_1 が在って，開球 $S_d(a_1, 1)$ はいかなる θ_λ にも含まれない．次に点 a_2 が在って，開球 $S_d(a_2, 1/2)$ はいかなる θ_λ にも含まれない．こうして点列 $\{a_n\}$ が作られる．$\{a_n\}$ がもし有限集合であるとすると，同じ点が無限回あらわれるから，この点を a として，a を含む θ_λ をひとつとれば，$^\exists \varepsilon > 0$ s.t. $S_d(a, \varepsilon) \subset \theta_\lambda$ となっている．十分大きい n に対しては，$S_d(a, 1/n) \subset \theta_\lambda$，と出来るから，これは a が無限回あらわれることに矛盾する．したがって点列 $\{a_n\}$ は無限集合である．$\{a_n\}$ の集積点のひとつをあらためて a とおこう．$S_d(a, \varepsilon) \subset \theta_\lambda$ なる θ_λ と $\varepsilon > 0$ とが，上と同様に存在する．今，開球 $S_d(a, \varepsilon/2)$ を考えれば，$1/N < \varepsilon/2$ なる N 以上の番号 n に対する a_n で，$a_n \in S_d(a, \varepsilon/2) - \{a\}$ とな

[*2] 点 x_0 が点列 $\{x_n\}$ に含まれていない場合も，もちろんある．

るものが存在する．点 $x \in S_d(a_n, 1/n)$ を考えれば，
$$d(x,a) \leq d(x,a_n) + d(a_n, a) < \frac{1}{N} + \frac{\varepsilon}{2} < \varepsilon$$
となるから，$S_d(a_n, 1/n) \subset S_d(a,\varepsilon) \subset \theta_\lambda$．これは開球 $S_d(a_n, 1/n)$ はいかなる θ_λ にも含まれないという仮定に反する．∎

[3.1.5] 距離空間 (X, τ_d) において，任意の $\varepsilon > 0$ に対して，$X = \bigcup_{i \in \overline{n}} S_d(x_i, \varepsilon)$ と出来るところの有限部分集合 $\{x_1, \ldots, x_n\}$ が $\varepsilon > 0$ ごとに存在するとき，(X, τ_d) は全有界（totally bounded）であるという．compact 距離空間が全有界であることは，compact 空間の定義から明らかである．

[3.1.6] 距離空間 (X, τ_d) において，無限部分集合が必ず集積点をもつとする．このとき (X, τ_d) は全有界である．
proof) もしそうでないものとすると，$\varepsilon_0 > 0$ が在って，任意に定めた点 a_1 に対して $S_d(a_1, \varepsilon_0) \subsetneq X$．すなわち，$a_2 \notin S_d(a_1, \varepsilon_0)$ が存在する．さらに $S_d(a_2, \varepsilon_0) \cup S_d(a_1, \varepsilon_0) \subsetneq X$ である．すなわち，$a_3 \notin S_d(a_2, \varepsilon_0) \cup S_d(a_1, \varepsilon_0)$ が存在する．今，$d(a_1, a_3) \geq \varepsilon_0$，$d(a_1, a_2) \geq \varepsilon_0$，$d(a_2, a_3) \geq \varepsilon_0$ となっていることに注意しよう．全有界ではない，としたから，こうして点列 $\{a_n\}$ が作られる．この $\{a_n\}$ の2点の距離は常に ε_0 以上だから $\{a_n\}$ はすべて異なる点から成ることになる．すなわち，$\{a_n\}$ は無限集合となるから，仮定から集積点 a をもつ．$a_p \in S_d(a, \varepsilon_0/2) - \{a\}$ と $a_q \in S_d(a, d(a, a_p)) - \{a\}$ なる $\{a_n\}$ の点 a_p, a_q を考えれば，まず $a_p \neq a_q$ であって
$$d(a_p, a_q) \leq d(a_p, a) + d(a, a_q) < \frac{\varepsilon_0}{2} + d(a, a_p) < \varepsilon_0$$
となって，$\{a_n\}$ の作り方に反することになる．∎

[3.1.7] 距離空間 (X, τ_d) において，無限部分集合が必ず集積点をもつならば，(X, τ_d) は compact である．
proof) X の任意の開被覆 $\{\theta_\lambda; \lambda \in \Lambda\}$ を考えよう．[3.1.4] から，Lebesgue 数 $\delta > 0$ が存在する．[3.1.6] から (X, τ_d) は全有界だから，有限個の点 $x_1, \ldots, x_n$ が存在して，$\bigcup_{i \in \overline{n}} S_d(x_i, \delta) = X$ と出来る．$S_d(x_i, \delta)$ を含むところの θ_λ を θ_{λ_i} と書くことにすれば $\{\theta_{\lambda_1}, \ldots, \theta_{\lambda_n}\}$ は $\{\theta_\lambda; \lambda \in \Lambda\}$ の有限部分被覆である．∎

[3.1.8] 距離空間 (X, τ_d) の部分空間 $(A, (\tau_d)_A)$ が compact ならば，すなわち，A が X の compact 集合ならば A は X の有界閉集合である．ただし，距離空間の部分集合 A が有界であるとは，その直径 $\mathrm{dia}^{*3)} A = \sup_{a,a' \in A} d(a, a')$ が有限の値で定まることである．

proof) まず部分空間 $(A, (\tau_d)_A)$ は X 上の距離 d を A に制限した，A 上の距離 d' による距離空間 $(A, \tau_{d'})$ である（[0.3.1] 参照）．仮定から $(A, \tau_{d'})$ は compact であるから，A の有限個の点 $a_1, \ldots, a_n$ に対して，それらを中心とする半径 1 の d'−開球の組 $\{S_{d'}(a_1, 1), \ldots, S_{d'}(a_n, 1)\}$ が在って $A = \bigcup_{i \in \bar{n}} S_{d'}(a_i, 1)$ となっている．A の任意の 2 点 a, a' を考えると $a \in S_{d'}(a_i, 1)$, $a' \in S_{d'}(a_{i'}, 1)$, $i, i' \in \bar{n} = \{1, \ldots, n\}$ なる開球が存在するから，a と a' との距離は

$$d'(a, a') \leq d'(a, a_i) + d'(a_i, a_{i'}) + d'(a_{i'}, a')$$
$$\leq 2 + \max_{i, i'}\{d'(a_i, a_{i'})\}$$

と評価される．したがって

$$\sup_{a,a' \in A} d'(a, a') \leq 2 + \max_{i, i'}\{d'(a_i, a_{i'})\}$$

となる．ここで d' と d とは値が等しいから，結局，X の距離 d によって A は有界となる．さらに $A \in \mathfrak{S}_d$ なることは [3.1.1], iii) から明らかである．∎

この逆は成り立たない．すなわち，有界閉集合が compact にならない例が在る．今，X を無限集合として，その上に離散距離 d（[0.2.1] 参照）を定める．すなわち，$d(x, y) = 1$ for $x \neq y$, $d(x, y) = 0$ for $x = y$ と定めるとき開球 $S_d(x, 1/2)$ を各点 $x \in X$ に対応させると，$\{S_d(x, 1/2); x \in X\}$ は X の開被覆となるが，$S_d(x, 1/2) = \{x\}$ であるから，いかなる有限部分被覆も存在しないことになる．しかし，X 自身は X の閉集合であり，かつ $\sup_{x,y \in X} d(x, y) = 1$ であるから有界である．

[3.1.9] 位相空間 (Y, τ') が compact 空間 (X, τ) の連続像ならば Y は compact である．

proof) $\{u'_\lambda \in \tau'; \lambda \in \Lambda\}$ を Y の開被覆とする．連続全射 $f: X \to Y$ の逆像

---

*3) dia は diameter の略．

の集まり $\{f^{-1}(u'_\lambda);\ \lambda \in \Lambda\}$ は X の開被覆となるから，仮定から有限部分被覆 $\{f^{-1}(u'_{\lambda_1}), \ldots, f^{-1}(u'_{\lambda_n})\}$ が存在する．f は全射だから，

$$u'_{\lambda_1} \cup \cdots \cup u'_{\lambda_n} \supset f(f^{-1}(u'_{\lambda_1})) \cup \cdots \cup f(f^{-1}(u'_{\lambda_n}))$$
$$= f(f^{-1}(u'_{\lambda_1}) \cup \cdots \cup f^{-1}(u'_{\lambda_n})) = f(X) = Y$$

となって，Y の有限部分被覆が存在することになる．■

この定理は実用上は以下のようにして用いることが多い．(X, τ) を compact 空間，$f:(X, \tau) \to (Y, \tau')$ を連続とする．このとき Y の部分空間 $(f(X), \tau'_{f(X)})$ は compact である．

[3.1.10] compact 空間 (X, τ) 上の実数値連続写像は最大値，最小値をもつ．
proof) $f: X \to R^1$ を連続写像とする．[3.1.9] から，値域 $f(X)$ は R^1 の compact 集合となる．R^1 は $|x-y|$ なる距離による距離空間だから [3.1.8] より，$f(X)$ は R^1 の有界閉集合となる．したがって $f(X)$ には上限，下限が存在し（[3.2.2] 参照），さらにそれらは閉集合 $f(X)$ に属するから，上限，下限を与える点が X に存在することになる．■

[3.1.11] compact 距離空間 (X, τ_d) から距離空間 $(Y, \tau_{d'})$ への連続写像は一様連続（uniformly continuous）である．ただし $f:(X, \tau_d) \to (Y, \tau_{d'})$ が一様連続であるとは，与えられた任意の $\varepsilon > 0$ に対して，$\delta > 0$ が在って，点 x と点 x' とが $d(x, x') < \delta$ をみたすならば，常に $d'(f(x), f(x')) < \varepsilon$ となることである．
proof) $^\forall \varepsilon > 0$ に対して Y の開球 $S_{d'}(f(x), \varepsilon/2)$ を考える．f は連続だから，$f^{-1}(S_{d'}(f(x), \varepsilon/2)) \in \tau_d$ となるから $\{f^{-1}(S_{d'}(f(x), \varepsilon/2));\ x \in X\}$ は X の開被覆となる．この被覆に対する Lebesgue 数を $\delta > 0$ として $d(x, x') < \delta$ なる，X の任意の 2 点 x, x' を考えよう．点 x に対してなんらかの点 $y \in f(X)$ が在って $S_d(x, \delta) \subset f^{-1}(S_{d'}(y, \varepsilon/2))$ となっている．$x' \in S_d(x, \delta)$ であるから，$f(x') \in S_{d'}(y, \varepsilon/2)$ である．すなわち，$d'(f(x), f(x')) \leq d'(f(x), y) + d'(y, f(x')) < \varepsilon/2 + \varepsilon/2 = \varepsilon$ である．よって f は一様連続である．■

3.2 完備距離空間と Baire の定理

[3.2.1] 距離空間 (X, τ_d) において任意の Cauchy 列 $\{x_n\}$ が X 内で収束するとき,この空間 X は完備 (complete) であるという.ここに Cauchy 列とは距離 d に依存した概念であって,以下のように定義される.

$${}^\forall \varepsilon > 0, \; {}^\exists N \; \text{s.t.} \; N \leq {}^\forall n, m, \; d(x_n, x_m) < \varepsilon$$

たとえば実数 R^1 において,距離 $d(x,y)$ を $|x-y|$ で与えれば,$\{x_n = 1/n\}$ なる数列は Cauchy 列となる.しかし距離 $d(x,y)$ を

$$d(x,y) = \begin{cases} 1, & x \neq y \\ 0, & x = y \end{cases}$$

なる離散距離 ([0.2.1] 参照) で与えれば,もはや $\{x_n = 1/n\}$ なる数列は Cauchy 列ではない.実際,${}^\exists 1 \; \text{s.t.} \; {}^\forall N, \; {}^\exists N+1 \; \text{s.t.} \; d(x_N, x_{N+1}) = d(1/N, 1/(N+1)) = 1$,となるからである.

ある番号から先はすべて同じ点をとることにすれば,その点列は必ず Cauchy 列になるから,すべての距離空間において Cauchy 列を考えることが出来る.

収束列は Cauchy 列である.実際,$\{x_n\}$ が x に収束していれば,${}^\forall \varepsilon > 0, \; {}^\exists N$ s.t. $N \leq {}^\forall n, \; d(x, x_n) < \varepsilon/2$ と出来るから,N 以上の任意の 2 つの整数 n, m をとれば,三角不等式から

$$d(x_n, x_m) \leq d(x_n, x) + d(x, x_m) < \frac{\varepsilon}{2} + \frac{\varepsilon}{2} = \varepsilon$$

となる.

完備距離空間の閉集合が部分空間として完備であることは閉集合の性質から明らかであろう.

[3.2.2] 実数 R^1 についてその性質を復習しておこう.

R^1 の上に有界な集合は上限をもち,下に有界な集合は下限をもつ.これを実数の連続の公理という.ただし,e が R^1 の部分集合 E の上限 (supremum) であるとは

a) $\forall x \in E \Rightarrow x \leq e$

b) $\forall \varepsilon > 0, \exists x \in E$ s.t. $e - \varepsilon < x \leq e$

となることである．また，e' が E の下限（infimum）であるとは

a) $\forall x \in E \Rightarrow e' \leq x$

b) $\forall \varepsilon > 0, \exists x \in E$ s.t. $e' \leq x < e' + \varepsilon$

となることである．

R^1 の位相は一般には，$d(x,y) = |x-y|$ なる距離による距離位相である．この位相に関して上（下）に有界な単調増加（減少）列はその上（下）限に収束する．これを，上限の場合についてだけたしかめよう．$\{x_n\}$ を上に有界な単調増加列，すなわち，$x_n \leq x_{n+1}$，なる列としよう．その上限 $\sup\{x_n\}$ を e とおこう．上限の性質から，$\forall \varepsilon > 0, \exists x_{n_0} \in \{x_n\}$ s.t. $e - \varepsilon < x_{n_0} \leq e$，となっている．$n_0 \leq \forall n$ に対して，$x_{n_0} \leq x_n \leq e$ であるから，$x_n \to e \ (n \to \infty)$ となる．

i) ここでは実数の上限について述べたが，もう少し一般的な順序集合(orderd set) における上限について触れておこう．

集合 X 上の関係 R（直積 $X \times X$ の部分集合）が

a) X のすべての元 x に対して，$(x,x) \in R$,

b) $(x,y) \in R$ でかつ $(y,x) \in R$ ならば $x = y$,

c) $(x,y) \in R$ で $(y,z) \in R$ ならば $(x,z) \in R$,

をみたすとき，R を順序関係といって，$(x,y) \in R$ と書くかわりに $x \prec y$ と書く．これを x は y より小さい（y は x より大きい）と読んで，特に $x \prec y$ かつ $x \neq y$ のときを，x は y より真に小さい（y は x より真に大きい）という．任意の $x, y \in X$ に対して，$x \prec y$ もしくは $y \prec x$ のいずれかが成り立つとき，X を全順序集合（totally ordered set）という．

今，順序集合 X の部分集合 A を考える．A のどの元よりも大きい，X の元 x が存在するならば，A は上に有界であるという．このような元 x を A の上界（upper bound）という．下に有界も下界（lower bound）も同様に定義される．A の点 a が A の上界に属するとき，この点 a を A の最大元（maximum）とよぶ．今，a, a' を A の最大元とすると，$a \prec a', a' \prec a$ だから上の b) から $a = a'$ である．すなわち最大元はただひとつである．最小元（minimum）に関しても同様に定義される．

集合 X の部分集合 A の上界が最小元をもつとき，この最小上界を A の上限 (supremum) といって $\sup A$ で表す．$\sup A$ も存在するならばただひとつである．A の最大下界を A の下限 (infimum) といって $\inf A$ で表す．

ii) 実数 R^1 に $+\infty$ と $-\infty$ という "点" をつけ加えた集合を $\overline{R^1}$ と書いて補完実数直線 (extended real line) という．$\overline{R^1}$ は以下のようにして距離空間となる．$x, x' \in \overline{R^1}$ に対して $d(x, x') = |f(x) - f(x')|$ と定める．ただし

$$f(x) = \begin{cases} 1, & x = \infty \\ \tanh x, & x \in R^1 \\ -1, & x = -\infty \end{cases}$$

$\tanh x$ のかわりに $\dfrac{x}{1+|x|}$ とおいてもよい．

[3.2.3] 実数 R^1 は $|x-y| = d(x,y)$ とおいた距離 d によって，完備である．
proof) Cauchy 列 $\{x_n\}$ を考える．1 に対して，$^\exists N$ s.t. $N \leq {}^\forall n, m, |x_n - x_m| < 1$, となっている．すなわち $|x_N - x_n| < 1$ が $N \leq {}^\forall n$ に対して成り立つから $\{x_n\}$ は上下に有界である．今，有界集合の部分集合は有界だから，[3.2.2] の実数の連続の公理から，

$$\alpha_n = \sup\{x_n, x_{n+1}, \ldots\}, \ \beta_n = \inf\{x_n, x_{n+1}, \ldots\}$$

なる 2 つの値が定まる．これらの α_n, β_n の間に

$$\beta_1 \leq \beta_2 \leq \cdots \leq \alpha_2 \leq \alpha_1$$

なる関係が定まる．まず $\alpha_n - \beta_n \to 0 \ (n \to \infty)$ となることをたしかめておこう．もし，そうでないものとすると，$^\exists \varepsilon_0 > 0$ s.t. $^\forall N \leq {}^\exists n_N$ s.t. $\alpha_{n_N} - \beta_{n_N} \geq \varepsilon_0$, となる．ところで $\{x_n\}$ は Cauchy 列だから，$^\exists N_0$ s.t. $N_0 \leq {}^\forall n, m, |x_n - x_m| < \varepsilon_0/3$, となっている．この N_0 に対して，上の n_{N_0} なる番号を考えれば，$\alpha_{n_{N_0}} - \beta_{n_{N_0}} \geq \varepsilon_0$ である．今，上限と下限の性質から

$$\exists p \geq n_{N_0} \text{ s.t. } \alpha_{n_{N_0}} - \varepsilon_0/3 < x_p \leq \alpha_{n_{N_0}},$$
$$\exists q \geq n_{N_0} \text{ s.t. } \beta_{n_{N_0}} \leq x_q < \beta_{n_{N_0}} + \varepsilon_0/3$$

と出来る．ところが，$N_0 \leq n_{N_0} \leq p, q$ であるから $|x_p - x_q| < \varepsilon_0/3$ でなけれ

ばならないので，これは矛盾である．したがって，$\alpha_n - \beta_n \to 0 \ (n \to \infty)$ がたしかめられた．

さて，各 β_n は α_1 によって上から抑えられているから $\{\beta_n\}$ には上限 β が存在する．また，α_n は β_1 によって下から抑えられているから $\{\alpha_n\}$ には下限 α が存在する．ここで $\alpha = \beta$ でなければならないことを示そう．まず，[3.2.2] に述べたように数列 $\{\alpha_n\}$ は α に，一方 $\{\beta_n\}$ は β にそれぞれ収束している．したがって，$^\forall \varepsilon > 0, \ ^\exists N_1 \text{ s.t. } N_1 \leq \ ^\forall n, \ |\alpha_n - \alpha| < \varepsilon/3, \ ^\exists N_2 \text{ s.t. } N_2 \leq \ ^\forall n, \ |\beta_n - \beta| < \varepsilon/3$，と出来る．また，上に述べたことから $^\exists N_3 \text{ s.t. } N_3 \leq \ ^\forall n, \ |\alpha_n - \beta_n| < \varepsilon/3$，と出来る．したがって，$\max\{N_1, N_2, N_3\} = N$ とおけば，

$$|\alpha - \beta| \leq |\alpha - \alpha_N + \alpha_N - \beta_N + \beta_N - \beta|$$
$$\leq |\alpha - \alpha_N| + |\alpha_N - \beta_N| + |\beta_N - \beta| < \frac{\varepsilon}{3} + \frac{\varepsilon}{3} + \frac{\varepsilon}{3} = \varepsilon$$

となる．ここで ε は任意であるから $\alpha = \beta$ となる．さて，$^\forall \varepsilon > 0, \ ^\exists N \text{ s.t.}$ $\alpha_N - \alpha < \varepsilon, \ \alpha - \beta_N < \varepsilon$ となっている．そこで $N \leq \ ^\forall n$ に対する点 x_n を考えれば $\beta_N \leq x_n \leq \alpha_N$ であるから，$\alpha - \varepsilon < x_n < \alpha + \varepsilon$ となって，Cauchy 列 $\{x_n\}$ がこの値 α に収束することがわかる．■

[3.2.4] (X, τ_d) を完備距離空間，$\{A_n\}$ をその ϕ でない閉集合列で

$$A_n \supset A_{n+1}, \quad n = 1, 2, \ldots$$

をみたすものとする．このとき，その直径 (diameter) ([3.1.8] 参照) に関して，$\text{dia} A_n \to 0 \ (n \to \infty)$ となるならば，$\bigcap_n A_n$ は 1 点から成る集合である．
proof) まずある番号 n_0 が在って A_{n_0} が $\{a_1, \ldots, a_l\}$ なる異なる有限個の点だけから成るものとしよう．異なる $i, j \in \bar{l} = \{1, \ldots, l\}$ のすべての組み合わせに対して $d(a_i, a_j)$ を考えて，その最小値を $\varepsilon_0 > 0$ とおけば，2 点以上含む A_n の直径はすべて ε_0 以上となるから，条件 $\text{dia} A_n \to 0$ をみたすためには，ある番号から先の A_n は 1 点だけから成る集合でなければならないことになる．また，$A_n \supset A_{n+1}$ なる条件を考えれば，この 1 点は同一の点でなければならない．この点が求める 1 点である．

次にどんな番号 n に対しても A_n は無限集合であるとしよう．まず A_1 から 1 点 a_1 を選び，次に $A_2 - \{a_1\}$ から点 a_2 を選び，$A_3 - \{a_1, a_2\}$ から点 a_3 を選び，こ

れを続ける．このような操作は各 A_n が無限集合であることから，可能である[*4]．こうして作られた点列 $\{a_n\}$ は $\{a_n, a_{n+1}, \ldots\} \subset A_n$ かつ ${\rm dia} A_n \to 0$ $(n \to \infty)$ であるから Cauchy 列である．したがって $a_n \to a$ $(n \to \infty)$ なる点 $a \in X$ が存在する．すなわち，${}^\forall \varepsilon > 0$, ${}^\exists N$ s.t. $N \leq {}^\forall n$, $d(a_n, a) < \varepsilon$，となっている．この点 a が求める点であることをたしかめよう．番号 n_0 をひとつ固定して考えよう．$n_0 \geq N$ ならば $S_d(a, \varepsilon) \cap A_{n_0} \neq \phi$. $n_0 < N$ のときは，$A_{n_0} \supset A_N$ であるから再び $S_d(a, \varepsilon) \cap A_{n_0} \neq \phi$. したがって $a \in {\rm Cl} A_{n_0} = A_{n_0}$ となる．このことはすべての n に対して成り立つのだから，結局 $a \in \bigcap_n A_n$ がえられる．最後に，$\bigcap_n A_n$ は他の点を含まないことをたしかめよう．もし a と異なる点 b が含まれるとすると，$0 < \mu = {\rm dia} \bigcap_n A_n$ となるが，これは $\mu \leq {\rm dia} A_n$ なる関係がすべての n に対して成り立つことを意味することになって，${\rm dia} A_n \to 0$ $(n \to \infty)$ なる仮定に矛盾することになる．■

ここで ${\rm dia} A_n \to 0$ $(n \to \infty)$ という条件は，本質的である．実際，以下のような例が考えられる．実数 R^1 に $d(x,y) = 1$ $(x \neq y)$, $d(x,y) = 0$ $(x = y)$ なる離散距離による位相を入れる．この完備距離空間において開区間 $A_n = (0, 1/n)$ は閉集合であって，$A_n \supset A_{n+1}$ をみたすが，${\rm dia} A_n \equiv 1$ である．このとき $\bigcap_n A_n$ は明らかに ϕ である．

[3.2.5] 距離空間 (X, τ_d) において，$A_n \supset A_{n+1}$, $n = 1, 2, \ldots$ かつ ${\rm dia}\, A_n \to 0$ $(n \to \infty)$ なる閉集合列 $\{A_n\}$ の共通部分 $\bigcap_n A_n$ が常に ϕ でないならば X は完備である．

proof) まず ${\rm dia} A_n \to 0$ $(n \to \infty)$ なのだから，$\bigcap_n A_n$ は 2 点以上の点を含むことは出来ない．すなわち，$\bigcap_n A_n$ は 1 点であることを注意しよう．実際，もし，$a, b \in \bigcap_n A_n$, $a \neq b$ であるとすると，任意の n に対して $a, b \in A_n$ となるのだから，これは ${\rm dia} A_n \to 0$ $(n \to \infty)$ とは矛盾することになる．さて，今，Cauchy 列 $\{a_n\}$ を考えて ${\rm Cl}\{a_n, a_{n+1}, \ldots\} = A_n$ とおこう．$\{a_n\}$ は Cauchy 列だから ${}^\forall \varepsilon > 0$, ${}^\exists N$ s.t. $N \leq {}^\forall p, q$, $d(a_p, a_q) < \varepsilon/2$，となっている．したがって $N \leq n$ なる任意の n を考えれば，$n \leq p, q$ なる任意の p, q に対しても

[*4] 本来は [0.1.2] の選択公理にもとづいて，$a_1, a_2, a_3, \ldots$ を選ぶ．

$d(a_p, a_q) < \varepsilon/2$ となっている．したがって

$$\text{dia}\{a_n, a_{n+1}, \ldots\} = \sup_{p,q \geq n \geq N} d(a_p, a_q) \leq \varepsilon/2 < \varepsilon$$

なる評価が $N \leq n$ なる n に対して常に成り立つことになる．ここで，どんな有界な部分集合 E に対しても $\text{diaCl}E = \text{dia}E$ である[*5)]から，結局，$\text{dia}A_n \to 0$ $(n \to \infty)$ となっていることがわかる．したがって，定理の条件がみたされたのだから 1 点 $a \in X$ が在って，$\bigcap_n A_n = \{a\}$ となっている．今，$\forall \varepsilon > 0$, $\exists N$ s.t. $N \leq {}^\forall p, q$, $d(a_p, a_q) < \varepsilon/2$, であり，また，$a \in \text{Cl}\{a_N, a_{N+1}, \ldots\}$ ということから，m が在って $S_d(a, \varepsilon/2) \cap \{a_N, a_{N+1}, \ldots\} \ni a_{N+m}$, となっている．すなわち，$N \leq {}^\forall n$ に対して，$d(a, a_n) \leq d(a, a_{N+m}) + d(a_{N+m}, a_n) < \varepsilon$, となって，Cauchy 列 $\{a_n\}$ は点 a に収束する．∎

[3.2.6] Baire の定理

(X, τ_d) を完備距離空間，$\{E_n\}$ をその閉集合列で $\text{Int} \bigcup_n E_n \neq \phi$ [*6)] となるものとすると，ある番号 n_0 が在って，すでに $\text{Int} E_{n_0} \neq \phi$ となっている．

proof) 仮定から開球 S が在って $S \subset \bigcup_n E_n$ となっている．今，どんな E_n についても，内点が存在しないものとしよう．すると，$S \subset E_1$ とはならないのだから，$a_1 \in E_1^c \cap S$ なる点 a_1 が存在することになる．$E_1^c \in \tau$ だからなんらかの $\delta > 0$ に対して，$S_d(a_1, \delta) \subset E_1^c$ かつ $S_d(a_1, \delta) \subset S$, とすることが出来る．そこで $0 < \varepsilon_1 < 1$ なる ε_1 を十分小さくとれば $S_d(a_1, \varepsilon_1)$ の閉包 $\text{Cl}S_d(a_1, \varepsilon_1)$ が $\text{Cl}S_d(a_1, \varepsilon_1) \subset E_1^c \cap S$, をみたすように出来る．次に $S_d(a_1, \varepsilon_1) \subset E_2$ とはならないのだから，$a_2 \in E_2^c \cap S_d(a_1, \varepsilon_1)$ なる点 a_2 が在って，$0 < \varepsilon_2 < 1/2$ をみたすところの ε_2 を十分小さくとれば，$\text{Cl}S_d(a_2, \varepsilon_2) \subset E_2^c \cap S_d(a_1, \varepsilon_1)$ と出来る．さらに $S_d(a_2, \varepsilon_2) \subset E_3$ とはならないのだから，$0 < \varepsilon_3 < 1/3$ をみたす ε_3 を十分小さくとれば，$\text{Cl}S_d(a_3, \varepsilon_3) \subset E_3^c \cap S_d(a_2, \varepsilon_2)$ なる点 a_3 と開球 $S_d(a_3, \varepsilon_3)$ とを定めることが出来る．すなわち，

[*5)] $\text{dia}E \leq \text{diaCl}E$ は明らかだから，$\text{diaCl}E \leq \text{dia}E$ なる関係を示そう．$\forall p, p' \in \text{Cl}E$, $\forall \varepsilon > 0$, $\exists e, e' \in E$ s.t. $d(p, e) < \varepsilon/2$, $d(p', e') < \varepsilon/2$, と出来る．$d(p, p') \leq d(p, e) + d(e, e') + d(p', e') < \text{dia}E + \varepsilon$. ε は任意だから，$d(p, p') \leq \text{dia}E$ なる関係が成り立つから，$\text{diaCl}E = \sup_{p, p' \in \text{Cl}E} d(p, p') \leq \text{dia}E$ がえられる．

[*6)] $\text{Int}A$ は A の内点の集まりのこと（[0.2.1] 参照）．すなわち，$a \in A$ に対して，$\text{Int}A \ni a$ $\Leftrightarrow$ $\exists u(a) \in \tau$ s.t. $u(a) \subset A$, ということ．

$$S \supset \mathrm{Cl}S_d(a_1,\varepsilon_1) \supset \mathrm{Cl}S_d(a_2,\varepsilon_2) \supset \mathrm{Cl}S_d(a_3,\varepsilon_3) \supset \cdots$$

として次々に含まれていく閉集合列を作ることが出来る.

$$\mathrm{diaCl}S_d(a_n,\varepsilon_n) \to 0 \ (n \to \infty)$$

となることは，その作り方から明らかだから，$\mathrm{Cl}S_d(a_n,\varepsilon_n) = A_n$ とおいて [3.2.4] を適用すれば，$\bigcap_n \mathrm{Cl}S_d(a_n,\varepsilon_n) = \{a\}$ なる1点 a が存在することがわかる．任意の n に対して，$a \in \mathrm{Cl}S_d(a_n,\varepsilon_n) \subset E_n^c$ であるから $a \notin \bigcup_n E_n$ となるが，これは $a \in S$ なる事実に反することになる．∎

[3.2.7] $\{f_\lambda;\ \lambda \in \Lambda\}$ を完備距離空間 (X,τ_d) 上の実数値連続写像の族とする．すべての f_λ が各点 x において，写像 $K(x)$ によって上から抑えられているならば，正数 μ が存在して

$$\mathrm{Int}\{x \in X;\ f_\lambda(x) \leq \mu \ \text{for all}\ \lambda \in \Lambda\} \neq \phi$$

と出来る．
proof) $B_\lambda^n = \{x \in X;\ f_\lambda(x) \leq n\}$, $\bigcap_\lambda B_\lambda^n = A_n$, $n = 1, 2, \ldots$ とおけば f_λ の連続性から A_n は閉集合となる．また，明らかに $\bigcup_n A_n = X$ であるから，上の Baire の定理から，$\mathrm{Int}A_{n_0} \neq \phi$ なる n_0 が存在する．すなわち，すべての λ に対して $f_\lambda(x) \leq n_0$ をみたす点が開球を含むことになる．∎

[3.2.8] compact 距離空間は完備である．
proof) Cauchy 列 $\{x_n\}$ を考える．$\{x_n\}$ が有限集合ならば，$\{x_n\}$ がある点に収束することは自明だから，今，$\{x_n\}$ は無限集合であるとしよう．[3.1.3] から，点 x_0 が在って，x_0 に収束する部分列 $\{x_{n_j}\}$ が存在する．すなわち，$^\forall \varepsilon > 0$, $^\exists J$ s.t. $J \leq {}^\forall j$, $d(x_{n_j},x_0) < \varepsilon/2$, となっている．また，$\{x_n\}$ は Cauchy 列であるから，$^\exists N$ s.t. $N \leq {}^\forall n, m$, $d(x_m,x_n) < \varepsilon/2$, と出来る．そこで $\max\{J, N\}$ を N_0 とおいて，$N_0 \leq {}^\forall n$ を考えれば，$N_0 \leq n_{N_0}$ だから，$d(x_{n_{N_0}},x_0) < \varepsilon/2$ および $d(x_{n_{N_0}},x_n) < \varepsilon/2$ であるから $d(x_n,x_0) \leq d(x_{n_{N_0}},x_n) + d(x_{n_{N_0}},x_0) < \varepsilon$ と出来る．すなわち Cauchy 列 $\{x_n\}$ は点 x_0 に収束する．∎

[3.1.5] と [3.2.8] とから compact 距離空間は，全有界で完備となる．逆に距

離空間が全有界でかつ完備ならば compact であることを示すことが出来る. 次の [3.2.9] において, これを示そう.

[3.2.9] 距離空間 (X, τ_d) が全有界でかつ完備ならば, それは compact である.
proof) A を無限部分集合とする. 全有界であるから, 有限個の, 半径 1 の開球によって X は覆われる. その中の少なくともひとつは, その A との共通部分が無限個の点を含む. その共通部分を E_1 とおく. 次に半径 $1/2$ の有限個の開球によって X は覆われるのだから, その中の少なくともひとつは, その E_1 との共通部分が無限個の点を含む. その共通部分を E_2 とおく. さらに有限個の半径 $1/3$ の開球によって, X は覆われるのだから, その中の少なくともひとつは, その E_2 との共通部分が無限個の点を含む. そこで, これを続けて, 集合列 $\{E_i\}$ を作り, さらにそれぞれの閉包 $\mathrm{Cl}E_1, \mathrm{Cl}E_2, \mathrm{Cl}E_3, \ldots$ を考えれば, $\mathrm{Cl}E_1 \supset \mathrm{Cl}E_2 \supset \cdots$ であって, かつまた, その作り方から $\mathrm{dia}\,\mathrm{Cl}E_i \to 0\ (i \to \infty)$ となる. (X, τ_d) は仮定から完備だから [3.2.4] から $\bigcap_i \mathrm{Cl}E_i$ は 1 点となる. この点を a とおけば, 点 a は明らかに A の集積点である. したがって [3.1.7] から X は compact である. ∎

[3.2.10] 閉区間 $[a, b]$ は R^1 の compact 集合である[*7] (Heine–Borel の定理).
proof) $[a, b]$ がもし compact でないとすると, R^1 の部分空間 $[a, b]$ の開被覆 $\{G_\lambda; \lambda \in \Lambda\}$ で, $\{G_\lambda; \lambda \in \Lambda\}$ のいかなる有限部分族も $[a, b]$ を覆わないようなものが存在する. 今, 点 a と b の中点を a_1 とする. 閉区間 $[a, a_1]$ と $[a_1, b]$ の少なくともいずれか一方は, $\{G_\lambda; \lambda \in \Lambda\}$ の有限部分族で覆われない. もしそうでないとすれば, すなわちいずれもが $\{G_\lambda; \lambda \in \Lambda\}$ のなんらかの有限部分族で覆われるとすれば $[a, b]$ 自身が有限部分族で覆われることになるからである. 今, その有限個で覆われないものを $[a, a_1]$ としよう. 点 a と a_1 の中点を a_2 とおけば, 同じ論法によって閉区間 $[a, a_2]$ か $[a_2, a_1]$ かのいずれかが $\{G_\lambda; \lambda \in \Lambda\}$ の有限個の開集合で覆われない. このように続けていけば, それぞれ, いかなる $\{G_\lambda; \lambda \in \Lambda\}$ の有限部分族でも覆われないような閉区間 A_n から成る縮小閉区間列 $\{A_n\}$ をうることになる. しかも A_n の直径, $\mathrm{dia}A_n$ は, その作り方か

[*7] R^1 の距離, $d(x, y) = |x - y|$ を $[a, b]$ に制限してえられるところの $[a, b]$ 上の距離 d' によって, $([a, b], \tau_{d'})$ は compact 距離空間となる, ということである.

ら考えて $n \to \infty$ で 0 に収束する．R^1 は完備距離空間であるから，[3.2.4] にしたがえば，その直径が 0 に収束するような縮小閉区間列の共通部分は 1 点を確定する．故に $\bigcap_n A_n = \{p\}$ なる点 $p \in [a,b]$ が存在する．$\{G_\lambda;\ \lambda \in \Lambda\}$ は $[a,b]$ の被覆であるから，$\{G_\lambda;\ \lambda \in \Lambda\}$ に属する開集合 G_{λ_p} が在って $p \in G_{\lambda_p}$ となっている．$[a,b]$ は R^1 の部分空間だから，$G_{\lambda_p} = G \cap [a,b]$ なる R^1 の開集合 G が存在する．R^1 の距離による開球 $S(p,\varepsilon)$ が在って $S(p,\varepsilon) \subset G$ となっている．この球の半径 ε に対して，N が存在して $n \geq N$ なる任意の n に対して $\mathrm{dia} A_n < \varepsilon$ と出来る．$p \in A_N$ であることを考慮すれば，$x \in A_N$ なる任意の x に対して $d(p,x) < \varepsilon$ であるから，$A_N \subset S(p,\varepsilon)$ となり，結局，$A_N \subset G$ をうる．$A_N \subset [a,b]$ であったから，$A_N \subset G \cap [a,b] = G_{\lambda_p}$ となり，A_N は $\{G_\lambda;\ \lambda \in \Lambda\}$ のただ 1 つの開集合 G_{λ_p} に含まれることになる．これは A_N の作り方に矛盾する．∎

compact 空間の積から成る積空間（[0.2.2] 参照）は，また compact であることが知られている（Tycnoff の定理，参考書・参考文献 [15]）ので，積 $[a,b] \times [c,d]$ は compact であることを注意しておこう．

3.3　局所 compact

[3.3.1]　局所 compact（locally compact）
位相空間 (X,τ) の任意の点 x に対して，その閉包が compact となるような点 x を含むところの開集合が存在するとき，位相空間 (X,τ) を局所 compact という．

離散空間（[0.2.1] 参照）は局所 compact である．また，R^1 も局所 compact である．実際，開区間 $(x-\varepsilon, x+\varepsilon)$ の閉包は閉区間 $[x-\varepsilon, x+\varepsilon]$ であって，これは [3.2.10] から compact である．

T_2 空間 (X,τ) が局所 compact であるとは，X の各点 x に対して，$u(x) \in \tau$ と compact 集合 $K(x)$[*8] とが在って $u(x) \subset K(x)$ と出来ること，といっても

[*8]　記号 $E(x)$ は集合 E が点 x を含む集合であることを表す．

よい．実際このとき $\text{Cl}u(x) \subset K(x)$ だから $\text{Cl}u(x)$ は compact 集合になるし，また，逆に $\text{Cl}u(x)$ が compact ならば，$K(x)$ として $\text{Cl}u(x)$ を考えればよい．

[3.3.2] (X, τ) を局所 compact T_2 空間とする．K をその compact 集合，U を $K \subset U$ なる開集合とすると，$\text{Cl}W$ が compact であるような開集合 W が存在して

$$K \subset W \subset \text{Cl}W \subset U$$

と出来る．

proof) 仮定から，K の各点 x に対して，$\text{Cl}u(x)$ が compact となるような $u(x) \in \tau$ がそれぞれ存在する．K は compact だから，このような $u(x)$ の有限個 $u(x_1), \ldots, u(x_n)$ を用いて $K \subset \bigcup_{i \in \overline{n}} u(x_i) = V$ とおけば，$\text{Cl}V = \bigcup_{i \in \overline{n}} \text{Cl}u(x_i)$ ([0.2.4] 参照) であるから，V は $\text{Cl}V$ が compact であるような，X の開集合となる．したがってもし $\text{Cl}V \cap U^c = \phi$ ならば，それで証明が終る．今，$\text{Cl}V \cap U^c = K' \neq \phi$ としよう．$\text{Cl}V$ は X の comapct 集合，K' はその閉集合であるから，K' は $\text{Cl}V$ 内の compact 集合となる ([3.1.1], ii) 参照)．そこで [3.1.1] の最後に述べた，部分空間に関する注意によって，K' は X の compact 集合でもある．$K \cap U^c = \phi$ だから，$K \cap K' = K \cap \text{Cl}V \cap U^c = \phi$ である．そこで，[3.1.1], iv) から，X の開集合 H と H' とが在って $K \subset H$, $K' \subset H'$ かつ $H \cap H' = \phi$ と出来ることになる．さて，このとき，以下の a), b) が成り立つから，K を含むところの X の開集合 $H \cap U \cap V$ を W とおけばよいことがわかる．

a) $\text{Cl}(H \cap U \cap V) \subset \text{Cl}V$ だから，$\text{Cl}(H \cap U \cap V)$ は compact 集合 $\text{Cl}V$ の閉集合として，X の compact 集合となる．

b) $H \subset (H')^c$ (H' の補集合) であるから，$\text{Cl}H \cap H' = \phi$ となって，$\text{Cl}(H \cap U \cap V) \cap U^c \subset \text{Cl}H \cap \text{Cl}U \cap \text{Cl}V \cap U^c = \text{Cl}H \cap \text{Cl}U \cap K' \subset \text{Cl}H \cap \text{Cl}U \cap H' = \phi$, がえられる．すなわち，$\text{Cl}(H \cap U \cap V) \subset U$ である．∎

[3.3.3] G を局所 compact T_2 空間 (X, τ) の開集合とすると，部分空間 (G, τ_G) もまた，局所 compact である．

proof) $\forall x \in G$ を考える．1 点 $\{x\}$ は X の compact 集合だから上の [3.3.2] からその閉包が X で compact であるような，点 x を含むところの X の開集合 W

が在って, $x \in W \subset \mathrm{Cl}W \subset G$, と出来る. まず $W \in \tau_G$ に注意しよう. 次に $\mathrm{Cl}_G W = \mathrm{Cl}W \cap G = \mathrm{Cl}W$ だから, $\mathrm{Cl}_G W$ は G に含まれる, X の compact 集合となる. 部分空間に関する [3.1.1] の最後の注意から, $\mathrm{Cl}_G W$ は, 部分空間 G の compact 集合となる. したがって (G, τ_G) は局所 compact となる. ∎

最後に第 2 可算 ([0.2.2] 参照) な compact T_2 空間は距離化可能である (参考書・参考文献 [15] 参照) という事実を認めた上で, compact 距離空間の連続像の距離化可能性について述べておこう.

[3.3.4] T_2 空間 (Y, τ') が compact 距離空間 (X, τ_d) の連続像ならば, (Y, τ') は距離化可能である.
proof) $f : (X, \tau_d) \to (Y, \tau')$ を連続全射とすると, [3.1.9] から Y は compact T_2 空間になる. したがって, Y が第 2 可算であることが示されれば十分ということになる. 以下で τ' の可算開基を構成しよう. まず X は compact 距離空間だから, 可算開基 β をもつ ([3.1.1], vi) 参照). β の各有限部分集合 $\mathcal{L}$ に対して

$$E(\mathcal{L}) = (f((\cup \mathcal{L})^c))^c$$

とおこう. ここで記号 $\cup \mathcal{L}$ は $\mathcal{L}$ に属する開集合全部の和である. $(\cup \mathcal{L})^c$ は X 内の compact 集合であって f は連続だから, T_2 空間 Y で $f((\cup \mathcal{L})^c)$ は閉集合となる ([3.1.9] および [3.1.1], iii) 参照). したがって $E(\mathcal{L}) \in \tau'$ である. ここで,

$$P = \{E(\mathcal{L}); \mathcal{L} は \beta の有限部分集合\}$$

とおけば, β が可算であったから P も可算となる. τ' の開集合 $E(\mathcal{L})$ の集まり P が τ' の開基になっていることをたしかめよう. $^{\forall}U \in \tau'$ と $^{\forall}q \in U$ とを考える. f は連続だから, Y の閉集合 $\{q\}$ の逆像 $f^{-1}(q)$ は X の閉集合, すなわち, compact 集合となる. $f^{-1}(U) \in \tau_d$ だから β の部分集合 β' が在って, $\cup \beta' = f^{-1}(U)$, と出来る. ここで $\cup \beta'$ は β' に属する τ_d の元全部の和である. 今, $f^{-1}(q)$ は compact だから β' の有限部分集合 $\mathcal{L}$ が在って, $f^{-1}(q) \subset \cup \mathcal{L}$ と出来る. すなわち, $f^{-1}(q) \subset \cup \mathcal{L} \subset f^{-1}(U)$. そこで, f は全射だから $U^c = f(f^{-1}(U^c)) = f((f^{-1}(U))^c) \subset f((\cup \mathcal{L})^c)$ となるから $E(\mathcal{L}) \subset U$ なる関係がえられる. 次に $q \in E(\mathcal{L})$ を示そう. $f^{-1}(q) \subset \cup \mathcal{L}$ だから, $p \in (\cup \mathcal{L})^c$ なる任意の p に対して $f(p) \neq q$ となる. すなわち, $q \notin f((\cup \mathcal{L})^c)$. これは $q \in E(\mathcal{L})$ を

意味する．したがって上の P は (Y, τ') の可算開基である．∎

第4章
usc 写像

CHAPTER 4

　力学系理論などで大きな力を発揮する usc 写像（upper semi continuous mapping）について，その基本的な部分について解説する．

4.1　完全空間と 0 次元空間

[4.1.1] 位相空間 (X,τ) が完全（perfect）であるとは $^\forall x \in X$, $\{x\}$[*1)] $\notin \tau$, となること．すなわち，1 点は開集合にならないことである．

　$h : (X,\tau) \to (Y,\tau')$ をひとつの同相写像とし，X を完全とする．もし Y が完全でなければ，$^\exists y_0 \in Y$ s.t. $\{y_0\} \in \tau'$, となるが，$h^{-1}(\{y_0\}) = x_0$ なる x_0 がただひとつ存在し，h の連続性から $\{x_0\} \in \tau$ でなければならない．したがって Y は完全でなければならないから，完全は位相的性質（[1.2.1], ii) 参照）であることがわかる．

　また，$X \supset A \neq \phi$ が完全であるとは部分空間 (A, τ_A) が完全なこと．ただし，$\tau_A = \{u \cap A ; u \in \tau\}$.

[4.1.2] 部分空間 (A, τ_A) が完全であるとは，$^\forall a \in A$, $^\forall u(a) \in \tau$, $(u(a) - \{a\}) \cap A \neq \phi$, となること．すなわち部分空間 (A, τ_A) が完全であるとは，A のすべての点が A の集積点であること．
proof) $\Rightarrow$ [4.1.1] の定義から $\{a\} \notin \tau_A$ となっている．すなわち，$^\forall u(a) \in \tau, ^\exists b \in u(a) \cap A$ s.t. $b \neq a$, となっている．ie., $b \in \{a\}^c$ である．$(u(a) - \{a\}) \cap A = (u(a) \cap \{a\}^c) \cap A = (u(a) \cap A) \cap \{a\}^c \ni b$ となって $(u(a) - \{a\}) \cap A \neq \phi$ を

[*1)] 1 点 x だけから成る集合．

うる. ⇐ 今, A が完全でないとしよう. ie., $\exists a_0 \in A$ s.t. $\{a_0\} \in \tau_A$, となっているものとしよう. $\exists u(a_0) \in \tau$ s.t. $u(a_0) \cap A = \{a_0\}$ であるから, $(u(a_0) - \{a_0\}) \cap A = u(a_0) \cap \{a_0\}^c \cap A = \{a_0\} \cap \{a_0\}^c = \phi$ となってしまう. ∎

[4.1.3] (X, τ) を完全とする. $X \supset A \neq \phi$ なる A が開集合ならば[*2)]部分空間 (A, τ_A) も完全である.
proof) もし (A, τ_A) が完全でないものとすれば, $\exists a_0 \in A$ s.t. $\{a_0\} \in \tau_A$ となっている. すなわち, $\exists u(a_0) \in \tau$ s.t. $\{a_0\} = u(a_0) \cap A$ となっている. ところで $u(a_0) \cap A = v(a_0) \in \tau$ であるから, $v(a_0) = \{a_0\}$ となって, X が完全であることに反する. ∎

Q を有理数の全体, τ を $|x-y| = d(x,y)$ とおいた距離による R^1 の距離位相とする. (R^1, τ) の部分空間 (Q, τ_Q) は上の [4.1.2] から完全である. 実際, $\forall q \in Q$, $\forall u(q) \in \tau$, $(u(q) - \{q\}) \cap Q \supset (S_d(q, \exists \delta) - \{q\}) \cap Q \neq \phi$. ただし, $S_d(q, \delta) = \{x \in R^1;\ d(x,q) = |x-q| < \delta\}$.

[4.1.4] 0 次元空間の定義は [2.3.8] で与えたが, ここでもう少し詳しく 0 次元について考えておこう.
位相空間 (X, τ) が 0 次元 (zero–dimensional) であるとは

$$\forall x \in X,\ \forall U(x) \in \tau,\ \exists u(x) \in \tau \cap \Im^{*3)}\ \text{s.t.}\ u(x) \subset U(x)$$

となること. すなわち, 開かつ閉なる集合 (clopen set) から成る開基 ([0.2.2] 参照) が存在すること.
 i) $h: (X, \tau) \to (Y, \tau')$ を同相写像とし, X を 0 次元とする. $\forall U'(y) \in \tau'$, $h^{-1}(U'(y)) \in \tau$, $\exists x \in X$ s.t. $h^{-1}(y) = x$. 仮定から開かつ閉集合 $u(x)$ が存在して, $u(x) \subset h^{-1}(U'(y))$ となっている. h は開かつ閉写像 ([1.2.3] 参照) だから, $y \in h(u(x))$ は Y の開かつ閉集合であって $h(u(x)) \subset U'(y)$ となるから, 0 次元は位相的性質 ([1.2.1], ii) 参照) である.

[*2)] A は 2 点以上の点を含む.
[*3)] $A \in \tau \cap \Im \Leftrightarrow A$ の境界が ϕ. したがってここでは $\partial u(x) = \phi$ ということ.

ii) $X \supset A \neq \phi$, (X,τ) が 0 次元ならば部分空間 (A,τ_A) も 0 次元である.
    proof) $\forall a \in A$, $\forall U'(a) \in \tau_A$ を考える. ie., $\exists U(a) \in \tau$ s.t. $U'(a) = U(a) \cap A$. 仮定から, $\exists u(a) \in \tau \cap \Im$ s.t. $u(a) \subset U(a)$. 故に $u'(a) = u(a) \cap A \in \tau_A \cap \Im_A$ が在って $u'(a) \subset U'(a)$ が成り立つ. ∎

iii) 0 次元空間の例

   a) 可算個の点から成る距離空間 (X,τ_d) は 0 次元である. 実際, X を点列化して $\{x_n\}$ と書こう. 任意の点 $x \in X$ を含む開集合 $u(x)$ に対して $\exists \varepsilon > 0$ s.t. $S_d(x,\varepsilon) \subset u(x)$, となっている. $\{d(x,x_n), n = 1, 2, \ldots\}$ なる R^1 の部分集合は可算集合だから, これらの値とは異なる正数 $\delta \leq \varepsilon$ が存在する. このとき $S_d(x,\delta)$ の境界 $\partial S_d(x,\delta)$ は ϕ となるから $S_d(x,\delta) \in \tau_d \cap \Im_d$ をうる ([0.2.4] 参照). 実際, 今, $\partial S_d(x,\delta) \neq \phi$ としよう. そこで点 $p \in \partial S_d(x,\delta)$ を考えると, $\forall \eta > 0$ に対して, 点 $q \in S_d(p,\eta) \cap S_d(x,\delta)$ が存在するから, $d(p,x) \leq d(p,q) + d(q,x) < \eta + \delta$ となる. $\eta > 0$ は任意だから $d(p,x) \leq \delta$, となる. また, $S_d(p,\eta) \cap (S_d(x,\delta))^c \neq \phi$ でもあるから, 類似の議論によって $d(p,x) > \delta - \eta$ が任意の $\eta > 0$ に対して成り立って, $d(p,x) \geq \delta$ となる. すなわち $d(p,x) = \delta$ でなければならない. これは上の δ の定め方に反する.

   b) 超距離空間 ([0.2.4] 参照) は 0 次元である. 実際, すべての開球は閉集合だから.

   c) 0 次元 compat 空間

      (X,τ) を T_2 空間, $\{x_n\}$ を点 $x \in X$ に収束する X 内の点列とする. このとき $\{x_n\}$ に点 x をつけた集合を E とおけば, すなわち, $E = \{x_n\} \cup \{x\}$[*4)] とおけば, 部分空間 (E,τ_E) は compact で 0 次元である. これをたしかめよう. まず compact であることをたしかめよう. $\{\theta \in \tau_E\}$ を E のひとつの開被覆としよう. すなわち各 θ に対して, それぞれ $\exists u \in \tau$ s.t. $u \cap E = \theta$ となっている. $x \in \theta$ なる θ をひとつ固定して, $u \cap E = \theta$ なる $u \in \tau$ をひとつ定めれば, 点列 $\{x_n\}$

[*4)] $\{x\}$ は 1 点 x だけから成る集合. 点列 $\{x_n\}$ の記号 $\{\ \}$ とは別のものである. 後の $\{x_{n_0}\}$ についても同様である.

は点 x に収束しているのだから,$N \leq n$ なる x_n はすべて u に含まれる.すなわち $x_n \in \theta$ となる.点 $x_1, \ldots, x_{N-1}$ に対してもそれぞれの点を含む θ をひとつずつ選べば,これらの θ は E の有限開被覆となる.したがって (E, τ_E) は compact である.次に E が 0 次元であることを示そう.まず E は compact T_2 空間だからそれが完全不連結であることが示されるならば 0 次元であることになる([2.3.9] 参照).そこで E が完全不連結であることを示そう.2 点以上含むところの E の部分集合 M を考えよう.M の点の中に x 以外の点が必ず含まれるから,その点を x_{n_0} としよう.X は T_2 空間だから $u(x) \in \tau$ と $u(x_{n_0}) \in \tau$ とが在って $u(x) \cap u(x_{n_0}) = \phi$ と出来るから,$u(x_{n_0})$ には $\{x_n\}$ の点はたかだか有限個しか含まれない.したがって $u(x_{n_0})$ に含まれる $v(x_{n_0}) \in \tau$ が在って,$v(x_{n_0}) \cap \{x_n\} = \{x_{n_0}\}$ と出来る.$x \notin v(x_{n_0})$ であるから結局,$\{x_{n_0}\} = v(x_{n_0}) \cap E \in \tau_E$ となる.また,1 点は T_1 空間では閉集合だから $\{x_{n_0}\} \in \tau_E \cap \Im_E$ となる.したがって $\{x_{n_0}\} \in (\tau_E)_M \cap (\Im_E)_M$ であって $\{x_{n_0}\} \neq M$ だから,E の部分空間 $(M, (\tau_E)_M)$ は不連結ということになる.

4.2 空間の分割

[4.2.1] (X, τ) を完全な 0 次元 T_0 空間とするとき,以下が成り立つ.

i) $^\forall n \geq 2$, $^\exists X_1, \ldots, X_n$, $X_i \in (\tau \cap \Im) - \{\phi\}$, $i = 1, \ldots, n$ s.t. $X_i \cap X_{i'} = \phi$, $i \neq i'$, $\bigcup_{i \in \overline{n}} X_i = X$. すなわち,$\phi$ でない n 個の X の開かつ閉なる集合から成るところの X の分割 (partition) が存在する.ここで,X の部分集合族 $\{X_\lambda \neq \phi; \lambda \in \Lambda\}$ が集合 X の分割であるとは,

$$X_\lambda \cap X_{\lambda'} = \phi, \ \lambda \neq \lambda' \text{ かつ } \bigcup_{\lambda \in \Lambda} X_\lambda = X$$

となることである.

ii) i) の各 X_i に対して,以下が成り立つ.$^\forall n \geq 2$, $^\exists X_{i_1}, \ldots, X_{i_n}$, $X_{i_j} \in (\tau \cap \Im) - \{\phi\}$, $j = 1, \ldots, n$ s.t. $X_{i_j} \cap X_{i_{j'}} = \phi$, $j \neq j'$, $\bigcup_{j \in \overline{n}} X_{i_j} = X_i$. すなわち,$\phi$ でない n 個の X の開かつ閉なる集合から成るところの X_i の分割が存在する.

iii) ii) の各 X_{i_j} に対して以下が成り立つ．$\forall n \geq 2$, $\exists X_{i_{j_1}},\ldots,X_{i_{j_n}}$, $X_{i_{j_k}} \in (\tau \cap \Im)-\{\phi\}$, $k=1,\ldots,n$ s.t. $X_{i_{j_k}} \cap X_{i_{j_{k'}}} = \phi$, $k \neq k'$, $\bigcup_{k \in \overline{n}} X_{i_{j_k}} = X_{i_j}$. すなわち，$\phi$ でない n 個の X の開かつ閉なる集合から成るところの X_{i_j} の分割が存在する．このようにして続けることが出来る．

proof) i) n に関する数学的帰納法を用いる．今，$n-1$ で成り立っているものとしよう．すなわち X の分割 $X_1,\ldots,X_{n-1}$ が存在するものとする．X は完全だから開集合 X_{n-1} には少なくとも 2 点 p, q が存在する．X は T_0 空間であるから，一般性を失うことなく，X の開集合 u が存在して，$p \in u$, $q \notin u$, と出来る．X は 0 次元だから $u \cap X_{n-1} \in \tau$ に対して，点 p を含むところの X の開かつ閉なる集合 v が在って，$v \subset u \cap X_{n-1}$，となる．$q \in X_{n-1}-v = X_{n-1} \cap v^c \in \tau \cap \Im$ であるから，$X_1,\ldots,X_{n-2},v,X_{n-1} \cap v^c$ が n 個の，ϕ でない開かつ閉なる集合から成る X の分割となる．実際，$X_1 \cup \cdots \cup X_{n-2} \cup v \cup (X_{n-1} \cap v^c) = X_1 \cup \cdots \cup X_{n-2} \cup X_{n-1} = X$, であり，また，$X_i \cap v \subset X_i \cap X_{n-1} = \phi$, $X_i \cap (X_{n-1} \cap v^c) \subset X_i \cap X_{n-1} = \phi$, が $i=1,\ldots,n-2$ に対して成り立つ．

ii) 各 X_i は X の ϕ でない開集合だから，部分空間 (X_i, τ_{X_i}) は [4.1.3] から再び完全となる．また，[4.1.4], ii) から 0 次元となる．したがって (X_i, τ_{X_i}) に対して，i) がそのまま適用出来る．その結果，$X_{i_j} \in (\tau_{X_i} \cap \Im_{X_i})-\{\phi\}$ なる X の分割 $X_{i_1},\ldots,X_{i_n}$ をうるが，$X_i \in (\tau \cap \Im)-\{\phi\}$ であったから，$X_{i_j} \in (\tau \cap \Im)-\{\phi\}$ をうる．

iii) ii) から各 X_{i_j} は X の ϕ でないところの開集合であったから，ii) と同様の議論によって結論をうる．■

[4.2.2] (X,τ) を compact 距離空間（距離を d とする）とするとき，以下が成り立つ．

i) $\forall \varepsilon > 0$, $\exists X_1,\ldots,X_n \in \Im-\{\phi\}$ s.t. $\text{dia}X_i < \varepsilon$, $\bigcup_{i \in \overline{n}} X_i = X$.

ii) i) の各 X_i に対して，以下が成り立つ．$\forall \varepsilon > 0$, $\exists X_{i_1},\ldots,X_{i_{n_i}} \in \Im-\{\phi\}$ s.t. $\text{dia}X_{i_j} < \varepsilon$, $\bigcup_{j \in \overline{n_i}} X_{i_j} = X_i$.

iii) ii) の各 X_{i_j} に対して，以下が成り立つ．$\forall \varepsilon > 0$, $\exists X_{i_{j_1}},\ldots,X_{i_{j_{n_{i_j}}}} \in \Im-\{\phi\}$ s.t. $\text{dia}X_{i_{j_k}} < \varepsilon$, $\bigcup_{k \in \overline{n_{i_j}}} X_{i_{j_k}} = X_{i_j}$.

このようにして続けることが出来る．

proof) i) $\{S_d(x, \varepsilon/3); x \in X\}$ は X の開被覆である．X は compact だか

ら $x_1, \ldots, x_n$ が在って $\{S_d(x_1, \varepsilon/3), \ldots, S_d(x_n, \varepsilon/3)\}$ が X の開被覆となる. $\mathrm{Cl}S_d(x_i, \varepsilon/3) = X_i$ とおくと, diameter of $\mathrm{Cl}S_d(x_i, \varepsilon/3)$ = diameter of $S_d(x_i, \varepsilon/3) \leq 2\varepsilon/3 < \varepsilon$, となるから, これら $X_1, \ldots, X_n$ が求めるものである.

ii) X の距離 d を X_i に制限してえられるところの距離による, X_i の距離位相を τ' としよう. [0.3.1] から, $\tau' = \tau_{X_i}$ ($= X_i$ の部分空間位相)であることに注意しよう. (X_i, τ_{X_i}) は X_i が閉集合であることから X の compact 集合である. そこで (X_i, τ') が compact 距離空間になって, i) が適用出来るから目的の $X_{i_1}, \ldots, X_{i_{n_i}}$ をうる. 今, $\mathfrak{S}'$ を開集合の全体 τ' に対応する閉集合の全体とすると, $X_{i_j} \in \mathfrak{S}'$ であって, $\mathfrak{S}' = \mathfrak{S}_{X_i}$ であるから $X_{i_j} \in \mathfrak{S}_{X_i}$ をうる. $X_i \in \mathfrak{S}$ であったから, $X_{i_j} \in \mathfrak{S}$ をうる.

iii) ii) と同様に, 距離 d を X_{i_j} に制限してえられるところの距離による, X_{i_j} の距離位相を τ'' とすると, [0.3.1] から $\tau'' = \tau_{X_{i_j}}$ ($= X_{i_j}$ の部分空間位相)である. ii) から $(X_{i_j}, \tau_{X_{i_j}})$ は compact 空間 (X, τ) 内の閉集合だから X の compact 集合である. したがって (X_{i_j}, τ'') が compact 距離空間になって, i) が適用出来るから, 目的の $X_{i_{j_1}}, \ldots, X_{i_{j_{n_{i_j}}}}$, をうる. $\mathfrak{S}''$ を開集合の全体 τ'' に対応する閉集合全体とすると $X_{i_{j_k}} \in \mathfrak{S}''$ であるが, ここで, 関係 $\mathfrak{S}'' = \mathfrak{S}_{X_{i_j}}$ および $X_{i_j} \in \mathfrak{S}$ なることを考慮すれば, 再び $X_{i_{j_k}} \in \mathfrak{S}$ をうる. ∎

各 X_i, X_{i_j}, $X_{i_{j_k}}, \ldots$ はそれぞれ 1 点だけから成る集合(singleton set)かもしれない. すなわち, その直径(diameter)が 0 ということもありうる. また, $X_i \cap X_{i'} \neq \phi$, $X_{i_j} \cap X_{i_{j'}} \neq \phi$, $X_{i_{j_k}} \cap X_{i_{j_{k'}}} \neq \phi, \ldots$ かもしれない.

[4.2.3] (X, τ) を compact な 0 次元距離空間(距離を d とする)とする. このとき, 任意の $\varepsilon > 0$ に対して, $\mathrm{dia}M(x) < \varepsilon$ なる, 開かつ閉なる集合 $M(x)$ が各点 $x \in X$ において存在する.

proof) 今, $A = \{x\} \in \mathfrak{S}_d$, $B = S_d(x, \varepsilon/3)^c \in \mathfrak{S}_d$ なる 2 つの閉集合を考えよう. X は仮定から完全不連結([2.3.8] 参照)だから, B のどんな b に対しても, 点 x と点 b を含む連結集合は存在しない. したがって [2.3.4] から点 x と $S_d(x, \varepsilon/3)^c$ とは X で離れているから点 x を含むところの, X の開かつ閉なる集合 $G(x)$ が在って, $G(x) \cap S_d(x, \varepsilon/3)^c = \phi$ と出来る. $\mathrm{dia}G(x) \leq 2\varepsilon/3 < \varepsilon$, となるから, この $G(x)$ が求める $M(x)$ である. ∎

[4.2.4] (X,τ) を compact な 0 次元距離空間とする．このとき，以下が成り立つ．

   i) $^{\forall}\varepsilon > 0$, $^{\exists}X_1,\ldots,X_n \in (\tau\cap\mathfrak{F})-\{\phi\}$ s.t. $\text{dia}X_i < \varepsilon$, $X_i \cap X_{i'} = \phi$, $i \neq i'$, $\bigcup_{i \in \overline{n}} X_i = X$.

   ii) i) の各 X_i に対して以下が成り立つ．$^{\forall}\varepsilon > 0$, $^{\exists}X_{i_1},\ldots,X_{i_{n_i}} \in (\tau \cap \mathfrak{F})-\{\phi\}$ s.t. $\text{dia}X_{i_j} < \varepsilon$, $X_{i_j} \cap X_{i_{j'}} = \phi$, $j \neq j'$, $\bigcup_{j \in \overline{n_i}} X_{i_j} = X_i$.

   iii) ii) の各 X_{i_j} に対して以下が成り立つ．$^{\forall}\varepsilon > 0$, $^{\exists}X_{i_{j_1}},\ldots,X_{i_{j_{n_{i_j}}}} \in (\tau\cap\mathfrak{F})-\{\phi\}$ s.t. $\text{dia}X_{i_{j_k}} < \varepsilon$, $X_{i_{j_k}} \cap X_{i_{j_{k'}}} = \phi$, $k \neq k'$, $\bigcup_{k \in \overline{n_{ij}}} X_{i_{j_k}} = X_{i_j}$.

このようにして，続けることが出来る．

proof) i) 上の [4.2.3] から $M(x) \in \tau$ による X の有限開被覆 $\{M(x_1),\ldots,M(x_n)\}$ が存在する．ここで，$X_1 = M(x_1)$, $X_2 = M(x_2)-M(x_1),\ldots,X_n = M(x_n)-\{M(x_1)\cup\cdots\cup M(x_{n-1})\}$, とおけば，この $X_1,\ldots,X_n$ が求めるものである．もし，その中に ϕ であるものが在れば，それを除けばよい．

ii) X の距離を X_i に制限してえられるところの X_i 上の距離による，X_i 上の距離位相を τ' とおけば，これは部分空間位相 τ_{X_i} に等しい．X_i は compact 空間 X の閉集合だから，(X_i,τ_{X_i}) は compact である．したがって (X_i,τ') は 0 次元 compact 距離空間となるから，これに対して i) を適用することが出来る．その結果，任意の $\varepsilon > 0$ に対して，(X_i,τ') の，ϕ でない，開かつ閉なる集合 $X_{i_1},\ldots,X_{i_{n_i}}$ が在って，$\text{dia}X_{i_j} < \varepsilon$, $X_{i_j} \cap X_{i_{j'}} = \phi$, $j \neq j'$ かつ $\bigcup_{j \in \overline{n_i}} X_{i_j} = X_i$ と出来る．ここで X_i は X の開かつ閉なる集合だから，各 $X_{i_j} \in \tau' \cap \mathfrak{F}' = \tau_{X_i} \cap \mathfrak{F}_{X_i}$ もまた，X の開かつ閉なる集合となる．

iii) X の距離 d を X_{i_j} に制限して，ii) と同様の手順で考えればよい．∎

各 X_i, X_{i_j}, $X_{i_{j_k}},\ldots$ は 1 点だけから成る集合の場合もありうる．すなわち，それの直径 (diameter) が 0 ということもありうる．

4.3 連続全射の存在

[4.3.1] (X,τ) を compact 空間，$\{E_i\}$ をその ϕ でない閉集合から成る列で $E_i \supset E_{i+1}$ をみたすものとする．このとき，以下が成り立つ．

i) $\bigcap_i E_i \neq \phi$

ii) X が T_1 空間ならば,集合 $\bigcap_i E_i$ を含む任意の開集合 U に対して,ある番号 i_0 が在って $E_{i_0} \subset U$,と出来る.

proof) i) もし $\bigcap_i E_i = \phi$ とすると,[0.1.1]の規則から $\bigcup_i E_i{}^c = X$,と出来る.X は compact だから,その有限部分被覆 $\{E_{i_1}{}^c, \ldots, E_{i_n}{}^c\}$ が存在する.すなわち,$E_{i_1}{}^c \cup \cdots \cup E_{i_n}{}^c = X$ だから $E_{i_1} \cap \cdots \cap E_{i_n} = \phi$ となるから,$i_1, \ldots, i_n$ の中で最大の番号を考えて,それを l とすれば,関係 $E_l \subset E_{i_j}$ が任意の j に対して成り立つから $E_l = \phi$ となって,すべての E_i が ϕ でないという仮定に反する.

ii) もし,そうでないものとすると,集合 $\bigcap_i E_i$ を含むある開集合 U が在って,${}^\exists e_i \in E_i$ s.t. $e_i \in U^c$,なる関係がすべての番号 i に対して成り立つことになる.今,この $\{e_i\}$ が有限集合だとすると,ある e が在って,無限個の番号 i に対して $e_i = e$ となる.すなわち任意の番号 i に対して,$i \leq i'$ なる番号 i' が在って,$e_{i'} = e$ である.$E_i \supset E_{i'} \ni e$ であるから,$e \in \bigcap_i E_i$ をうる.これは $e \in U^c$ なる関係に反する.次に $\{e_i\}$ が無限集合の場合を考えよう.X は compact であって,$\{e_i\}$ はその中の無限集合だから,X 内にその集積点 a をもつ.$a \in U^c$ であることをまずたしかめよう.もし $a \in U$ ならば,${}^\exists e_{i_0} \in \{e_i\}$ s.t. $e_{i_0} \neq a$ かつ $e_{i_0} \in U$,となっている.これは $\{e_i\} \subset U^c$ なる条件に反することになる.したがって $a \notin U$ でなければない.次にこれと矛盾する関係 $a \in \bigcap_i E_i$ が成り立つことを示そう.点 a を含む任意の開集合 $u(a)$ と任意の E_i とを考えよう.$i \leq i'$ なる番号 i' が在って $e_{i'} \in u(a)$,となっている.実際,もしそうでないとすると,${}^\exists i_0$ s.t. $i_0 \leq {}^\forall i, e_i \notin u(a)$,となる.すなわち $u(a)$ 内に入る e_i は有限個となってしまう.X が T_1 空間であることを考えると,これら有限個の e_i を拒否するところの,点 a を含む開集合 $v(a)$ が存在することになる.ここで $v(a) \cap u(a)$ をあらためて $v(a)$ と書くことにすれば,$v(a) - \{a\}$ は $\{e_i\}$ のいかなる点も含まないことになるから,点 a が $\{e_i\}$ の集積点であることに反する.したがって,$e_{i'} \in E_{i'} \subset E_i$ を考慮すれば,$u(a) \cap E_i \neq \phi$ なる関係が任意の i に対して成り立つことになる.すなわち,$a \in \mathrm{Cl}E_i$ となるが E_i は閉集合であったから結局 $a \in \bigcap_i E_i$ をうる.

[**4.3.2**]　usc 写像

(X, τ), (Y, τ') をそれぞれ位相空間とする．$\mathfrak{S}'$ を Y の閉集合の全体とするとき，写像 $g \colon X \to \mathfrak{S}' - \{\phi\}$ が X の点 x において usc であるとは，$g(x)$ を含む Y の任意の開集合 U に対して，点 x を含むところの X の開集合 u が在って，u 内の任意の点 x' に対して，$g(x') \subset U$ となることである（図7）．また，X のすべての点で g が usc のとき，単に g は usc であるという．$g(x)$ が1点であるときは通常の連続写像である．実際，写像 $\{y\} \mapsto y$ を考えればよい．

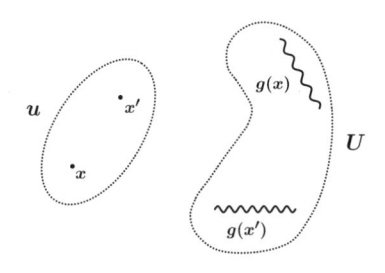

図 7　usc 写像 g

[**4.3.3**]　(X, τ), (Y, τ') をそれぞれ compact T_1 空間としよう．$\mathfrak{S}'$ を Y の閉集合全部の集まりとし，$g_n \colon X \to \mathfrak{S}' - \{\phi\}$, $n = 1, 2, \ldots$ をいずれも usc 写像とする．各点 x において $g_n(x) \supset g_{n+1}(x)$, $n = 1, 2, \ldots$ となっているものとすると，$G(x) = \bigcap_n g_n(x)$ は ϕ ではなく，以下が成り立つ．

  i)　$G \colon X \to \mathfrak{S}' - \{\phi\}$ は usc 写像である．

  ii)　$\bigcup_{x \in X} g_n(x) = Y$ が各 n について成り立つならば，$\bigcup_{x \in X} G(x) = Y$ が成り立つ．

proof) i) 任意の点 $x \in X$ と $G(x) \subset U$ なる Y の任意の開集合を考える．[4.3.1] から，$^\exists N$ s.t. $g_N(x) \subset U$ と出来る．仮定から g_N は usc 写像だから，$^\exists u(x) \in \tau$ s.t. $^\forall x' \in u(x)$, $g_N(x') \subset U$, となる．$G(x') \subset g_N(x') \subset U$ となるから，写像 G は usc である．

ii) $G(x) \subset Y$ は自明だから，逆を示そう．すなわち，$^\forall y \in Y$, $^\exists x \in X$ s.t. $y \in G(x)$ となることを示そう．仮定から，$^\exists x_n \in X$ s.t. $y \in g_n(x_n)$, $n = 1, 2, \ldots$, となっている．まず点列 $\{x_n\}$ が有限集合の場合を考えよう．このときは，1点 a が在って，$^\forall N$, $^\exists n \geq N$ s.t. $x_n = a$, となっている．すなわち，$g_N(a) \supset$

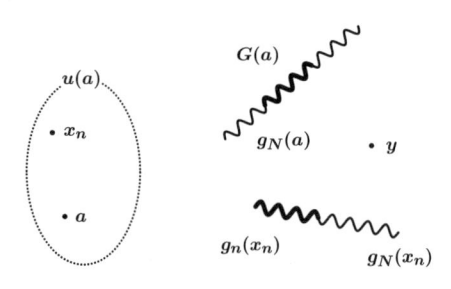

図 8 $\{y\}^c$ は Y の開集合

$g_n(a) = g_n(x_n) \ni y$ なる関係が, 任意の N に対して成り立つのだから $y \in G(a)$ をうる. 次に $\{x_n\}$ が無限集合の場合には, X が compact であることから, 集積点 a が存在する. 再び $y \in G(a)$ となることを示そう. 今, $y \notin G(a)$ であるとする. Y は T_1 空間だから $\{y\}^c$ は Y の開集合であって, 集合 $G(a)$ を含んでいる. [4.3.1] から $^\exists g_N(a)$ s.t. $g_N(a) \subset \{y\}^c$, と出来る. この写像 g_N は usc だから, $^\exists u(a)$ s.t. $^\forall x \in u(a)$, $g_N(x) \subset \{y\}^c$, となる. X は T_1 空間だから, $N \le n$ が在って, $x_n \in u(a)$, となっている. そこで, $\{y\}^c \supset g_N(x_n) \supset g_n(x_n) \ni y$ なる矛盾した関係に導かれることになる. したがって, $y \in G(a)$ でなければならない (図 8). ∎

[4.3.4] (X, τ) を compact T_1 空間, (Y, τ_ρ) を compact 距離空間とする.
  i) $g_n : X \to \Im_\rho{}^{*5)} - \{\phi\}$, $n = 1, 2, \ldots$ は usc 写像,
  ii) 各点 $x \in X$ において, $g_n(x) \supset g_{n+1}(x)$, $n = 1, 2, \ldots$,
  iii) $\bigcup_{x \in X} g_n(x) = Y$, $n = 1, 2, \ldots$,
  iv) 各点 $x \in X$ において, $\operatorname{dia} g_n(x)^{*6)} \to 0$ $(n \to \infty)$,
となるとき, $f : X \to Y$, $x \mapsto \bigcap_n g_n(x)$ は連続全射である.
proof) Y は compact 距離空間だから完備である. 故に条件 ii), iv) の下で $\bigcap_n g_n(x)$ は 1 点である ([3.2.4] 参照). したがってまず上記写像 f が確定する. 距離空間は当然 T_1 空間だから条件 i), ii), iii) の下で $\bigcup_{x \in X} G(x) = \bigcup_{x \in X} \bigcap_n g_n(x) = Y$ となる. 今, $G(x)$ は 1 点なので [4.3.2] で注意したように f は連続となる. ∎

[*5)] $\Im_\rho$ は Y の閉集合の全体.
[*6)] dia は直径 diameter のこと.

[4.3.5] (X,τ) を compact T_1 空間, (Y,τ_d) を compact 距離空間とする. X が完全で 0 次元ならば, X から Y への連続全射が存在する.

proof) [4.2.2] から, dia$Y_i < 1$ なる, ϕ でない閉集合 $Y_1, \ldots, Y_n$ を用いて, $\bigcup_{i \in \overline{n}} Y_i = Y$ と出来る. ここで X に [4.2.1] を適用して, この数 n に対応して X の ϕ でない開かつ閉なる集合から成る X の分割 $\{X_1, \ldots, X_n\}$ がえられる. 今, $x \in X_i$ のとき $g_1(x) = Y_i$ として写像 $g_1 : X \to \mathfrak{S}_d - \{\phi\}$ を定めよう. $g_1(x) = Y_i \subset U$ なる Y の開集合 U に対して, 点 x を含む X の開集合 X_i が在って, $\forall x' \in X_i$ に対して[*7]$g_1(x') = Y_i \subset U$ となるから, g_1 は usc 写像である. また, $\bigcup_{x \in X} g_1(x) = Y$ は自明だから, [4.3.4] の条件 i), iii) が成り立つ. 次に [4.2.2] から, 各 Y_i に対して, dia$Y_{i_j} < 1/2$ なる ϕ でない閉集合 $Y_{i_1}, \ldots, Y_{i_{n_i}}$ が在って, $\bigcup_{j \in \overline{n_i}} Y_{i_j} = Y_i$, と出来る. [4.2.1] から, この数 n_i に対して, X の ϕ でない開かつ閉から成る, X_i の分割 $\{X_{i_1}, \ldots, X_{i_{n_i}}\}$ が存在する. ここで, $g_2 : X \to \mathfrak{S}_d - \{\phi\}$ を, $x \in X_{i_j}$ に対して Y_{i_j} を対応させるものとして定めれば [4.3.4] の条件 ii) の関係 $g_1(x) \supset g_2(x)$ も成り立つ. これを続ければ dia$g_n(x) = $ dia$Y_{i_{j_1} \cdots j_{n-1}} < 1/n$ となるから, [4.3.4] の条件がすべてみたされることになる. なお Y_i が 1 点ということもありうる. その場合には $X_i = X_{i_1} = X_{i_{1_1}} = \cdots$ となる. ∎

[*7] X は完全, $X_i \in \tau$ だから, X_i は 1 点だけから成る集合 (singleton set) ではない ([4.1.1] 参照). 以後の $X_{i_j}, X_{i_{j_k}}, \ldots$ についても同様である.

第5章
Hahn-Mazurkiewiczの定理

本章では，位相空間 (X, τ) が閉区間 $[0, 1]$ の連続像となるための条件について考える．

5.1　ε–chain

[5.1.1]　ε–chain

距離空間 (X, τ_d) において有限個の点の集合 $\{x_1, \ldots, x_n\}$ が $d(x_i, x_{i+1}) < \varepsilon$, $i = 1, \ldots, n-1$ となっているとき，この順序付けられた有限集合を ε–chain とよぶ．このとき，点 x_1 と点 x_n とは ε–chain でむすばれるといって，この ε–chain を x_1 から x_n への ε–chain という．X の任意の2点が ε–chain でむすばれるとき，X は ε–chained であるという．また，任意の ε に対して ε–chained であるとき，X は，well–chained であるという．

[5.1.2]　$A^\varepsilon = \{x \in X \,;\, A$ のなんらかの点から, x への ε–chainが存在する $\}$ とおくと $A^\varepsilon \in \tau_d \cap \Im_d$ である．すなわち，A^ε は開かつ閉なる集合である．
proof)　まず任意の $x \in A^\varepsilon$ を考えよう．仮定から，A の点 a と $x_2, \ldots, x_{n-1}$ なる点が在って，$\{x_1 = a,\, x_2, \ldots,\, x_{n-1},\, x_n = x\}$ は ε–chain となっている．任意の $x' \in S_d(x, \varepsilon)$ に対して $\{a,\, x_2, \ldots,\, x_{n-1},\, x,\, x'\}$ はたしかに ε–chain になっているから $A^\varepsilon \in \tau_d$ である．次に $x' \in \mathrm{Cl} A^\varepsilon$ なる点を考えよう．$S_d(x', \varepsilon) \cap A^\varepsilon \neq \phi$ であるから，上と同様に考えて $x' \in A^\varepsilon$ となる．すなわち $A^\varepsilon \in \Im_d$ である．■

[5.1.3]　距離空間 (X, τ_d) が連結ならば，それは well–chained である．

proof) もし well–chained でないとすれば, $\exists \varepsilon_0 > 0$, $\exists a, b \in X$ s.t. 点 a と点 b とは ε_0–chain でむすばれない, となる. [5.1.2] の記号にしたがって $\{a\}^{\varepsilon_0}$ とおくと, まず [5.1.2] から, $\{a\}^{\varepsilon_0} \in \tau_d \cap \Im_d$ である. $X - \{a\}^{\varepsilon_0} \ni b$ だから $\{a\}^{\varepsilon_0} \neq X$. また, $\{a\}^{\varepsilon_0} \neq \phi$ は自明だから, X は不連結となってしまう. ∎

[5.1.4] compact 距離空間 (X, τ_d) が well–chained ならばそれは連結である.
proof) もし連結でないとすれば, ϕ でない閉集合 E, F が存在して $E \cup F = X$, $E \cap F = \phi$, と出来る. E, F は互いに共通部分をもたない compact 集合だから, $\exists \delta > 0$ s.t. $\forall x \in E$, $\forall y \in F$ に対して $d(x,y) \geq \delta$, となっている. したがって E の点と F の点とをむすぶ $\delta/2$–chain は存在出来ないことになる. 実際 $E \cup F = X$ だから E にも F にも含まれないような点 x は存在しないから. ∎

ここで上の証明で用いた数 $\delta > 0$ の存在について, 以下の命題によってこれをたしかめておこう.

『(X, τ_d) を距離空間, E をその compact 集合, $F \neq \phi$ を $E \cap F = \phi$ なる閉集合とすると, ある $\delta > 0$ が在って E の任意の点 x と F の任意の点 y との距離 $d(x,y)$ は δ 以上となる』
proof) もしそうでないとすると, $x_n \in E$, $y_n \in F$ なる点列 $\{x_n\}$, $\{y_n\}$ が在って, $d(x_n, y_n) < 1/n$, となっている. [3.1.3] から $\{x_n\}$ の部分列 $\{x_{n_j}\}$ が在って, $\{x_{n_j}\}$ は E 内の点 x に収束する. すなわち, $\forall \varepsilon > 0$, $\exists J$ s.t. $J \leq \forall j$, $d(x_{n_j}, x) < \varepsilon/2$, となっている. ところで, $\exists N$ s.t. $N \leq \forall n$, $d(x_n, y_n) < \varepsilon/2$ と出来るから, J と N の大きい方を N^* と書けば, $N^* \leq \forall j$ に対して $d(y_{n_j}, x) \leq d(y_{n_j}, x_{n_j}) + d(x_{n_j}, x) < \varepsilon$ となる. すなわち点 x は F の触点 ([0.2.4] 参照) である. F は閉集合だから $x \in F$ となって, $E \cap F = \phi$ なる仮定に反することになる. ∎

5.2 性 質 S

[5.2.1] 性質 S
距離空間 (X, τ_d) において, 任意の $\varepsilon > 0$ に対して, 有限個の連結集合 $X_1, \ldots, X_n$ が在って, $\mathrm{dia} X_i < \varepsilon$, $i = 1, \ldots, n$ かつ, $\bigcup_{i \in \overline{n}} X_i = X$, と出来るとき, X は性質 S をもつという.

[5.2.2] 局所連結な compact 距離空間 (X, τ_d) は性質 S をもつ．
proof) 任意の $\varepsilon > 0$ に対して，開球 $S_d(x, \varepsilon/3)$ を考えれば，仮定から，点 x を含む連結開集合 $u(x)$ が在って，$u(x) \subset S_d(x, \varepsilon/3)$ となっている．$\{u(x); x \in X\}$ を考えれば，これは compact 空間 X の開被覆だから，X の有限部分被覆 $\{u(x_1), \ldots, u(x_n)\}$ が存在する．$\operatorname{dia} u(x_i) \leq \operatorname{dia} S_d(x, \varepsilon/3) \leq 2\varepsilon/3 < \varepsilon$ である．∎

たとえば閉区間 $[0, 1]$ は性質 S をもつ．

[5.2.3] 距離空間 (X, τ_d) が性質 S をもつならば，それは局所連結である．
proof) X の任意の開集合 G に対して，G における連結成分がすべて，X の開集合であることが示されれば X は局所連結である ([2.5.3] 参照)．今，$G \in \tau_d$ と，その連結成分 C_G とを考えよう．任意の $p \in C_G$ に対して，$^{\exists}\varepsilon > 0$ s.t. $S_d(p, \varepsilon) \subset G$, となっている．ここで性質 S から，この $\varepsilon > 0$ に対して，X の連結集合 $X_1, \ldots, X_n$ が在って，$\operatorname{dia} X_i < \varepsilon, i = 1, \ldots, n$, $\bigcup_{i \in \overline{n}} X_i = X$, と出来る．$p \in \operatorname{Cl} X_i$ となるような番号 i の全体を I ($\subset \overline{n}$) としよう．当然，$I \neq \phi$ である．まず $I = \overline{n}$ の場合，すなわち，点 p がすべての X_i の触点となっている場合を考えよう．$\operatorname{dia} \operatorname{Cl} X_i < \varepsilon$ だから，$\operatorname{Cl} X_i \subset S_d(p, \varepsilon)$ となっている．$\bigcup_{i \in \overline{n}} \operatorname{Cl} X_i \subset S_d(p, \varepsilon) \subset X \subset \bigcup_{i \in \overline{n}} \operatorname{Cl} X_i$ であるから，結局 $S_d(p, \varepsilon) = \bigcup_{i \in \overline{n}} \operatorname{Cl} X_i$ となる．各 X_i が連結であることと，$p \in \bigcap_{i \in \overline{n}} \operatorname{Cl} X_i$ となることから，$\bigcup_{i \in \overline{n}} \operatorname{Cl} X_i = S_d(p, \varepsilon)$ は連結となる ([2.1.7], [2.1.8] 参照)．$S_d(p, \varepsilon) \subset G$ であって，C_G は点 p を含むところの G 内の連結集合の最大のものであったから，$S_d(p, \varepsilon) \subset C_G$ となる．これは p が C_G の内点 ([0.2.1] 参照) であることを示している．次に I が $\overline{n}$ に等しくない場合を考えよう．$i \notin I$ なる i に対して，$^{\exists}\delta > 0$ s.t. $S_d(p, \delta) \cap X_i = \phi$, と出来る．$X = \bigcup_{i \in \overline{n}} X_i$ なのだから，$S_d(p, \delta) \subset \bigcup_{i \in I} X_i$ となっている．$S_d(p, \delta) \subset \bigcup_{i \in I} X_i \subset \bigcup_{i \in I} \operatorname{Cl} X_i \subset S_d(p, \varepsilon) \subset G$, であるから，連結集合 $\bigcup_{i \in I} \operatorname{Cl} X_i$ に関して，$\bigcup_{i \in I} \operatorname{Cl} X_i \subset C_G$ となる．すなわち，$S_d(p, \delta) \subset C_G$ となって，この場合にも p が C_G の内点であることが示された．∎

[5.2.4] 距離空間 (X, τ_d) から距離空間 $(Y, \tau_{d'})$ への写像 f が一様連続 ([3.1.11] 参照) であるとする．このとき，(X, τ_d) が性質 S をもつならば像 $f(X)$ も Y の部分距離空間として性質 S をもつ．

5.2 性質 S   83

proof) f は一様連続だから，$^\forall \varepsilon > 0$, $^\exists \delta > 0$ s.t. $d(x,x') < \delta \Rightarrow d'(f(x),f(x'))$ $< \varepsilon/2$, となっている．今，仮定から，dia$X_i < \delta$ なる連結な X_i による X の被覆 $\{X_1,\ldots,X_n\}$ が存在する．ここで，$\{f(X_1),\ldots,f(X_n)\}$ が $f(X)$ の被覆であって，各 $f(X_i)$ が，距離 d' を f の像 $f(X)$ に制限した距離 d'' による距離空間 $(f(X),\tau_{d''})$ において連結であって，かつ dia$f(X_i) < \varepsilon$ となることを示そう．ここで diameter は距離 d'' によるものであるが値としては距離 d' によるものと同じである．まず $\bigcup_{i \in \overline{n}} f(X_i) = f(\bigcup_{i \in \overline{n}} X_i) = f(X)$ であるから，$\{f(X_1),\ldots,f(X_n)\}$ は $f(X)$ の被覆である．次に $d(x,x') < \delta$ だから dia$f(X_i) = \sup_{x,x' \in X_i} d''(f(x),f(x')) = \sup_{x,x' \in X_i} d'(f(x),f(x')) \leq \varepsilon/2 < \varepsilon$, となる．最後に各 $f(X_i)$ が距離空間 $(f(X),\tau_{d''})$ において連結であることを示そう．写像 $g : (X_i,(\tau_d)_{X_i}) \to (f(X),(\tau_{d'})_{f(X)})$, $x \mapsto f(x)$ は [1.1.1], iv) から連続だから，$g(X_i) = f(X_i)$ は $(f(X),(\tau_{d'})_{f(X)})$ の連結集合である．ここで $(\tau_{d'})_{f(X)} = \tau_{d''}$ だから ([0.3.1] 参照)，$f(X_i)$ は $(f(X),\tau_{d''})$ の連結集合である．∎

[5.2.5] [5.2.2] から閉区間 $[0,1]$ は性質 S をもつ．もし連続全射 $f : [0,1] \to (Y,\tau_{d'})$ が存在するならば，f は [3.1.11] から一様連続だから [5.2.4] から Y は性質 S をもつ．したがって [2.1.9], [3.1.9], [5.2.3] から Y は連結で局所連結な compact 距離空間となる．連結で局所連結な compact 距離空間を Peano 連続体（Peano continuum）という．

[5.2.6] Y を距離空間 (X,τ_d) の部分集合であって，性質 S をもつものとすると，$Y \subset Z \subset \text{Cl}Y$ なる Z も性質 S をもつ．すなわち，Y が性質 S をもてば，その閉包も性質 S をもつ．

proof) Y が性質 S をもつとは，距離 d を，Y に制限した d' による距離空間 $(Y,\tau_{d'})$ が性質 S をもつということである．すなわち，任意の $\varepsilon > 0$ に対して $(Y,\tau_{d'})$ の連結集合 $Y_1,\ldots,Y_n$ が在って，$\bigcup_{i \in \overline{n}} Y_i = Y$, dia$Y_i < \varepsilon$, $i = 1,\ldots,n$, となっている．ここで diameter は d' によるものであるが実際は d によるものと同じものである．今，$A_i = Z \cap \text{Cl}Y_i$ とおこう．このとき $\bigcup_{i \in \overline{n}} A_i = Z \cap (\bigcup_{i \in \overline{n}} \text{Cl}Y_i) = Z \cap (\text{Cl}\bigcup_{i \in \overline{n}} Y_i) = Z \cap \text{Cl}Y = Z$, となる．$Y_i \subset Y_i \cap Y \subset Y_i \cap Z \subset A_i \subset \text{Cl}Y_i$, であって，かつ Y_i は (X,τ_d) の連結集合でもあるから A_i も (X,τ_d) の連結集

合である ([2.1.7] 参照). A_i は (X,τ_d) の部分空間 $(Z,(\tau_d)_z)$ の連結集合でもある ([2.1.3] の後段参照). ここで距離 d を Z に制限した距離を d'' とすれば, $(\tau_d)_z = \tau_{d''}$ ([0.3.1] 参照) であるから, A_i は距離空間 $(Z,\tau_{d''})$ の連結集合となる. さらに関係 $\text{dia}A_i \leq \text{dia ClY}_i < \varepsilon$ が成り立つから証明が終る. ∎

[5.2.3] から [5.2.6] の Z は局所連結となる.

5.3 $\langle\varepsilon\rangle$–chain

[5.3.1] $\langle\varepsilon\rangle$–chain

距離空間 (X,τ_d) において以下の3つの条件をみたすところの, 順序付けられた有限個の部分集合の集まり $\{Q_1,\ldots,Q_n\}$ を $\langle\varepsilon\rangle$–chain とよぶ.

 i) $Q_i \cap Q_{i+1} \neq \phi,\ i = 1,\ldots,n-1$.
 ii) 各 Q_i は連結.
 iii) $\text{dia}Q_i < \varepsilon/2^i,\ i = 1,\ldots,n$.

$a \in Q_1,\ b \in Q_n$ のとき $\{Q_1,\ldots,Q_n\}$ を点 a から点 b への $\langle\varepsilon\rangle$–chain とよぶ. なお条件 i) だけの場合には $\{Q_1,\ldots,Q_n\}$ を単に finite chain とよんで, Q_1 は Q_n と finite chain でむすばれるという. 記号 $A^{\langle\varepsilon\rangle}$ を以下で定める.
$A^{\langle\varepsilon\rangle} = \{x \in X; A$ のなんらかの点から点 x への $\langle\varepsilon\rangle$–chain が存在する $\}$.

[5.3.2] 距離空間 (X,τ_d) が性質 S をもつとする. このとき, ϕ でない任意の部分集合 A と任意の $\varepsilon > 0$ に対して, $A^{\langle\varepsilon\rangle}$ も性質 S をもつ.
proof) d を $A^{\langle\varepsilon\rangle}$ に制限した, $A^{\langle\varepsilon\rangle}$ 上の距離 d' によって, 距離空間 $(A^{\langle\varepsilon\rangle},\tau_{d'})$ が以下の性質をもつことを示せばよい.

『任意の $\delta > 0$ に対して, $(A^{\langle\varepsilon\rangle},\tau_{d'})$ の連結集合 $B_1,\ldots,B_n$[*1] が在って, $\text{dia}B_i < \delta$ (diameter の値そのものは d によるものと同じ) かつ $\bigcup_{i \in \overline{n}} B_i = A^{\langle\varepsilon\rangle}$, となる』

まず,

[*1] $\tau_{d'} = (\tau_d)_{A^{\langle\varepsilon\rangle}}$ だから, 各 B_i は部分空間 $(A^{\langle\varepsilon\rangle},(\tau_d)_{A^{\langle\varepsilon\rangle}})$ で連結. したがって (X,τ_d) で連結 ([2.1.3] 参照).

5.3 $\langle\varepsilon\rangle$–chain

$$\sum_{i=k}^{\infty}\frac{\varepsilon}{2^i}<\frac{\delta}{3}$$

となるように k をひとつ定めよう．この級数は収束するから，このような k をとることは可能である．今，集合 A を含むところの集合 K を以下のように定めよう．

$K=\{x\in A^{\langle\varepsilon\rangle};\ A$ のなんらかの点から x への $\langle\varepsilon\rangle$–chain が在って，
それを構成する部分集合 Q_i の数は k 以下である．$\}$

まず，X は性質 S をもつのだから，X の連結集合 $E_1,\ldots,E_l$ が在って，

$$\mathrm{dia}E_j<\frac{\varepsilon}{2^{k+1}}\ \text{かつ}\ \bigcup_{j\in\overline{l}}E_j=X$$

と出来る．$K\cap E_j\neq\phi$ なる番号 j をすべて考えて，必要ならば番号をつけかえて，それを $E_1,\ldots,E_n\ (n\leq l)$ とあらためて書こう．当然 $K\subset\bigcup_{i\in\overline{n}}E_i$，である．ここで各 E_i に対して $E_i\subset A^{\langle\varepsilon\rangle}$ が成り立つことをたしかめよう．$K\cap E_i\neq\phi$ となっているのだから，ある点 $x\in K\cap E_i$ が在って，A のなんらかの点 a から x への $\langle\varepsilon\rangle$–chain $\{Q_1,\ldots,Q_r\}\ (r\leq k)$ が存在する．ここで $\mathrm{dia}E_i<\varepsilon/2^{k+1}\leq\varepsilon/2^{r+1}$ であるから，この連結集合 E_i を Q_{r+1} とみれば $\{Q_1,\ldots,Q_r,E_i\}$ は，点 a から点 x への $\langle\varepsilon\rangle$–chain となる．すなわち，点 a から E_i の任意の点への $\langle\varepsilon\rangle$–chain が存在することになるから，$E_i\subset A^{\langle\varepsilon\rangle}$ が成り立つ．次に，上で述べた連結集合 $B_1,\ldots,B_n$ を実際に作ろう．今，固定した i に対して，$M\subset A^{\langle\varepsilon\rangle}$，$M\cap E_i\neq\phi$，$M$ は X の連結集合であって $\mathrm{dia}M<\delta/3$，となるような M を考えよう．$\mathrm{dia}E_i<\varepsilon/2^{k+1}<\sum_{i=k}^{\infty}\varepsilon/2^i<\delta/3$ だから E_i 自身が M の性質をみたしているから上のような M の集まりは ϕ ではない．ここで，上の条件をみたす集合 M 全部の和を B_i としよう．まず $E_i\subset B_i$ である．E_i は X で連結であって，$M\cap E_i\neq\phi$ だから M の和 B_i は X で連結である（[2.1.8] 参照）．また，$\mathrm{dia}B_i<\mathrm{dia}E_i+2\delta/3<\delta$ は明らかである．$M\subset A^{\langle\varepsilon\rangle}$ から $B_i\subset A^{\langle\varepsilon\rangle}$ となる．この関係はすべての i に対して成り立つから $\bigcup_{i\in\overline{n}}B_i\subset A^{\langle\varepsilon\rangle}$ となる．次に逆向きの包含関係について考えよう．$K\subset\bigcup_{i\in\overline{n}}E_i\subset\bigcup_{i\in\overline{n}}B_i$，となっているから，$A^{\langle\varepsilon\rangle}$ の点の中で K の点についてはすでに $\bigcup_{i\in\overline{n}}B_i$ の点である．そこで $x\notin K$ なる $x\in A^{\langle\varepsilon\rangle}$ について考えよう．$^\exists a\in A,\ ^\exists\langle\varepsilon\rangle$–chain $\{Q_1\ldots,Q_k,\ldots,Q_m\}$，$k<m$ s.t. $a\in Q_1,\ x\in Q_m$，となっている．ここで $Q_k\cup\cdots\cup Q_m=L$ とすると，L は明らかに X の連結集合であって $L\subset A^{\langle\varepsilon\rangle}$ で

ある．さて，$Q_k \subset K \subset \bigcup_{i \in \overline{n}} E_i$ だから，$\exists i_0 \in \overline{n}$ s.t. $E_{i_0} \cap Q_k \neq \phi$. すなわち，$E_{i_0} \cap L \neq \phi$. また，$\mathrm{dia} L \leq \mathrm{dia} Q_k + \cdots + \mathrm{dia} Q_m < \sum_{i=k}^{m} \varepsilon/2^i < \delta/3$, となるから，先に述べた番号 i_0 に対する，集合 M の条件を，L はすべてみたしていることになる．故に $L \subset B_{i_0}$ となる．$x \in Q_m$ であるから，$x \in B_{i_0}$ となる．したがって逆向きの包含関係 $A^{\langle \varepsilon \rangle} \subset \bigcup_{i \in \overline{n}} B_i$ もえられて，証明が終る．■

[5.3.3] A を距離空間 (X, τ_d) の ϕ でない部分集合とするとき，任意の $\varepsilon > 0$ に対して以下が成り立つ．

   i) $\mathrm{dia} A^{\langle \varepsilon \rangle} \leq \mathrm{dia} A + 2\varepsilon$.

   ii) A が連結ならば $A^{\langle \varepsilon \rangle}$ も連結．

   iii) X が性質 S をもつならば $A^{\langle \varepsilon \rangle} \in \tau_d$.

proof) i) $b, b' \in A^{\langle \varepsilon \rangle}$ としよう．A の点 a, a' が在って，それぞれ a から b, a' から b' への $\langle \varepsilon \rangle$–chain が存在する．すなわち，$a \in Q_1$, $x_1 \in Q_1 \cap Q_2, \ldots, x_{n-1} \in Q_{n-1} \cap Q_n$, $b \in Q_n$ なる $\langle \varepsilon \rangle$–chain $\{Q_1, \ldots, Q_n\}$ と，$a' \in Q'_1$, $x'_1 \in Q'_1 \cap Q'_2, \ldots, x'_{m-1} \in Q'_{m-1} \cap Q'_m$, $b' \in Q'_m$ なる $\langle \varepsilon \rangle$–chain $\{Q'_1, \ldots, Q'_m\}$ とが存在する．

$$\begin{aligned} d(b, b') &\leq d(b, x_{n-1}) + \cdots + d(x_1, a) + d(a, a') + d(a', x'_1) + \cdots + d(x'_{m-1}, b') \\ &< 2\varepsilon + \mathrm{dia} A \end{aligned}$$

だから $\mathrm{dia} A^{\langle \varepsilon \rangle} = \sup_{b, b' \in A^{\langle \varepsilon \rangle}} d(b, b') \leq \mathrm{dia} A + 2\varepsilon$.

ii) $A^{\langle \varepsilon \rangle}$ の任意の点 p を考える．A のなんらかの点 a が在って，$a \in Q_1$, $p \in Q_n$ なる $\langle \varepsilon \rangle$–chain $\{Q_1, \ldots, Q_n\}$ が存在する．ここで $Q_1 \cup \cdots \cup Q_n = E_p$ とおけば，$p \in E_p \subset A^{\langle \varepsilon \rangle}$ となっている．E_p は連結であり，A は仮定から連結，また，$E_p \cap A \neq \phi$. $A \subset A^{\langle \varepsilon \rangle}$ を考慮すれば，$\bigcup_{p \in A^{\langle \varepsilon \rangle}} E_p$ は連結となる ([2.1.8] 参照)．$A^{\langle \varepsilon \rangle} \subset \bigcup_{p \in A^{\langle \varepsilon \rangle}} E_p \subset A^{\langle \varepsilon \rangle}$ なる関係から，$\bigcup_{p \in A^{\langle \varepsilon \rangle}} E_p = A^{\langle \varepsilon \rangle}$ となって，$A^{\langle \varepsilon \rangle}$ は連結となる．

iii) $A^{\langle \varepsilon \rangle}$ の任意の点 p を考える．A のなんらかの点 a が在って，$a \in Q_1$, $p \in Q_n$ なる $\langle \varepsilon \rangle$–chain $\{Q_1, \ldots, Q_n\}$ が存在する．X は [5.2.3] から局所連結だから，開球 $S_d(p, \varepsilon/2^{n+3})$ を考えれば，X で連結な開集合 $u(p)$ が在って $u(p) \subset S_d(p, \varepsilon/2^{n+3})$ となっている．2 点 $x, x' \in u(p)$ に対して，$d(x, x') \leq d(x, p) + d(p, x') < \varepsilon/2^{n+2}$, となるから，$\mathrm{dia} u(p) = \sup_{x, x' \in u(p)} d(x, x') \leq \varepsilon/2^{n+2} <$

$\varepsilon/2^{n+1}$, となる. そこで $\{Q_1, \ldots, Q_n, u(p)\}$ を考えれば, これはひとつの $\langle \varepsilon \rangle$-chain をなしている. したがって, $u(p) \subset A^{\langle \varepsilon \rangle}$ となって, [0.2.1] の関係 (*) から $A^{\langle \varepsilon \rangle} \in \tau_d$ がしたがう. ∎

[5.3.4] 距離空間 (X, τ_d) が性質 S をもつとき, 任意の $\varepsilon > 0$ に対して, $\mathrm{dia}B_i < \varepsilon$ であって, それぞれ性質 S をもつような連結開集合 B_i, $i = 1, \ldots, n$ が存在して, $\bigcup_{i \in \overline{n}} B_i = X$, と出来る. ここで, さらに各 B_i を閉集合としてとることも出来る.

proof) X は性質 S をもつから, 連結集合 $A_1, \ldots, A_n$ で, $\mathrm{dia}A_i < \varepsilon/3$ かつ $\bigcup_{i \in \overline{n}} A_i = X$, となるものが存在する. ここで $A_i^{\langle \varepsilon/3 \rangle}$ を B_i とおこう. 各 B_i は [5.3.2] からそれぞれ性質 S をもつ. X が性質 S をもつのだから [5.3.3], iii) から B_i は X の開集合である. [5.3.3], i) から $\mathrm{dia}B_i \le \mathrm{dia}A_i + 2\varepsilon/3 < \varepsilon$ であり, また, 各 A_i は連結だから, [5.3.3], ii) から, 各 B_i も連結となる. 最後に $A_i \subset A_i^{\langle \varepsilon/3 \rangle}$ だから, $\bigcup_{i \in \overline{n}} B_i = \bigcup_{i \in \overline{n}} A_i^{\langle \varepsilon/3 \rangle} \supset \bigcup_{i \in \overline{n}} A_i = X$ となって, B_i, $i = 1, \ldots, n$ が求めるものだったことがわかる. さらにここで $\mathrm{Cl}B_i$ を考えれば, [5.2.6] から, $\mathrm{Cl}B_i$ も性質 S をもち, かつ連結である. また $\mathrm{diaCl}B_i = \mathrm{dia}B_i < \varepsilon$, となるから, $\mathrm{Cl}B_i$ をあらためて B_i と考えればよい. ∎

[5.3.5] 距離空間 (X, τ_d) を連結, 局所連結かつ compact とする. このとき, 任意の $\varepsilon > 0$ に対して, X の連結で局所連結な compact 集合 $E_1, \ldots, E_n$ が在って, $\mathrm{dia}E_i < \varepsilon$, $i = 1, \ldots, n$, $\bigcup_{i \in \overline{n}} E_i = X$, と出来る.

proof) [5.2.2] から X は性質 S をもつ. そこで [5.3.4] から連結な compact 集合 $B_1, \ldots, B_n$ が存在して, $\mathrm{dia}B_i < \varepsilon$, $i = 1, \ldots, n$, かつ $\bigcup_{i \in \overline{n}} B_i = X$, と出来るから, この B_i を E_i とおこう. この E_i は [5.3.4] からそれぞれ性質 S をもつから, [5.2.3] から, 距離空間 (E_i, τ_{d_i}) は局所連結となる. ただし, d_i は d を E_i に制限した E_i 上の距離である. $\tau_{d_i} = (\tau_d)_{E_i}$ だから E_i は X の局所連結集合となる. ∎

[5.3.6] 位相空間 (X, τ) を連結とする. 有限個の閉集合で X が覆われているものとしよう. このとき, 2点 p, $p' \in X$ に対して, この有限個の閉集合のすべてに番号をつけて, それが p から p' への finite chain ([5.3.1] 参照) をなす

ように出来る．この際，同じ閉集合を異なる番号に対して複数回用いてもよい．
proof) $\{F\}$ を X の有限閉被覆とする．点 p を含む $\{F\}$ の要素をひとつ選んで，それを F_1 としよう．今，この F_1 と finite chain でむすばれるような F の全体を考えてその和を A とおこう．$\{F\}$ は有限被覆だから，A は閉集合であって，少なくとも $F_1 \subset A$ だから A は ϕ ではない．F_1 と finite chain でむすばれないところの F の全体を考えて，その和を B とすると，B は閉集合であって，$A \cup B = X$, $A \cap B = \phi$, となっている．今，$A \neq \phi$ であって，X は仮定から連結だから $B = \phi$ でなければならない．すなわち，すべての F は F_1 と finite chain でむすばれることになる．したがって，$p \in F_1$ なる F_1 から $p' \in F$ なる F への finite chain が作られることになるが，同じ F を何回か用いることによって，$\{F\}$ の要素をすべて用いた finite chain を作ることが出来る．■

[5.3.5] と [5.3.6] とを合わせてその結果をまとめてみよう．距離空間 (X, τ_d) が，連結，局所連結で compact なとき，任意の $\varepsilon > 0$ に対して，X の連結，局所連結で compact な集合 $E_1, \ldots, E_n$ が在って，dia $E_1 < \varepsilon, \ldots$, dia $E_n < \varepsilon$ かつ $\bigcup_{i \in \overline{n}} E_i = X$, と出来る．また，このとき，$X$ の任意の 2 点 p, p' に対して，$E_1, \ldots, E_n$ をすべて用いた finite chain $\{Q_1, \ldots, Q_m\}$, $n \leq m$ が存在して，$p \in Q_1, \ldots, p' \in Q_m$, と出来る．この finite chain は $E_1, \ldots, E_n$ のすべてを用いているのだから $Q_1 \cup \cdots \cup Q_m = X$ である．

今，この X の部分空間 $E_1, \ldots, E_n$ の中のひとつの E を考えよう．距離 d を E に制限した E 上の距離 d' による距離位相を $\tau_{d'}$ とすると，$\tau_{d'}$ は，X の部分空間としての E の位相 $(\tau_d)_E$ に等しいから，$(E, \tau_{d'})$ は連結で局所連結な compact 距離空間となる．したがって，これに [5.3.5], [5.3.6] を適用して，再び以下が成り立つ．すなわち，任意の $\varepsilon > 0$ に対して，$(E, \tau_{d'})$ の連結で局所連結な compact 集合 $e_1, \ldots, e_l$ が在って dia $e_1 < \varepsilon, \ldots$, dia $e_l < \varepsilon$, かつ $e_1 \cup \cdots \cup e_l = E$, と出来る．ここで d' による diameter は d によるものと同じ値である．そこで [5.3.6] から E の 2 点 p, p' に対して，$e_1, \ldots, e_l$ のすべてを用いた finite chain $\{q_1, \ldots, q_r\}$, $l \leq r$ が存在して，$p \in q_1$, $p' \in q_r$, と出来る．当然，$q_1 \cup \cdots \cup q_r = E$ である．ここで X の部分空間としての E の位相 $(\tau_d)_E$ は $\tau_{d'}$ に等しいから，$e_1, \ldots, e_l$ はそれぞれ $(E, (\tau_d)_E)$ の連結で局所連結な compact 集合である．すなわち，各 $(e, ((\tau_d)_E)_e)$ は連結，局所連結，

compact な空間ということになる．今，$((\tau_d)_E)_e = (\tau_d)_e$ であったことを思い出そう（[0.3.1] 参照）．すなわち，各 e は X の連結で局所連結な compact 集合ということになる．言いかえれば $(e, (\tau_d)_e)$ は連結で局所連結な compact 空間である．ここで X の距離 d をこの e に制限した距離 d'' による e 上の距離位相を $\tau_{d''}$ と書けば $\tau_{d''} = (\tau_d)_e$ だから，$(e, \tau_{d''})$ が連結で局所連結な compact 距離空間となる．したがってこれに対して，さらに [5.3.5], [5.3.6] を適用することが出来る．さらに，これを続けることが出来る．

5.4　Hahn–Mazurkiewicz の定理

[5.4.1]　Hahn–Mazurkiewicz の定理

連結で局所連結な compact 距離空間 (X, τ_d) は閉区間 $[0, 1]$[*2) の連続像である．すなわち，$f : [0, 1] \to (X, \tau_d)$ なる連続全射が存在する．
proof)　証明には [4.3.4] を用いよう．まず [5.3.5], [5.3.6] およびその後のまとめから，その直径が 1 未満であるような，X の連結で局所連結な compact 集合から成る finite chain $\{Q_1, \ldots, Q_n\}$ が在って，$Q_1 \cup \cdots \cup Q_n = X$，と出来る．今，閉区間 $I = [0, 1]$ を，$0 = t_0 < t_1 < \cdots < t_{n-1} < t_n = 1$ なる分点によって n 個の小区間 $I_i = [t_{i-1}, t_i]$, $1 \leq i \leq n$, に分けよう．ここで写像 $F_1 : I \to \mathfrak{S}_d - \{\phi\}$[*3) を以下のように定めよう．

$$\begin{aligned}
F_1(t) &= Q_1, \ t \in [t_0 = 0, t_1), \\
F_1(t) &= Q_1 \cup Q_2, \ t = t_1, \\
F_1(t) &= Q_2, \ t \in (t_1, t_2), \\
F_1(t) &= Q_2 \cup Q_3, \ t = t_2, \\
&\vdots \\
F_1(t) &= Q_{n-1} \cup Q_n, \ t = t_{n-1}, \\
F_1(t) &= Q_n, \ t \in (t_{n-1}, t_n = 1].
\end{aligned}$$

こうして作った写像 F_1 が [4.3.4] の条件 i), iii) をみたすことは見やすい．次

[*2)　$[0, 1]$ は $\rho(x, y) = |x - y|$ とおいてえられる距離 ρ によるところの位相空間 (R^1, τ_ρ) の部分空間である．
[*3)　X の ϕ でない閉集合の全体．

に $p_1 \in Q_1, \ldots, p_i \in Q_{i-1} \cap Q_i, \ldots, p_n \in Q_{n-1} \cap Q_n$, $p_{n+1} \in Q_n$, として X 内の点列 $\{p_1, \ldots, p_n, p_{n+1}\}$ をひとつ定めよう．[5.3.6] の後のまとめから，1/2 に対して，$p_i \in Q_{i_1}$, $p_{i+1} \in Q_{i_{m_i}}$ であって，dia$Q_{i_j} < 1/2$ なる finite chain $\{Q_{i_1}, \ldots, Q_{i_{m_i}}\}$ が存在して $Q_{i_1} \cup \cdots \cup Q_{i_{m_i}} = Q_i$, と出来ることがわかる．ここで各 Q_{i_j} は X の連結で局所連結な compact 集合である．さて，ここで上と同様にして区間 I_i を分点 $t_{i-1} = t_{i_0} < t_{i_1} < \cdots < t_{i_{m_i-1}} < t_{i_{m_i}} = t_i$ によって m_i 個の小区間 $I_{i_j} = [t_{i_{j-1}}, t_{i_j}]$, $1 \le j \le m_i$, に分けよう．$Q_{i_j} \in \Im_d - \{\phi\}$ だから写像 $F_2 : I \to \Im_d - \{\phi\}$ を以下のようにして定めよう．

$$\begin{aligned}
F_2(t) &= Q_{i_j}, \ t \in I_{i_j} - \{t_{i_0}, \ldots, t_{i_{m_i}}\}, \\
F_2(t) &= Q_{i_j} \cup Q_{i_{j+1}}, \ t = t_{i_j}, \ 0 < j < m_i, \\
F_2(t) &= Q_{i-1_{m_{i-1}}} \cup Q_{i_1}, \ t = t_{i_0}, \ 2 \le i \le n, \\
F_2(0) &= Q_{1_1}, \\
F_2(1) &= Q_{n_{m_n}}.
\end{aligned}$$

この写像 F_2 が [4.3.4] の条件 i), ii), iii) をみたすことは見やすい．この操作を繰り返すことによって，dia$F_n(t)$ に対する条件 iv) も明らかにみたされるから，[4.3.4] が適用出来て証明が終る．∎

第6章
分解空間

CHAPTER 6

6.1 商写像と分解空間

[6.1.1] 分解空間（decomposition space）
集合 X の ϕ でない部分集合から成る部分集合族 $\mathbf{D}$ が
 i) $\mathbf{D}$ に属する X の部分集合 D の和は X である．すなわち $\cup \mathbf{D} = X$[*1)]．
 ii) 異なる $D, D' \in \mathbf{D}$ を考えると $D \cap D' = \phi$ となっている．
をみたすとき，$\mathbf{D}$ を X の分割（partition）といった（[4.2.1] 参照）．今，

$$\tau(\mathbf{D}) = \{\mathbf{u} \subset \mathbf{D};\ \cup \mathbf{u}^{*2)} \in \tau\}$$

によって $\mathbf{D}$ の位相を定めよう．すなわち $\mathbf{D}$ の部分集合 $\mathbf{u}$ に含まれる X の部分集合 D の和が X の開集合となるとき，$\mathbf{u}$ を $\mathbf{D}$ の開集合と定めるのである．位相空間 $(\mathbf{D}, \tau(\mathbf{D}))$ を位相空間 (X, τ) の分解空間（decompostion space）という．X の点 x を含むところの唯一の $D \in \mathbf{D}$ を D_x と書こう．写像 $\pi : X \to \mathbf{D}$, $x \mapsto D_x$ に関して以下の関係

$$\pi^{-1}(\mathbf{u}) = \cup \mathbf{u} \text{ for } {}^{\forall}\mathbf{u} \subset \mathbf{D} \qquad (*)$$

が成り立つ．実際，${}^{\forall}y \in \pi^{-1}(\mathbf{u}) = \{x \in X;\ \pi(x) = D_x \in \mathbf{u}\}$ を考えると，$y \in \pi(y) = D_y \in \mathbf{u}$ だから $y \in \cup\mathbf{u}$．したがって $\pi^{-1}(\mathbf{u}) \subset \cup\mathbf{u}$ である．一方，${}^{\forall}y \in \cup\mathbf{u}$ を考えると，${}^{\exists}D \in \mathbf{u}$ s.t. $y \in D$, となっている．すなわち，$\pi(y) = D_y = D \in \mathbf{u}$ であるから $y \in \pi^{-1}(\mathbf{u})$．したがって $\cup\mathbf{u} \subset \pi^{-1}(\mathbf{u})$．

[*1)] 記号 $\cup\mathbf{D}$ は $\bigcup_{D \in \mathbf{D}} D$ のこと．
[*2)] 記号 $\cup\mathbf{u}$ は $\bigcup_{D \in \mathbf{u}} D$ のこと．

[6.1.2] $f : (X, \tau) \to (Y, \tau')$ を全射とする. この写像 f による X の分割 $\mathbf{D}_f = \{f^{-1}(y) \subset X;\ y \in Y\}$ を考える. このとき, 以下が成り立つ.

 i) $\mathbf{D}_f$ の任意の部分集合 $\mathbf{u}$ に対して, Y の部分集合 B がただひとつ存在して $\mathbf{u} = \{f^{-1}(y) \subset X;\ y \in B\}$, となる.

 ii) f がさらに単射ならば, 分解空間 $(\mathbf{D}_f, \tau(\mathbf{D}_f))$ は (X, τ) と同相である.

proof) i) $\{y \in Y;\ f^{-1}(y) \in \mathbf{u}\} = B$ とおこう. $^\forall D \in \mathbf{u}$ を考える. $^\exists y_D \in Y$ s.t. $f^{-1}(y_D) = D$, となっている. B の定義から $y_D \in B$. すなわち, $^\exists y_D \in B$ s.t. $D = f^{-1}(y_D)$ となっているのだから, $D \in \{f^{-1}(y);\ y \in B\}$. 逆に $^\forall D \in \{f^{-1}(y);\ y \in B\}$ を考えよう. すなわち, $^\exists y_D \in B$ s.t. $D = f^{-1}(y_D)$. B の定義から $f^{-1}(y_D) \in \mathbf{u}$. したがって, $D \in \mathbf{u}$. 次に B の一意性について考えよう. 今, B, B' が在って $\mathbf{u} = \{f^{-1}(y) \subset X;\ y \in B\} = \{f^{-1}(y) \subset X;\ y \in B'\}$ となっているものとしよう. $y \in B$ に対して $f^{-1}(y) \in \mathbf{u}$. このとき, $^\exists y' \in B'$ s.t. $f^{-1}(y') = f^{-1}(y)$, となるから $y' = y$ となる. すなわち, $y \in B'$ である. 逆も成り立つから, $B = B'$ である.

 ii) f が全単射だから $\mathbf{D}_f = \{\{x\};\ x \in X\}$ となる. ここで $k : (X, \tau) \to (\mathbf{D}_f, \tau(\mathbf{D}_f))$ を $k(x) = \{x\}$ と定めれば, 連続全単射 k は明らかに開写像だから (X, τ) と $(\mathbf{D}_f, \tau(\mathbf{D}_f))$ とは同相になる. ∎

[6.1.3] (X, τ) を compact 空間, (Y, τ') を T_2 空間とする. このとき, X と Y との間に連続全射 f が存在するならば, f は商写像 (quotient map) である. ただし, $\tau' = \tau_f = \{u' \subset Y;\ f^{-1}(u') \in \tau\}$ となるとき, 全射 f を商写像とよぶ.

proof) $\tau' = \tau_f$ を示すには閉集合に関する関係 $\mathfrak{F}' = \mathfrak{F}_f = \{K' \subset Y;\ f^{-1}(K') \in \mathfrak{F}\}$ を示せば十分である. 仮定から $K \in \mathfrak{F}$ に対して $f(K) \in \mathfrak{F}'$ が直ちにえられる ([3.1.1], iii) および [3.1.9] 参照). すなわち, まず f は閉写像であることがわかる. さらに f は全射だから, $K' \in \mathfrak{F}_f$ に対して, $K' = f(f^{-1}(K')) \in \mathfrak{F}'$ が成り立つ. すなわち $\mathfrak{F}_f \subset \mathfrak{F}'$ である. 一方, f が連続であるという仮定から $\mathfrak{F}' \subset \mathfrak{F}_f$ は明らかだから $\mathfrak{F}' = \mathfrak{F}_f$ がえられる. ∎

[6.1.4] 全射 $f : (X, \tau) \to (Y, \tau')$ が商写像であるとする. すなわち, $\tau' = \tau_f$ であるとする. このとき, $h : Y \to \mathbf{D}_f,\ y \mapsto f^{-1}(y)$ は同相写像である. すな

わち，X の分解空間 $(\mathbf{D}_f, \tau(\mathbf{D}_f))$ は (Y, τ') と同相になる．
proof) 上の写像 h が全単射であることは見やすい．そこでまず h が連続であることをたしかめよう．$^\forall \mathbf{u} \in \tau(\mathbf{D}_f)$ を考える．$h^{-1}(\mathbf{u}) \in \tau'$ を示したい．[6.1.2], i) からただひとつ，Y の部分集合 B が在って，$\mathbf{u} = \{f^{-1}(y) \subset X; y \in B\}$，となっている．$\tau \ni \cup \mathbf{u} = \bigcup_{y \in B} f^{-1}(y) =$ *3) $f^{-1}(B)$，であるから，仮定 $\tau' = \tau_f$ を考えれば，$B \in \tau'$ となる．$h(B) = \{h(y) = f^{-1}(y); y \in B\} = \mathbf{u}$ だから，h が単射であることを考えれば $h^{-1}(\mathbf{u}) = h^{-1}(h(B)) = B$，となって h の連続性がたしかめられた．次に h が同相写像であることを示すために h が開写像となることを示そう ([1.2.3] 参照)．$^\forall u' \in \tau'$ を考えよう．$h(u') = \{h(y) = f^{-1}(y); y \in u'\}$ だから，$\cup h(u') = \cup\{f^{-1}(y); y \in u'\} = \bigcup_{y \in u'} f^{-1}(y) = f^{-1}(u')$．ここで仮定 $\tau' = \tau_f$ に注意すれば $\cup h(u') \in \tau$ をうる．したがって $h(u') \in \tau(\mathbf{D}_f)$ となる．これで h が開写像となることがたしかめられた． ■

例

$X = [0, 1]$, $Y = S^1$（半径 1 の円の円周）とし，X, Y の位相はそれぞれ，R^1, R^2 の部分空間位相とする．この位相によって，X は compact 空間，Y は T_2 空間となる．連続全射 $f: [0, 1] \to Y; x \mapsto (\cos 2\pi x, \sin 2\pi x)$ による，X の分解空間 $\mathbf{D}_f = \{\{0, 1\}, \{x\} \text{ for } x \in (0, 1)\}$ は，S^1 と同相となる．

i) もし写像 f が単射でもあるならば，[6.1.2], ii) から，(X, τ) と $(\mathbf{D}_f, \tau(\mathbf{D}_f))$ とは同相であるから，Y と X とは位相的に異なることが出来ないことに注意しよう．すなわち，(X, τ) を compact 空間，(Y, τ') を T_2 空間とするとき，もし，連続全単射 $f: X \to Y$ が存在すれば，X と Y とは同相である．

ii) [6.1.4] は，以下のようにして，具体的利用に供することが出来る．(X, τ) を compact 空間，(Y, τ') を T_2 空間とし，$f: X \to Y$ を連続とする．このとき f の値域を制限した連続写像 $F: X \to f(X)$, $x \mapsto f(x)$ ([1.1.1], iv) 参照) を考えれば，F は全射であるから $f(X)$ と X の分解空間 $\mathbf{D}_F$ とは同相

---

*3) この等号 = を確認しよう．$^\forall p \in $ 左辺を考える．$^\exists y_0 \in B$ s.t. $p \in f^{-1}(y_0)$. $f(p) = y_0 \in B$ だから，$p \in \{x \in X; f(x) \in B\} = $ 右辺，となる．逆に，$^\forall p \in $ 右辺を考える．$f(p) \in B$ となっているから，$^\exists f(p) \in B$ s.t. $p \in f^{-1}(f(p))$．故に $p \in $ 左辺となる．

となる. すなわち, $(f(X), \tau'_{f(X)}) \simeq (\mathbf{D}_F, \tau(\mathbf{D}_F))$, $\mathbf{D}_F = \{F^{-1}(z); z \in f(X)\}$, $\tau(\mathbf{D}_F) = \{\mathbf{u} \subset \mathbf{D}_F; \cup \mathbf{u} \in \tau\}$.

6.2 usc 分 解

[6.2.1] usc 分解 (usc[*4] decomposition)

$\mathbf{D}$ を位相空間 (X, τ) のひとつの分割とする. $\mathbf{D}$ の任意の元 D と, D を含むところの X の任意の開集合 U に対して, D を含むところの X の開集合 V が在って, $V \cap E \neq \phi$ なるどんな $E \in \mathbf{D}$ に対しても $E \subset U$, と出来るとき, $\mathbf{D}$ を usc 分解という[*5].

■例

(X, τ) を完全な 0 次元 T_0 空間とする. このとき, $\forall n \geq 2$, $\exists X_1, \ldots, X_n \in (\tau \cap \mathfrak{F}) - \{\phi\}$ s.t. $X_i \cap X_{i'} = \phi$, $i \neq i'$, $\bigcup_{i \in \overline{n}} X_i = X$, と出来るのであった ([4.2.1] 参照). ここで $\mathbf{D} = \{X_1, \ldots, X_n\}$ はひとつの usc 分解である.
proof) $\mathbf{D}$ の任意の元 X_{i_0} と, $X_{i_0} \subset U$ なる X の任意の開集合 U とを考える. $X_{i_0} \in \tau$ だから, V として X_{i_0} 自身をとれば, $V \cap X_i \neq \phi$ となる X_i は X_{i_0} 自身だけだから, すなわち上の定義における E は X_{i_0} だけだから, 証明が終る. ■

[6.2.2] $\mathbf{D}$–saturated 集合

$\mathbf{D}$ を位相空間 (X, τ) のひとつの分割とする. X の部分集合 A が $\mathbf{D}$ のいくつかの元の和として表現されるとき, A は $\mathbf{D}$–saturated であるという. X の部分集合 A がなんらかの $\mathbf{u} \subset \mathbf{D}$ によって, $\pi^{-1}(\mathbf{u}) = A$ として与えられているならば, [6.1.1] で述べた関係 $\pi^{-1}(\mathbf{u}) = \cup \mathbf{u}$ から A は $\mathbf{D}$–saturated であることがわかる.

■例

全射 $f: X \to Y$ による, X のひとつの分解 $\mathbf{D}_f = \{f^{-1}(y) \subset X; y \in Y\}$ を

[*4] upper semi continuous の頭文字.
[*5] このとき, $V \subset U$ は明らかである. 実際, もし $\exists p \in V$ s.t. $p \notin U$, であるとすると $\exists^1 E \in \mathbf{D}$ s.t. $p \in E$, となるが, $E \not\subset U$ となってしまう.

朝倉書店〈数学関連書〉ご案内

コンピュータ代数ハンドブック

山本 慎・三好重明・原 正雄・谷 聖一・衛藤和文訳
A5判 1040頁 定価31500円（本体30000円）（11106-4）

多項式演算，行列算，不定積分などの代数的計算をコンピュータで数式処理する際のアルゴリズムとその数学的基礎を，実用性を重視して具体的に解説。"Modern Computer Algebra(2nd.ed.)"(Cambridge Univ. Press, 2003)の翻訳。〔内容〕ユークリッドのアルゴリズム／モジュラアルゴリズムと補間／終結式と最小公倍数の計算／高速乗算／ニュートン反復法／フーリエ変換と画像圧縮／有限体上の多項式の因数分解／基底の簡約の応用／素数判定／グレブナ基底／記号的積分／他

現代物理数学ハンドブック

新井朝雄著
A5判 736頁 定価18900円（本体18000円）（13093-5）

辞書的に引いて役立つだけでなく，読み通しても面白いハンドブック。全21章が有機的連関を保ち，数理物理学の具体例を豊富に取り上げたモダンな書物。〔内容〕集合と代数的構造／行列論／複素解析／ベクトル空間／テンソル代数／計量ベクトル空間／ベクトル解析／距離空間／測度と積分／群と環／ヒルベルト空間／バナッハ空間／線形作用素の理論／位相空間／多様体／群の表現／リー群とリー代数／ファイバー束／超関数／確率論と汎関数積分／物理理論の数学的枠組みと基礎原理

現代数学の源流（上） ―複素関数論と複素整数論―

佐武一郎著
A5判 232頁 定価4830円（本体4600円）（11117-0）

現代数学に多大な影響を与えた19世紀後半～20世紀前半の数学の歴史を，複素数を手がかりに概観。〔内容〕複素数前史／複素関数論／解析的整数論：ガンマ関数とゼータ関数／代数的整数論への道／付記：ベルヌーイ多項式，ディリクレ指標／他

数学の流れ30講（上） ―16世紀まで―

志賀浩二著
A5判 208頁 定価3045円（本体2900円）（11746-2）

数学とはいったいどんな学問なのか，それはどのようにして育ってきたのか，その時代背景を考察しながら珠玉の文章で読者と共に旅する。〔内容〕水源は不明でも／エジプトの数学／アラビアの目覚め／中世イタリア都市の反映／大航海時代／他

数学へのいざない（上）

D.C.ベンソン著　柳井 浩訳
A5判 176頁 定価3360円（本体3200円）（11111-8）

魅力ある12の話題を紹介しながら数学の発展してきた道筋をたどり，読者を数学の本流へと導く楽しい数学書。上巻では数と幾何学の話題を紹介。〔内容〕古代の分数／ギリシャ人の贈り物／比と音楽／円環面国／象が計算してくれる

数学へのいざない（下）

D.C.ベンソン著　柳井 浩訳
A5判 212頁 定価3675円（本体3500円）（11112-5）

12の話題を紹介しながら読者を数学の本流へと導く楽しい数学書。下巻では代数学と微積分学の話題を紹介。〔内容〕代数の規則／問題の起源／対称性は怖くない／魔法の鏡／巨人の肩の上から／6分間の微積分学／ジェットコースターの科学

集合・位相・測度

志賀浩二著
A5判 256頁 定価5250円（本体5000円）（11110-1）

集合・位相・測度は，数学を学ぶ上でどうしても越えなければならない3つの大きな峠ともいえる。カントルの独創で生まれた集合論から無限概念を取り入れたルベーグ積分論までを，演習問題とその全解答も含めて解説した珠玉の名著

開かれた数学1　リーマンのゼータ関数

松本耕二著
A5判 228頁 定価3990円（本体3800円）（11731-8）

ゼータ関数，L関数の「原型」に肉迫。〔内容〕オイラーとリーマン／関数等式と整数点での値／素数定理／非零領域／明示公式と零点の個数／値分布／オーダー評価／近似関数等式／平均値定理／二乗平均値と約数問題／零点密度／臨界線上の零点

現代基礎数学
新井仁之・小島定吉・清水勇二・渡辺 治編集

7. 微積分の基礎
浦川 肇著
A5判 228頁 定価3465円（本体3300円）(11757-8)

1変数の微積分，多変数の微積分の基礎を平易に解説。計算力を養い，かつ実際に使えるよう配慮された理工系の大学・短大・専門学校の学生向け教科書。〔内容〕実数と連続関数／1変数関数の微分／1変数関数の積分／偏微分／重積分／級数

12. 位相空間とその応用
北田韶彦著
A5判 168頁 定価2940円（本体2800円）(11762-2)

物理学や各種工学を専攻する人のための現代位相空間論の入門書。連続体理論をフラクタル構造などと離散力学系との関係のもとで新しい結果を用いながら詳しく解説。〔内容〕usc写像／分解空間／弱い自己相似集合（デンドライトの系列）／他

13. 確率と統計
藤澤洋徳著
A5判 224頁 定価3465円（本体3300円）(11763-9)

具体例を動機として確率と統計を少しずつ創っていくという感覚で記述。〔内容〕確率と確率空間／確率変数と確率分布／確率変数の変数変換／大数の法則と中心極限定理／標本と統計的推測／点推定／区間推定／検定／線形回帰モデル／他

シリーズ〈科学のことばとしての数学〉
「ユーザーの立場」から書いた数学のテキスト

経営工学の数理 I
宮川雅巳・水野眞治・矢島安敏著
A5判 224頁 定価3360円（本体3200円）(11631-1)

経営工学に必要な数理を，高校数学のみを前提とし一からたたき込む工学の立場からのテキスト。〔内容〕命題と論理／集合／写像／選択公理／同値と順序／濃度／距離と位相／点列と連続関数／代数の基礎／凸集合と凸関数／多変数解析／積分他

経営工学の数理 II
宮川雅巳・水野眞治・矢島安敏著
A5判 192頁 定価3150円（本体3000円）(11632-8)

経営工学のための数学のテキスト。II巻では線形代数を中心に微分方程式・フーリエ級数まで扱う〔内容〕ベクトルと行列／行列の基本変形／線形方程式／行列式／内積と直交性／部分空間／固有値と固有ベクトル／微分方程式／ラプラス変換他

統計学のための数学入門30講
永田 靖著
A5判 224頁 定価3045円（本体2900円）(11633-5)

統計のための「使える」数学のテキスト。必要なエッセンスをまとめ，実際の場面での使い方を解説。〔内容〕微積分（基礎事項アラカルト／極値／広義積分他）／線形代数（ランク／固有値他）／多変数の微積分／問題解答／「統計学ではこう使う」／他

機械工学のための数学 I ─基礎数学─
東京工業大学機械科学科編 杉本浩一他著
A5判 224頁 定価3570円（本体3400円）(11634-2)

大学学部の機械系学科の学生が限られた数学の時間で習得せねばならない数学の基礎を機械系の例題を交えて解説。〔内容〕線形代数／ベクトル解析／常微分方程式／複素関数／フーリエ解析／ラプラス変換／偏微分方程式／例題と解答

機械工学のための数学 II ─基礎数値解析法─
東京工業大学機械科学科編 大熊政明他著
A5判 160頁 定価3045円（本体2900円）(11635-9)

機械系の分野では I 巻の基礎数学と同時に，コンピュータで効率よく求める数値解析法の理解も必要であり，本書はその中から基本的な手法を解説〔内容〕線形代数／非線形方程式／数値積分／常微分方程式の初期値問題／関数補間法／最適化法

数学30講シリーズ〈全10巻〉
著者自らの言葉と表現で語りかける大好評シリーズ

1. 微分・積分30講
志賀浩二著
A5判 208頁 定価3570円（本体3400円）(11476-8)

〔内容〕数直線／関数とグラフ／有理関数と簡単な無理関数の微分／三角関数／指数関数／対数関数／合成関数の微分と逆関数の微分／不定積分／定積分／円の面積と球の体積／極限について／平均値の定理／テイラー展開／ウォリスの公式／他

2. 線形代数30講
志賀浩二著
A5判 216頁 定価3570円（本体3400円）(11477-5)

〔内容〕ツル・カメ算と連立方程式／方程式，関数，写像／2次元の数ベクトル空間／線形写像と行列／ベクトル空間／基底と次元／正則行列と基底変換／正則行列と基本行列／行列式の性質／基底変換から固有値問題へ／固有値と固有ベクトル／他

3. 集合への30講
志賀浩二著
A5判 196頁 定価3570円（本体3400円）(11478-2)

〔内容〕身近なところにある集合／集合に関する基本概念／可算集合／実数の濃度／写像／濃度／連続体の濃度をもつ集合／順序集合／整列集合／順序数／比較可能定理，整列可能定理／選択公理のヴァリエーション／連続体仮設／カントル／他

4. 位相への30講
志賀浩二著
A5判 228頁 定価3570円（本体3400円）(11479-9)

〔内容〕遠さ，近さと数直線／集積点／連続性／距離空間／点列の収束，開集合，閉集合／近傍と閉包／連続写像／同相写像／連結空間／ベールの性質／完備化／位相空間／コンパクト空間／分離公理／ウリゾーン定理／位相空間から距離空間／他

5. 解析入門30講
志賀浩二著
A5判 260頁 定価3570円（本体3400円）(11480-5)

〔内容〕数直線の生い立ち／実数の連続性／関数の極限値／微分と導関数／テイラー展開／ベキ級数／不定積分から微分方程式へ／線形微分方程式／面積／定積分／指数関数再考／2変数関数の微分可能性／逆写像定理／2変数関数の積分／他

6. 複素数30講
志賀浩二著
A5判 232頁 定価3570円（本体3400円）(11481-2)

〔内容〕負数と虚数の誕生まで／向きを変えることと回転／複素数の定義／複素数と図形／リーマン球面／複素関数の微分／正則関数と等角性／ベキ級数と正則関数／複素積分と正則性／コーシーの積分定理／一致の定理／孤立特異点／留数／他

7. ベクトル解析30講
志賀浩二著
A5判 244頁 定価3570円（本体3400円）(11482-9)

〔内容〕ベクトルとは／ベクトル空間／双対ベクトル空間／双線形関数／テンソル代数／外積代数の構造／計量をもつベクトル空間／基底の変換／グリーンの公式と微分形式／外微分の不変性／ガウスの定理／ストークスの定理／リーマン計量／他

8. 群論への30講
志賀浩二著
A5判 244頁 定価3570円（本体3400円）(11483-6)

〔内容〕シンメトリーと群／群の定義／群に関する基本的な概念／対称群と交代群／正多面体群／部分群による類別／巡回群／整数と群／群と変換／軌道／正規部分群／アーベル群／自由群／有限的に表示される群／位相群／不変測度／群環／他

9. ルベーグ積分30講
志賀浩二著
A5判 256頁 定価3570円（本体3400円）(11484-3)

〔内容〕広がっていく極限／数直線上の長さ／ふつうの面積概念／ルベーグ測度／可測集合／カラテオドリの構想／測度空間／リーマン積分／ルベーグ積分／可測関数の積分／可積分関数の作る空間／ヴィタリの被覆定理／フビニ定理／他

10. 固有値問題30講
志賀浩二著
A5判 260頁 定価3570円（本体3400円）(11485-0)

〔内容〕平面上の線形写像／隠されているベクトルを求めて／線形写像と行列／固有空間／正規直交基底／エルミート作用素／積分方程式／フレードホルムの理論／ヒルベルト空間／閉部分空間／完全連続な作用素／スペクトル／非有界作用素／他

講座 数学の考え方
飯高 茂・川又雄二郎・森田茂之・谷島賢二 編集

21. 数理統計学
吉田朋広著
A5判 296頁 定価5040円(本体4800円)(11601-4)

数理統計学の基礎がどのように整理され，また現代統計学の発展につながるかを解説。題材の多くは初等統計学に現れるもので種々の推測法の根拠を解明。〔内容〕確率分布／線形推測論／統計的決定理論／大標本理論／漸近展開とその応用

2. 微分積分
桑田孝泰著
A5判 208頁 定価3570円(本体3400円)(11582-6)

3. 線形代数 基礎と応用
飯高 茂著
A5判 256頁 定価3570円(本体3400円)(11583-3)

5. ベクトル解析と幾何学
坪井 俊著
A5判 240頁 定価4095円(本体3900円)(11585-7)

7. 常微分方程式論
柳田英二・栄伸一郎著
A5判 224頁 定価3780円(本体3600円)(11587-1)

8. 集合と位相空間
森田茂之著
A5判 232頁 定価3990円(本体3800円)(11588-8)

9. 複素関数論
加藤昌英著
A5判 232頁 定価3990円(本体3800円)(11589-5)

11. 射影空間の幾何学
川又雄二郎著
A5判 224頁 定価3780円(本体3600円)(11591-8)

12. 環と体
渡辺敬一著
A5判 192頁 定価3780円(本体3600円)(11592-5)

13. ルベーグ積分と関数解析
谷島賢二著
A5判 276頁 定価4725円(本体4500円)(11593-2)

14. 曲面と多様体
川﨑徹郎著
A5判 256頁 定価4410円(本体4200円)(11594-9)

15. 代数的トポロジー
枡田幹也著
A5判 256頁 定価4410円(本体4200円)(11595-6)

16. 初等整数論
木田祐司著
A5判 232頁 定価3780円(本体3600円)(11596-3)

17. フーリエ解析学
新井仁之著
A5判 276頁 定価4830円(本体4600円)(11597-0)

18. 代数曲線論
小木曽啓示著
A5判 256頁 定価4410円(本体4200円)(11598-7)

20. 確率論
舟木直久著
A5判 276頁 定価4725円(本体4500円)(11600-7)

22. 3次元の幾何学
小島定吉著
A5判 200頁 定価3780円(本体3600円)(11602-1)

23. 数学と論理
難波完爾著
A5判 280頁 定価5040円(本体4800円)(11603-8)

24. 数学の歴史 ―和算と西欧数学の発展―
小川 束・平野葉一著
A5判 288頁 定価5040円(本体4800円)(11604-5)

シリーズ〈理工系の数学教室〉〈全5巻〉
理工学で必要な数学基礎を応用を交えながらやさしくていねいに解説

1. 常微分方程式
河村哲也著
A5判 180頁 定価2940円(本体2800円)(11621-2)

物理現象や工学現象を記述する微分方程式の解法を身につけるための入門書。例題、問題を豊富に用いながら、解き方を実践的に学べるよう構成。〔内容〕微分方程式／2階微分方程式／高階微分方程式／連立微分方程式／記号法／級数解法／付録

2. 複素関数とその応用
河村哲也著
A5判 176頁 定価2940円(本体2800円)(11622-9)

流体力学、電磁気学など幅広い応用をもつ複素関数論について、例題を駆使しながら使いこなすことを第一の目的とした入門書。〔内容〕複素数／正則関数／初等関数／複素積分／テイラー展開とローラン展開／留数／リーマン面と解析接続／応用

3. フーリエ解析と偏微分方程式
河村哲也著
A5判 176頁 定価3150円(本体3000円)(11623-6)

実用上必要となる初期条件や境界条件を満たす解を求める方法を明示。〔内容〕ラプラス変換／フーリエ級数／フーリエの積分定理／直交関数とフーリエ展開／偏微分方程式／変数分離法による解法／円形領域におけるラプラス方程式／種々の解

4. 微積分とベクトル解析
河村哲也著
A5判 176頁 定価2940円(本体2800円)(11624-3)

例題・演習問題を豊富に用い実践的に詳解した初心者向けテキスト。〔内容〕関数と極限／1変数の微分法／1変数の積分法／無限級数と関数の展開／多変数の微分法／多変数の積分法／ベクトルの微積分／スカラー場とベクトル場／直交曲線座標

5. 線形代数と数値解析
河村哲也著
A5判 212頁 定価3150円(本体3000円)(11625-0)

実用上重要な数値解析の基礎から応用までを丁寧に解説。〔内容〕スカラーとベクトル／連立1次方程式と行列／行列式／線形変換と行列／固有値と固有ベクトル／連立1次方程式／非線形方程式の求根／補間法と最小二乗法／数値積分／微分方程式

情報数学の世界〈全3巻〉
身近な話題をとりあげ、楽しみながら数学嫌いを解消

1. パターンの発見 —離散数学—
有澤　誠著
A5判 132頁 定価2835円(本体2700円)(12761-4)

種々の現象の中からパターンを発見する過程を重視し、数式にモデル化したものの操作よりも、パターンの発見に数学の面白さを見いだす。抽象的な記号や数式の使用は最小限にとどめ、興味深い話題を満載して数学アレルギーの解消を目指す

2. パラドックスの不思議 —論理と集合—
有澤　誠著
A5判 128頁 定価2625円(本体2500円)(12762-1)

身近な興味深い例を多数取り上げて集合と論理をわかりやすく解説し、さまざまなパラドックスの世界へ読者を導く。〔内容〕集合／無限集合／推論と証明／論理と推論／世論調査および選挙のパラドックス／集合と確率のパラドックス／他

3. コンピュータの思考法 —計算モデル—
有澤　誠著
A5判 160頁 定価2730円(本体2600円)(12763-8)

コンピュータの「計算モデル」に関する興味深いテーマを、パズル的な発想を重視して選び、数式の使用は最小限にとどめわかりやすく解説。〔内容〕テューリング機械／セルオートマトンとライフゲイム／生成文法／再帰関数の話題／NP完全／他

すうがくの風景
奥深いテーマを第一線の研究者が平易に開示

1. 群上の調和解析
河添 健著
A5判 200頁 定価3465円（本体3300円）（11551-2）

群の表現論とそれを用いたフーリエ変換とウェーブレット変換の，平易で愉快な入門書。元気な高校生なら十分チャレンジできる！〔内容〕調和解析の歩み／位相群の表現論／群上の調和解析／具体的な例／2乗可積分表現とウェーブレット変換

2. トーリック多様体入門
石田正典著
A5判 164頁 定価3360円（本体3200円）（11552-9）

本書は，この分野の第一人者が，代数幾何学の予備知識を仮定せずにトーリック多様体の基礎的内容を，何のあいまいさも含めず，丁寧に解説した貴重な書。〔内容〕錐体と双対錐体／扇の代数幾何／2次元の扇／代数的トーラス／扇の多様化

3. 結び目と量子群
村上 順著
A5判 200頁 定価3465円（本体3300円）（11553-6）

結び目の量子不変量とその背後にある量子群についての入門書。量子不変量がどのように結び目を分類するか，そして量子群のもつ豊かな構造を平明に説く。〔内容〕結び目とその不変量／組紐群と結び目／リー環とリー環／量子群（量子展開環）

4. パンルヴェ方程式
野海正俊著
A5判 216頁 定価3570円（本体3400円）（11554-3）

1970年代に復活し，大きく進展しているパンルヴェ方程式の具体的・魅惑的紹介。〔内容〕ベックルント変換とは／対称形式／τ函数／格子上のτ函数／ヤコビ-トゥルーディ公式／行列式に強くなろう／ガウス分解と双有理変換／ラックス形式

5. D加群と計算数学
大阿久俊則著
A5判 208頁 定価3150円（本体3000円）（11555-0）

線形常微分方程式の発展としてのD加群理論の初歩を計算数学の立場から平易に解説。〔内容〕微分方程式を線形代数で考える／環と加群の言葉では？／微分作用素環とグレブナー基底／多項式の巾とb関数／D加群の制限と積分／数式処理システム

6. 特異点とルート系
松澤淳一著
A5判 224頁 定価3885円（本体3700円）（11556-7）

クライン特異点の解説から，正多面体の幾何，正多面体群の群構造，特異点解消及び特異点の変形とルート系，リー群・リー環の魅力的世界を活写。〔内容〕正多面体／クライン特異点／ルート系／単純リー環とクライン特異点／マッカイ対応

7. 超幾何関数
原岡喜重著
A5判 208頁 定価3465円（本体3300円）（11557-4）

本書前半ではテイラー展開から大域挙動をつかまえる話をし，後半では三つの顔を手がかりにして最終，微分方程式からの統一理論に進む物語。〔内容〕雛形／超幾何関数の三つの顔／超幾何関数の仲間を求めて／積分表示／級数展開／微分方程式

8. グレブナー基底
日比孝之著
A5判 200頁 定価3465円（本体3300円）（11558-1）

組合せ論あるいは可換代数におけるグレブナー基底の理論的な有効性を簡潔に紹介。〔内容〕準備（可換環他）／多項式環／グレブナー基底／トーリック環／正規配置と単模被覆／正則三角形分割／単模性と圧搾性／コスル代数とグレブナー基底

〔続刊〕　9. 組合せ論と表現論　　　10. 多面体の調和関数

ISBNは978-4-254-を省略　　　　　　　　　　　　　　　　　（表示価格は2007年3月現在）

朝倉書店
〒162-8707 東京都新宿区新小川町6-29
電話 直通(03)3260-7631　FAX(03)3260-0180
http://www.asakura.co.jp　eigyo@asakura.co.jp

考える．Y の ϕ でない部分集合を B とするとき，$f^{-1}(B) = \bigcup_{y \in B} f^{-1}(y)$ だから $f^{-1}(B)$ は X の $\mathbf{D}_f$–saturated 集合である．

[6.2.3] $\mathbf{D}$ を位相空間 (X, τ) のひとつの分割とする．このとき以下の i), ii), iii) は同等である．
   i) $\mathbf{D}$ は usc 分解．
   ii) $\pi : X \to \mathbf{D}$, $x \mapsto D$ ($^{\exists 1} D \in \mathbf{D}$ s.t. $x \in D$) は閉写像．
   iii) $\mathbf{D}$ の任意の元 D と，$D \subset U$ なる X の任意の開集合 U に対して，$D \subset V \subset U$ なる X の開集合 V で $\mathbf{D}$–saturated なものが存在する．

proof) i)→ii) π が閉写像であることを示すには，$K \in \mathfrak{F}$ に対して $\cup\pi(K) = \cup\{\pi(x) \in \mathbf{D}; x \in K\} \in \mathfrak{F}$ となることを示せばよい．もし $\cup\pi(K) = X$ ならば $X \in \mathfrak{F}$ だから，それで終る．そこで $^\exists p \in (\cup\pi(K))^c$ としよう．$K \subset \cup\pi(K)$ は明らかだから，$p \in K^c$ でなければならない．今もし，$^\exists q \in \pi(p) \cap K$ となっているならば $\pi(q) \subset \cup\pi(K)$, $\pi(q) = \pi(p)$ であるから，$p \in \cup\pi(K)$ となって上と矛盾することになるから，$\pi(p) \cap K = \phi$, すなわち $\pi(p) \subset K^c \in \tau$ でなければならない．そこで，分割 $\mathbf{D}$ が usc 分解であるという仮定から，$^\exists V_p \in \tau$ s.t. $\pi(p) \subset V_p \subset K^c$, と出来て $V_p \cap (\cup\pi(K)) = \phi$ となる．実際，もし，$^\exists k \in K$ s.t. $V_p \cap \pi(k) \neq \phi$, となるものとすると，$\pi(k) \subset K^c$ という矛盾した結果に導かれることになる．故に $V_p \cap (\cup\pi(K)) = \phi$, すなわち，$V_p \subset (\cup\pi(K))^c$ であるから，$(\cup\pi(K))^c = \bigcup_{p \in (\cup\pi(K))^c} V_p \in \tau$, がえられる．

ii)→iii) 今，$D \in \mathbf{D}$ と，$D \subset U$ なる X の開集合 U を考えよう．ここで $\alpha = \{\check{D} \in \mathbf{D}; \check{D} \cap U^c = \phi\}$ として $\mathbf{D}$ の部分集合 α を定めよう．まず，α に属する $\check{D}$ 全部の和 $\cup\alpha$ は D を含むところの $\mathbf{D}$–saturated 集合である．ii) の仮定から $(\cup\pi(U^c)) \in \mathfrak{F}$ となっているのだから，$\cup\alpha = (\cup\pi(U^c))^c$ なる関係が示されれば $\cup\alpha$ を V とみればよいことになる．実際，α の各元 $\check{D}$ は $\check{D} \subset U$ をみたしているから，$\cup\alpha \subset U$ となるからである．そこで上の関係を示そう．$^\forall x \in \cup\alpha$ を考える．$^\exists \check{D}_x \in \mathbf{D}$ s.t. $x \in \check{D}_x \subset U$, となっている．今，もし $\check{D}_x \cap (\cup\pi(U^c)) \neq \phi$ とすると，$^\exists y \in U^c$ s.t. $\check{D}_x = \pi(y)$, となって，$\check{D}_x \cap U^c = \phi$ に反することになる．したがって，$x \in \check{D}_x \subset (\cup\pi(U^c))^c$ をうる．逆に $x \in (\cup\pi(U^c))^c$ なる点 x を考えよう．$x \notin \pi(y)$ for any $y \in U^c$ となっている．故に $x \in D$ なるただひとつの $D \in \mathbf{D}$ に対して $D \cap U^c = \phi$ となる．これは $D \in \alpha$ を意味するから

$x \in \cup \alpha$ となる.

iii)→i) iii) の V に対して, $E \cap V \neq \phi$ なる $E \in \mathbf{D}$ を考えよう. V は $\mathbf{D}$-saturated であるという仮定から, $\cup \mathbf{u} = V$ となるような $\mathbf{D}$ の部分集合 $\mathbf{u}$ が存在する. すなわち, $^\exists \check{D} \in \mathbf{u}$ s.t. $\check{D} \cap E \neq \phi$, となる. $\mathbf{D}$ の定義から, $E = \check{D}$ でなければならない. したがって $E \subset V \subset U$ をうるから $\mathbf{D}$ は usc 分解である. ∎

第7章
弱い自己相似集合

CHAPTER 7

　本章では fractal 幾何学の中心テーマのひとつである自己相似集合について解説する．まず Hausdorff 距離について説明し，次に Hausdorff 距離をもつ距離空間からそれ自身への写像の不動点として，弱い自己相似集合を定めよう．

7.1　Hausdorff 距離と Vietoris 位相

[7.1.1]　距離空間 (X, τ_d) 内の ϕ でない compact 集合 A, B を考える．$\mu > 0$ に対して $N_\mu(A) = \bigcup_{a \in A} S_d(a, \mu)$ として集合 A の μ–近傍[*1)] $N_\mu(A)$ を定める．

$$N_\mu(A) = \{x \in X; \; {}^\exists a \in A \text{ s.t. } d(a, x) < \mu\}$$

と表現してもよい．今，任意の ϕ でない X の compact 集合 A, B に対して常に $B \subset N_\mu(A)$ なる $\mu > 0$ を定めることが出来るかどうかについて考えよう．点 $a_0 \in A$ をひとつ固定しよう．ここで $f : B \to R^1$, $b \mapsto d(a_0, b)$ として非負値写像 f を定めれば，$b, b' \in B$ に対して

$$d(a_0, b) + d(b, b') \geq d(a_0, b')$$

および

$$d(a_0, b') + d(b', b) \geq d(a_0, b)$$

なる関係から，評価

$$|d(a_0, b) - d(a_0, b')| \leq d(b, b')$$

がえられる．したがって，$|f(b) - f(b')| \leq d(b, b')$, となって f は B 上の（一

[*1)]　集合 A の近傍 (neighbourhood) とは，A を含む開集合を含む集合のこと．

様) 連続写像となる．ここで B は compact 集合であったから，f の最大値が存在する ([3.1.10] 参照)．すなわち，$^\exists \check{b} \in B$ s.t. $f(b) \leq f(\check{b})$ なる関係が各 $b \in B$ に対して成り立つ．そこで $f(\check{b}) < \mu$ なる μ をひとつとれば，$B \subset S_d(a_0, \mu)$ がえられる．したがって $B \subset \bigcup_{a \in A} S_d(a, \mu)$ となる．すなわち，$B \subset N_\mu(A)$ である．

[7.1.2] $\alpha = \inf\{\mu > 0;\ N_\mu(A) \supset B\}$ に対して，$N_\alpha(A) \supset B$ は成り立たない．

proof) 十分大きい正数 $\delta > 0$ に対して $\alpha - 1/(\delta+1) > 0$，と出来る．$\alpha$ は下限だから，$^\exists b_1 \in B$ s.t. $b_1 \notin N_{\alpha-1/(\delta+1)}(A)$，すなわち $^\forall a \in A,\ d(a, b_1) \geq \alpha - 1/(\delta+1)$，である．すなわち，$^\exists b_n \in B$ s.t. $^\forall a \in A,\ d(a, b_n) \geq \alpha - 1/(\delta+n),\ n \geq 1$ となっている．$\{b_n\}$ は compact 集合 B 内の点列だから，B 内のある点 b に収束する部分列 $\{b_{n_j}\}$ をもつ．任意に与えられた $\varepsilon > 0$ に対して，十分大きく j をとれば

$$d(a, b) + d(b_{n_j}, b) \geq d(a, b_{n_j}) \geq \alpha - \frac{1}{\delta + n_j}$$

において，$d(a, b) + \varepsilon/2 + \varepsilon/2 > \alpha$，と出来る．$\varepsilon > 0$ は任意だから，$^\forall a \in A$ に対して $d(a, b) \geq \alpha$ となって $b \notin N_\alpha(A)$ がえられる．したがって，$B \subset N_\alpha(A)$ は成り立たない．■

[7.1.3] Hausdorff 距離 d_H (付録 A.3 節「集合列の収束」を参照のこと)

A, B をそれぞれ距離空間 (X, τ_d) の，ϕ でない compact 集合とする．それらの間に

$$d_H(A, B) = \inf\{\mu > 0;\ N_\mu(A) \supset B,\ N_\mu(B) \supset A\}$$

として距離を定める (図 9)．上の [7.1.2] から $N_{d_H(A,B)}(A) \supset B,\ N_{d_H(A,B)}(B) \supset A$ の 2 つの関係のうち，少なくともひとつは成り立たないことがわかる．すなわち，$N_\mu(A) \supset B$ かつ $N_\mu(B) \supset A$ となっているものとすると，$\mu > d_H(A, B)$ でなければならない．また逆に，$^\forall \delta > 0$ に対して，$N_{d_H(A,B)+\delta}(A) \supset B$ かつ $N_{d_H(A,B)+\delta}(B) \supset A$ なる関係は明らかである．

さて，(X, τ_d) の ϕ でない compact 集合の全体を $C(X)$ と書くとき，d_H は $C(X)$ 上の距離となることをたしかめよう．

7.1 Hausdorff 距離と Vietoris 位相

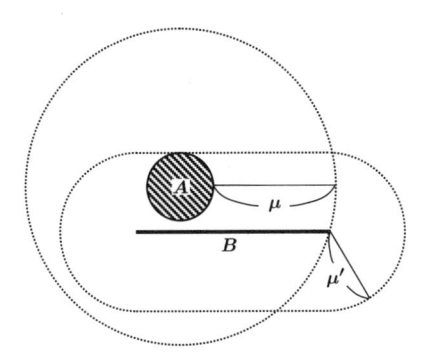

$$d_H(A, B) = \max\{\mu, \mu'\} = \mu$$

図 9 Hausdorff 距離 d_H

d_H は $C(X)$ 上の距離である[*2]. すなわち,

i) $d_H(A, B) \geq 0$, $d_H(A, B) = 0 \Leftrightarrow A = B$,

ii) $d_H(A, B) = d_H(B, A)$,

iii) $d_H(A, C) \leq d_H(A, B) + d_H(B, C)$ (三角不等式).

proof) i) $d_H(A, B) \geq 0$ は定義から明らかである. そこで, $A = B \Rightarrow d_H(A, B) = 0$ を示そう. $B \subset A$ だから, 任意の $\delta > 0$ に対して, $B \subset N_\delta(A)$. 同様に $A \subset B$ だから $A \subset N_\delta(B)$. $\delta > 0$ は任意だから, その下限は 0 である. すなわち, $d_H(A, B) = 0$. 逆に $d_H(A, B) = 0$ として $A = B$ を示そう. 定義から任意の n に対して $N_{\frac{1}{n}}(A) \supset B$ となっている. $b \in B$ に対して $\exists a_n \in A$ s.t. $a_n \in S(b, 1/n)$, となっている. こうして出来る A 内の点列 $\{a_n\}$ は b に収束するが, A は閉集合であるから $b \in A$ となって $B \subset A$ がたしかめられた. まったく同様に $N_{\frac{1}{n}}(B) \supset A$ を考えることにより, $A \subset B$ がたしかめられる.

ii) 自明である.

iii) 任意の $\delta > 0$ と任意の $a \in A$ に対して $\exists b \in B$ s.t. $d(a, b) < d_H(A, B) + \delta$, と出来る. この点 b に対して, $\exists c \in C$ s.t. $d(b, c) < d_H(B, C) + \delta$, と出来る. したがって $d(a, c) \leq d(a, b) + d(b, c) < d_H(A, B) + d_H(B, C) + 2\delta$, となっている. これは $A \subset N_{d_H(A,B)+d_H(B,C)+2\delta}(C)$ を意味する. まったく同様にして,

---

[*2] よく知られているように $\inf_{a \in A, b \in B} d(a, b)$ なるものは, 距離ではない.

A と C とを入れかえた関係 $C \subset N_{d_H(A,B)+d_H(B,C)+2\delta}(A)$ が成り立つから, $d_H(A,C) < d_H(A,B)+d_H(B,C)+2\delta$ がえられる. $\delta > 0$ は任意だから証明が終る. ∎

[7.1.4] Vietoris 位相 (Vietoris topology)
i) 位相空間 (X,τ) の閉集合を用いて, 以下の形の閉集合族を考えよう.

$$\langle u_1,\ldots,u_n\rangle = \{A \in \Im-\{\phi\}; \bigcup_{i\in\overline{n}} u_i \supset A,\ A\cap u_i \neq \phi,\ i\in\overline{n}\}$$

ここで各 u_i が X の開集合である場合に, このような形の閉集合の集まりは $\Im-\{\phi\}$ 上の位相にとって重要な意味をもつ.

$$\beta_V = \{\langle u_1,\ldots,u_n\rangle;\ u_i \in \tau,\ n=1,\ 2,\ldots\}$$

なる $\langle u_1,\ldots,u_n\rangle$ の形の集合族を考えれば, それは, $\Im-\{\phi\}$ 上のある位相の開基となるための条件 ([0.2.2] 参照) をみたしている. すなわち, a) $\phi \in \beta_V$, b) $\cup\beta_V = \Im-\{\phi\}$, c) $U,V \in \beta_V \Rightarrow {}^\exists \beta'_V \subset \beta_V$ s.t. $U\cap V = \cup\beta'_V$, の3つの条件をみたしている. 実際, a) $u_1 = \phi \in \tau$ としよう. $\langle\phi\rangle = \{A \in \Im-\{\phi\};\ A \subset \phi\} = \phi$, 故に $\phi \in \beta_V$. b) singleton set $\langle X\rangle$ を考える. $\langle X\rangle = \{A \in \Im-\{\phi\};\ A \subset X\} = \Im-\{\phi\}$. c) $U = \langle u_1,\ldots,u_n\rangle$, $V = \langle v_1,\ldots,v_m\rangle$ としよう. $A \in U\cap V$ を考えると, $A \subset u_1\cup\cdots\cup u_n$, $A \subset v_1\cup\cdots\cup v_m$, となっている. したがって $A \subset (u_1\cup\cdots\cup u_n)\cap(v_1\cup\cdots\cup v_m)$. また, $A\cap(u_i\cap(v_1\cup\cdots\cup v_m)) \supset A\cap u_i \neq \phi$, 同様にして, $A\cap(v_j\cap(u_1\cup\cdots\cup u_n)) \supset A\cap v_j \neq \phi$. すなわち, $A \in \langle u_1\cap(v_1\cup\cdots\cup v_m),\ldots,u_n\cap(v_1\cup\cdots\cup v_m),v_1\cap(u_1\cup\cdots\cup u_n),\ldots,v_m\cap(u_1\cup\cdots\cup u_n)\rangle$ となる. 逆に A がこの $\langle\cdots\rangle$ の要素であるとすると, $A\cap u_i \supset A\cap(u_i\cap(v_1\cup\cdots\cup v_m)) \neq \phi$, $A\cap v_j \supset A\cap(v_j\cap(u_1\cup\cdots\cup u_n)) \neq \phi$. さらに $A \subset (u_1\cap(v_1\cup\cdots\cup v_m))\cup\cdots\cup(u_n\cap(v_1\cup\cdots\cup v_m))\cup(v_1\cap(u_1\cup\cdots\cup u_n))\cup\cdots\cup(v_m\cap(u_1\cup\cdots\cup u_n)) = ((u_1\cup\cdots\cup u_n)\cap(v_1\cup\cdots\cup v_m))\cup((v_1\cup\cdots\cup v_m)\cap(u_1\cup\cdots\cup u_n)) = (u_1\cup\cdots\cup u_n)\cap(v_1\cup\cdots\cup v_m)$. 故に $A \in U\cap V$ となるから β'_V を singleton set $\langle u_1\cap(v_1\cup\cdots\cup v_m),\ldots,u_n\cap(v_1\cup\cdots\cup v_m),v_1\cap(u_1\cup\cdots\cup u_n),\ldots,v_m\cap(u_1\cup\cdots\cup u_n)\rangle$ とおけばよい.

β_V をその開基とするところの $\Im-\{\phi\}$ 上の位相を Vietoris 位相 (Vietoris topology) という．ひとつの部分集合族を開基とするところの位相はただひとつであることを注意しよう．

$\langle u_1 \rangle \subset \langle u_1, u_2 \rangle$ とはいえないことに注意（図 10）．

$$A \notin \langle u_1, u_2 \rangle$$

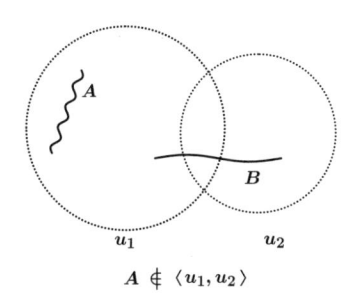

図 10 $\langle u_1 \rangle$ と $\langle u_1, u_2 \rangle$ との関係

ii) (X, τ) が T_1 空間ならば $(\mathfrak{S} - \{\phi\}, \tau_V)$ も T_1 空間となる．ここで τ_V は Vietoris 位相である．
proof) $A, B \in \mathfrak{S} - \{\phi\}$, $A \neq B$ を考える．一般性を失うことなく，$\exists a \in A$ s.t. $a \notin B$，と出来る．T_1 だから $\{a\}^c \in \tau$. $\{a\}^c \supset B$ だから B を含む τ_V–open として $\langle \{a\}^c \rangle$ をとろう．$a \notin \{a\}^c$ だから $A \subset \{a\}^c$ とはならない．故に $A \notin \langle \{a\}^c \rangle \in \tau_V$．一方，$A$ を含む τ_V–open として，$\langle X, B^c \rangle$ を考えよう．$B^c \in \tau$ であって，$A \cap B^c \ni a$ だから $A \cap B^c \neq \phi$. $A \subset X \cup B^c$ も明らか．また，$B \notin \langle X, B^c \rangle$ も明らか．∎

iii) 任意の位相空間 (X, τ) に対して，$(\mathfrak{S} - \{\phi\}, \tau_V)$ は T_0 空間である．
proof) A を含む τ_V–open $\langle X, B^c \rangle$ を考えると，$A \in \langle X, B^c \rangle$ で $B \notin \langle X, B^c \rangle$ となる．∎

[7.1.5] Hausdorff 距離位相 τ_{d_H} の構造

[7.1.4] の β_V が $C(X)$ 上の距離位相 τ_{d_H} の開基となることを示して，τ_{d_H} が Vietoris 位相になることをたしかめよう．まず $\forall U \in \tau_{d_H}$ が $\langle u_1, \ldots, u_n \rangle$ の形の集合の和で与えられることを見よう．$A \in U$ とすると，$\exists \delta > 0$ s.t. $S_{d_H}(A, \delta) \subset U$，となっている．$A$ は compact だから A の有限個の点 $a_1, \ldots, a_n$

を選んで $\{S_d(a_1, \delta/2),\ldots,S_d(a_n, \delta/2)\}$ が A の開被覆となるように出来る. $A \in \langle S_d(a_1, \delta/2),\ldots,S_d(a_n, \delta/2)\rangle$ は明らかである. そこで $\langle S_d(a_1, \delta/2),\ldots,S_d(a_n, \delta/2)\rangle \subset S_{d_H}(A,\delta)$ が示されれば, U の各点 A に A を含み, U に含まれる $\langle u_1,\ldots,u_n\rangle$ の形の集合がそれぞれ対応することになる. 今, 任意の $B \in \langle S_d(a_1, \delta/2),\ldots,S_d(a_n, \delta/2)\rangle$ を考える. $B \subset \bigcup_{i \in \overline{n}} S_d(a_i, \delta/2) \subset \bigcup_{a \in A} S_d(a,\delta)$ となっている. 次に $B \cap S_d(a_i, \delta/2) \ni {}^\exists b_i$ が任意の i に対して成り立つから, $a \in A$ に対して, ${}^\exists a_i \in A$ s.t. $d(a,a_i) < \delta/2$, であったことを思い出せば, $d(a,b_i) \leq d(a,a_i) + d(a_i,b_i) < \delta$, となる. したがって $A \subset \bigcup_{b \in B} S_d(b,\delta)$ が成り立つ. これは $d_H(A,B) < \delta$ を意味する. 次に $\langle u_1,\ldots,u_n\rangle \in \tau_{d_H}$ を示そう. ${}^\forall A \in \langle u_1,\ldots,u_n\rangle$ を考える. A は compact だから, Lebesgue 数 δ が在って, A の各点 a に対して, なんらかの u_i に対して, $S_d(a,\delta) \subset u_i$, とすることが出来る ([3.1.4] 参照). 次に $A \cap u_i \neq \phi$ なのだから $a_i \in A \cap u_i$ として, $S_d(a_i,\delta_i) \subset u_i$ なる $\delta_i > 0$ を考えることが出来る. 今, $\min\{\delta,\delta_1,\ldots,\delta_n\} = \eta$ とおいて, $d_H(A,B) < \eta$ なる $B \in \mathfrak{F} - \{\phi\}$ を考えよう. すなわち, $\bigcup_{a \in A} S_d(a,\eta) \supset B$, $\bigcup_{b \in B} S_d(b,\eta) \supset A$ なる関係にある B を考えよう. この 2 番目の関係から, ${}^\exists b_i \in B$ s.t. $d(a_i,b_i) < \eta$ となる. $S_d(a_i,\eta) \subset u_i$ だから $b_i \in u_i$ となって, 各 u_i と B とは必ず共通部分をもつことがわかる. 次にこの最初の関係から $B \subset \bigcup_{i \in \overline{n}} u_i$ がしたがう. 実際, B の任意の点 b に対して, $a \in A$ が在って, $d(a,b) < \eta \leq \delta$ となるが, $S_d(a,\delta) \subset u_i$ となる u_i が存在するのだから, $b \in u_i$ である. 故に $B \in \langle u_1,\ldots,u_n\rangle$ となる. これは $S_{d_H}(A,\eta) \subset \langle u_1,\ldots,u_n\rangle$ を意味する.

7.2 弱い自己相似集合の存在

[7.2.1] 弱い縮小写像 (weak contraction)[*3)]

距離空間 (X,τ_d) からそれ自身への写像 f が

$$d(f(x),f(y)) \leq \alpha(t)d(x,y),\ d(x,y) < t,\ 0 \leq \alpha(t) < 1$$

をみたすとき, f を弱い縮小写像とよぶ. 実数値関数 $\alpha(t)$ が定数 α の場合が, 通常のよく知られた縮小写像である.

[*3)] 参考書・参考文献 [7]〜[13].

[7.2.2] 距離空間 (X, τ_d) が完備のとき,弱い縮小写像はただひとつの不動点 (fixed point,付録 A.1 節参照) をもつ.すなわち,$f(x) = x$ なる点 x がただひとつ存在する.

proof) $x_{n+1} = f(x_n)$ とおいて出来る X 内の点列 $\{x_n\}$ を考えよう.はじめの点 x_0 は任意に選べばよい.$n \geq 1$ として,

$$d(x_n, x_{n+1}) = d(f(x_{n-1}), f(x_n))$$
$$\leq \alpha(t_n) d(x_{n-1}, x_n) = \alpha(t_n) d(f(x_{n-2}), f(x_{n-1}))$$
$$\leq \alpha(t_n)\alpha(t_{n-1}) d(x_{n-2}, x_{n-1}) \leq \alpha(t_n)\alpha(t_{n-1})\cdots\alpha(t_1) d(x_0, x_1)$$
$$< d(x_0, x_1)$$

と評価される.ここで t_i, $i = 1, \cdots, n$ は $d(x_{i-1}, x_i) < t_i$ なる任意の正数である.そこで

$$d(x_n, x_{n+1}) \leq \alpha(t_1) d(x_{n-1}, x_n),$$
$$d(x_{n-1}, x_n) \leq \alpha(t_1) d(x_{n-2}, x_{n-1}),$$
$$\vdots$$

となって,

$$d(x_n, x_{n+1}) \leq \alpha(t_1)^n d(x_0, x_1)$$

をうる.$\alpha(t_1)$ は 1 未満だから,点列 $\{x_n\}$ は Cauchy 列となって,縮小係数が定数 α であるところの通常の縮小写像の場合とまったく同様にして,不動点の一意的存在がいえる.

[7.2.3] 弱い自己相似集合 (weak self–similar set)

距離空間 (X, d) の部分集合 S に対して,m ($2 \leq m < \infty$) 個の弱い縮小写像 f_j (それぞれの縮小係数を $\alpha_j(t)$ とする) が在って,以下の関係をみたすとき,S を弱い自己相似集合という[*4].ただし $\overline{m} = \{1, \ldots, m\}$ である.

$$\bigcup_{j \in \overline{m}} f_j(S) = S.$$

[*4] 縮小係数 $\alpha_j(t)$ が定数 α_j のとき,この S を単に自己相似集合という.

[7.2.4] (X, τ_d) を完備距離空間とする. 任意に m 個の弱い縮小写像 f_j が与えられたとき, それらにもとづく, ϕ でない弱い自己相似 compact 集合 S が存在する.

proof) ϕ でない compact 集合の全体 $C(X)$ に Hausdorff 距離 d_H を定めた距離空間 $(C(X), d_H)$ は, (X, d) が完備のとき, 完備となる (参考書・参考文献 [3]). そこで, 以下の集合力学系 (set dynamical system)

$$T : (C(X), d_H) \to (C(X), d_H), \quad A \longmapsto \bigcup_{j \in \overline{m}} f_j(A)$$

が $T(S) = S$ なる不動点をもつことを示して, [7.2.3] の自己相似集合の存在を示そう. まず, $\alpha(t) = \max_j \{\alpha_j(t)\}$ とおこう. 明らかに $0 \leq \alpha(t) < 1$ である. 任意の $t > 0$ に対して, ϕ でない compact 集合 A, B を固定し, $d_H(A, B) = \eta < t$, としよう. $\varepsilon < t - \eta$ とおけば, 任意の $b \in B$ に対して, 点 $a_b \in A$ が存在して

$$d(b, a_b) < \eta + \varepsilon < t$$

と出来る ([7.1.3] 参照). そこで任意の $j \in \overline{m}$ に対して,

$$d(f_j(b), f_j(a_b)) \leq \alpha_j(t) d(b, a_b) \leq \alpha(t) d(b, a_b) < \alpha(t)(\eta + \varepsilon)$$

が成り立つ. すなわち

$$f_j(b) \in N_{\alpha(t)(\eta+\varepsilon)}(f_j(A)),$$
$$f_j(B) \subset N_{\alpha(t)(\eta+\varepsilon)}(f_j(A)).$$

そこで

$$\begin{aligned} T(B) &= \bigcup_{j \in \overline{m}} f_j(B) \subset \bigcup_{j \in \overline{m}} N_{\alpha(t)(\eta+\varepsilon)}(f_j(A)) \\ &= N_{\alpha(t)(\eta+\varepsilon)}(\bigcup_{j \in \overline{m}} f_j(A)) \\ &= N_{\alpha(t)(\eta+\varepsilon)}(T(A)). \end{aligned}$$

まったく同様にして,

$$T(A) \subset N_{\alpha(t)(\eta+\varepsilon)}(T(B)).$$

がえられるから, これら 2 つの関係から

$$d_H(T(A), T(B)) \leq \alpha(t)(\eta + \varepsilon).$$

をうる. $\varepsilon > 0$ は任意に小さくとれるから, 結局,
$$d_H(T(A), T(B)) \leq \alpha(t) d_H(A, B)$$
がえられる. $(C(X), d_H)$ は先に述べたように完備だから, [7.2.2] から不動点 $S \in C(X)$ がただひとつ存在する. すなわち, X の compact 集合 S が在って
$$T(S) = \bigcup_{j \in \overline{m}} f_j(S) = S$$
が成り立つ. ∎

[7.2.5] $j_1 \cdots j_k$ を $\overline{m} = \{1, \ldots, m\}$ $(2 \leq m < \infty)$ の元から成る長さ k の有限列とする. 弱い自己相似集合 S に対して, 合成写像 $f_{j_1} \circ \cdots \circ f_{j_k}$ を作用させた $f_{j_1} \circ \cdots \circ f_{j_k}(S)$ を簡単に $S_{j_1 \cdots j_k}$ と書くことにすれば, すべての $k \geq 1$ に対して
$$\bigcup_{j_1 \cdots j_k} S_{j_1 \cdots j_k} = S$$
が成り立つ. ただし和 $\bigcup$ は $\overline{m}$ の元から成る長さ k の有限列全部についてとる.
proof) 数学的帰納法 (付録 A.4 節参照) によって証明しよう. $k = 1$ のときは自己相似の定義 $\bigcup_{j \in \overline{m}} f_j(S) = S$ そのものである. $k = n$ で成り立っていると仮定して $n+1$ で成り立つことをたしかめよう. $i \in \overline{m}$ をひとつ固定しよう. 長さ n の有限列 $j_1 \cdots j_n$ に対して長さ $n+1$ の列 $ij_1 \cdots j_n$ を考える. 長さ n の列をすべて考えてその和を作れば, 帰納法の仮定から,
$$\bigcup_{j_1 \cdots j_n} f_i \circ f_{j_1} \circ \cdots \circ f_{j_n}(S) = f_i(\bigcup_{j_1 \cdots j_n} f_{j_1} \circ \cdots \circ f_{j_n}(S))$$
$$= f_i(\bigcup_{j_1 \cdots j_n} S_{j_1 \cdots j_n}) = f_i(S)$$
となるから, 長さ $n+1$ の列 $j_1 \cdots j_{n+1}$ をすべて考えてその和を作れば
$$\bigcup_{j_1 \cdots j_{n+1}} S_{j_1 \cdots j_{n+1}} = \bigcup_{i \in \overline{m}} f_i(S) = S$$
なる関係がえられる. ∎

[7.2.6] f_j の各縮小係数 $\alpha_j(t)$ に関して, $0 < \xi \leq \alpha_j(t)$, $j \in \overline{m}$ と仮定しよう. $\sum_{j \in \overline{m}} \alpha_j(t_0) < 1$ となる 1 点 $t_0 \in (0, \infty)$ が存在すれば, そのとき compact

な自己相似集合 S は 0 次元 ([4.1.4] 参照) となって，[4.2.4] から以下のような幾何学的性質をもつことがわかる．

『任意の $\varepsilon > 0$ に対して，S は，互いに共通部分をもたない，ϕ でない有限個の compact 集合 $S_1, \ldots, S_n$ の和として表現され，各 S_i の直径 $\mathrm{dia} S_i$ は ε 未満，と出来る』

そこでこの自己相似集合 S が 0 次元となることを以下の step i), ii), iii) にしたがってたしかめよう．

i) 距離空間 (X, d) の部分集合 E の Hausdorff 次元(Hausdorff dimension, 参考書・参考文献 [2]) $\dim_H E$ は以下のように定義される．

$$\dim_H E = \sup\{p \geq 0;\ H^p(E) > 0\},$$
$$H^p(E) = \sup_{\varepsilon > 0} H^p_\varepsilon(E),$$
$$H^p_\varepsilon(E) = \inf_{\{C_i\}} \sum_i (\mathrm{dia} C_i)^p.$$

ここで $\{C_i\}$ は集合 E の可算被覆，すなわち，$E \subset \bigcup_i C_i$ なるものであり，各 C_i の直径 $\mathrm{dia} C_i$ は正数 ε を超えないものとする．inf はそのような ε 被覆すべてについての下限である．さらに，

$$H^t(E) < \infty \Rightarrow \dim_H E \leq t \qquad (*)$$

なる関係が知られている．

ii) 弱い自己相似集合 S の Hausdorff 次元は以下のように評価される．

$$\dim_H S \leq x_0\ .$$

ここで $x_0 > 0$ は，

$$\sum_{j \in \overline{m}} (\inf_{t > 0} \alpha_j(t))^{x_0} = 1$$

によって定められる数である．

proof) $\inf_{p > t} \alpha_j(p) = \tilde{\alpha}_j(t),\ t \geq 0$ とおくと $\tilde{\alpha}_j(t)$ は単調増加であって，弱い縮小写像 f_j に関して，不等式

$$d(f_j(x), f_j(y)) \leq \tilde{\alpha}_j(d(x,y)) d(x,y)$$

が成り立つ．そこで $S_{j_1 \cdots j_k}$ の直径は，

$$\mathrm{dia} S_{j_1 \cdots j_k} \leq \tilde{\alpha}_{j_1}(\mathrm{dia} S_{j_2 \cdots j_k}) \tilde{\alpha}_{j_2}(\mathrm{dia} S_{j_3 \cdots j_k}) \cdots \tilde{\alpha}_{j_k}(\mathrm{dia} S) \mathrm{dia} S$$

$$\leq (\max_j \{\tilde{\alpha}_j(\mathrm{dia}S)\})^k \mathrm{dia}S \to 0 \ (k \to \infty)$$

と評価される．ここで [7.2.5] を考慮すれば，$S_{j_1 \cdots j_k}$ の集まり $\{S_{j_1 \cdots j_k}\}$ は S の ε 被覆とみなされる．十分小さな $t > 0$ に対して，$t \leq \mathrm{dia}S_{j_1 \cdots j_n}$ となるような長さ n の有限列 $j_1 \cdots j_n$ が存在するが，そのような整数 n の最大のものを p とおこう．すなわち，$p < q$ なる任意の q に対して，$t \leq \mathrm{dia}S_{j_1 \cdots j_q}$ となるような長さ q の列 $j_1 \cdots j_q$ は存在しない．各 $\tilde{\alpha}_j(t)$ は単調増加関数なので $\mathrm{dia}S_{j_1 \cdots j_k}$ は以下のように評価される．

$\mathrm{dia}S_{j_1 \cdots j_k}$
$$\leq \tilde{\alpha}_{j_1}(\mathrm{dia}S_{j_2 \cdots j_k}) \cdots \tilde{\alpha}_{j_{k-p}}(\mathrm{dia}S_{j_{k-p+1} \cdots j_k}) \cdots \tilde{\alpha}_{j_k}(\mathrm{dia}S)\mathrm{dia}S$$
$$\leq \tilde{\alpha}_{j_1}(t) \cdots \tilde{\alpha}_{j_{k-p}}(t) \cdots \tilde{\alpha}_{j_k}(t) \frac{\tilde{\alpha}_{j_{k-p}}(\mathrm{dia}S_{j_{k-p+1} \cdots j_k})}{\tilde{\alpha}_{j_{k-p}}(t)} \cdots \frac{\tilde{\alpha}_{j_k}(\mathrm{dia}S)}{\tilde{\alpha}_{j_k}(t)} \mathrm{dia}S$$
$$\leq \tilde{\alpha}_{j_1}(t) \cdots \tilde{\alpha}_{j_{k-p}}(t) \cdots \tilde{\alpha}_{j_k}(t) K^{p+1} \mathrm{dia}S.$$

ここで

$$K = \frac{\max_j \{\tilde{\alpha}_j(\mathrm{dia}S)\}}{\min_j \{\tilde{\alpha}_j(t)\}}$$

である．K も p も長さ k に依存しないことは本質的である．そこで

$$\sum_{j \in \overline{m}} \tilde{\alpha}_j(t)^{x(t)} = 1$$

なる関係を考慮すれば，以下のような評価がえられる．

$$\sum_{j_1 \cdots j_k} (\mathrm{dia}S_{j_1 \cdots j_k})^{x(t)} \leq (K^{p+1}\mathrm{dia}S)^{x(t)} \sum_{j_1 \cdots j_k} \tilde{\alpha}_{j_1}(t)^{x(t)} \cdots \tilde{\alpha}_{j_k}(t)^{x(t)}$$
$$= (K^{p+1}\mathrm{dia}S)^{x(t)} (\sum_{j \in \overline{m}} \tilde{\alpha}_j(t)^{x(t)})^k$$
$$= (K^{p+1}\mathrm{dia}S)^{x(t)}.$$

ここで $(K^{p+1}\mathrm{dia}S)^{x(t)}$ は長さ k に依存しないから，任意の $\varepsilon > 0$ に対して，$H_\varepsilon^{x(t)}(S) \leq (K^{p+1}\mathrm{dia}S)^{x(t)}$，となって，$H^{x(t)}(S) \leq (K^{p+1}\mathrm{dia}S)^{x(t)} < \infty$ をうる．そこで i) の関係 $(*)$ から $\dim_H S \leq x(t)$ がえられる．$\mathrm{dia}S \leq t$ なる大きい t に対して，この不等式が成り立つことは明らかだから，この不等式はすべての $t > 0$ に対して成り立つことになる．すなわち，

$$\dim_H S \leq \inf_{t>0} x(t) \quad (**)$$

であるといえる．関数 $\tilde{\alpha}_j(t)$ は，$t=0$ において連続で，単調増加となる．$\sum_{j \in \overline{m}} \tilde{\alpha}_j(t)^{x(t)} = 1$, $t \geq 0$ において，$x(t)$ は $t=0$ において連続だから，x_0 は $\inf_{t>0} x(t)$ に等しくなくてはならない．∎

iii) S が 0 次元であることの証明

proof) $\tilde{\alpha}_j(t) = \inf_{p>t} \alpha_j(p) \leq \alpha_j(t_0)$ なる評価が $t<t_0$ に対して成り立つから，$\sum_{j \in \overline{m}} \tilde{\alpha}_j(t) < 1$, となっていなくてはならない．そこで，方程式 $\sum_{j \in \overline{m}} \tilde{\alpha}_j(t)^x = 1$ の解 $x = x(t)$ は 1 未満でなければならない．そこで上の ii) の関係 $(**)$ から $\dim_H S < 1$ が成り立つことになる．任意の compact 距離空間 X においては，X の次元 $\dim X$ は X の Hausdorff 次元 $\dim_H X$ を超えないことが知られているから (参考書・参考文献 [2])，$\dim S = 0$ とならなければならない[*5]．∎

7.3 弱い自己相似集合の性質

[7.3.1] S を弱い縮小写像 $f_j : (X,d) \to (X,d)$, $j \in \overline{m}$ にもとづく compact 自己相似集合とする．すなわち，$\bigcup_{j \in \overline{m}} f_j(S) = S$ となっているものとする．このとき S が連結ならば以下の主張 [C] が成り立つ．

[C] $\forall p, q \in \overline{m}$, $\exists (j_1, \ldots, j_n) \in \overline{m} \times \cdots \times \overline{m}$

s.t. $\{f_p(S), f_{j_1}(S), \ldots, f_{j_n}(S), f_q(S)\}$ は finite chain ([5.3.1] 参照) をなしている．

proof) 今，仮に $p, q \in \overline{m}$ が在って，いかなる finite chain でもむすべないものとしよう．$f_1(S), \ldots, f_m(S)$ の中で $f_p(S)$ と finite chain でむすばれるものの番号の全体を A としよう．$p \in A$ だから $A \neq \phi$. $\overline{m} - A = A'$ とおけば $q \in A'$ だから $A' \neq \phi$ となる．$\bigcup_{j \in A} f_j(S) = S^A$, $\bigcup_{j \in A'} f_j(S) = S^{A'}$ とおくと $\bigcup_{j \in \overline{m}} f_j(S) = S$ であるから，$S^A \cup S^{A'} = S$ である．次に $S^A \cap S^{A'} = \phi$ であることをたしかめよう．もしそうでないものとすると，$x \in S^A \cap S^{A'}$ なる x が存在するが，$\exists j \in A$, $\exists j' \in A'$ s.t. $x \in f_j(S)$, $x \in f_{j'}(S)$, と出来ることに

[*5] $\dim S$ は整数値であり，$S = \phi$ のときに限り $\dim S = -1$ である．$S \neq \phi$ ならば $\dim S < 1$ は $\dim S = 0$ を意味する．

なる．これは $f_j(S) \cap f_{j'}(S) \neq \phi$，ということだから $f_{j'}(S)$ は $f_p(S)$ と finite chain でむすばれることになってしまって，$j' \in A'$ に反することになる．さて，各 f_j は連続で S は compact だから，$f_j(S)$ は compact となる．したがってその有限和 $\bigcup_{j \in A} f_j(S) = S^A$ も $\bigcup_{j \in A'} f_j(S) = S^{A'}$ もともに compact となる．すなわち，S は $S^A \cap S^{A'} = \phi$ なる，S のともに ϕ でない閉集合 S^A と $S^{A'}$ との和として表現されることになるから，連結ではないことになり，仮定に反する． ∎

[7.3.2]　[7.3.1] とは逆に，条件 [C] が弱い自己相似集合 S に対して成り立っているものとする．$\overline{m}$ の元から成る長さ $k \geq 1$ の有限列 $x = j_1 \cdots j_k$ の全体を W_k と書くことにすれば，以下がすべての $k \geq 1$ に対して成り立つ．

『$^\forall x, y \in W_k$, $^\exists z_1, \ldots, z_n \in W_k$ s.t. $\{S_x\ ^{*6)}, S_{z_1}, \ldots, S_{z_n}, S_y\}$ は finite chain をなす』

proof)　数学的帰納法によって示そう．$k = 1$ は [C] 自身である．今，仮に自然数 n_0 が在って $k = n_0$ では成り立つにもかかわらず，$n_0 + 1$ では成り立たないものとしよう．すなわち，$x, y \in W_{n_0+1}$ が在って，S_x と S_y とは，長さ $n_0 + 1$ の有限列 z に対する S_z の有限個の組による finite chain ではどのようにしてもむすべないものとしよう．そこで今，S_x と finite chain でむすばれるような $z \in W_{n_0+1}$ の全体を A とおこう．当然，$A \neq \phi$．$W_{n_0+1} - A = A'$ とおくと，$y \in A'$ だから A' も ϕ ではない．S は自己相似なのだから，[7.2.5] から $S = \bigcup_{z \in W_{n_0+1}} S_z$ となっている．$\bigcup_{z \in A} S_z = S^A$, $\bigcup_{z \in A'} S_z = S^{A'}$ とおくと，$S^A \cup S^{A'} = S$ である．次に $S^A \cap S^{A'} = \phi$ をたしかめよう．実際，$^\exists p \in S^A \cap S^{A'}$ ならば，$^\exists z \in A$, $^\exists z' \in A'$ s.t. $p \in S_z \cap S_{z'}$，と出来る．これは $z' \in A$ を意味するから矛盾である．さて次に W_{n_0} の元 z が必ず存在して $S^A \cap S_z \neq \phi$, $S^{A'} \cap S_z \neq \phi$ と出来ることを示そう．$t \in S^A$, $t' \in S^{A'}$ なる異なる 2 点 t, t' を考えよう．$S^A \neq \phi$, $S^{A'} \neq \phi$, $S^A \cap S^{A'} = \phi$ だから，このような点をとることが出来る．[7.2.5] から $S = \bigcup_{z \in W_{n_0}} S_z$ であったから，$^\exists a, a' \in W_{n_0}$ s.t. $t \in S_a$, $t' \in S_{a'}$，と出来る．もし S_a か $S_{a'}$ かいずれかが S^A と $S^{A'}$ とにまたがっていれば，a もしくは a' が求める有限列 z である．そこ

[*6)]　$x = j_1 \cdots j_k$ とするとき，$S_x = f_{j_1} \circ \cdots \circ f_{j_k}(S)$ のことである（[7.2.5] 参照）．S_{z_i} などについても同様である．

で，ここでは，$S_a \subset S^A$, $S_{a'} \subset S^{A'}$, と仮定しよう．帰納法の仮定から，W_{n_0} の元 $z_1, \ldots, z_n$ を用いて，$\{S_a, S_{z_1}, \ldots, S_{z_n}, S_{a'}\}$ が finite chain になるように出来る．この $S_{z_1}, \ldots, S_{z_n}$ の中のどれかは必ず S^A と $S^{A'}$ との両者にまたがるから，これが求める S_z である．$z = j_1 \cdots j_{n_0}$ とすれば

$$\begin{aligned} S_z &= f_{j_1} \circ \cdots \circ f_{j_{n_0}}(S) = f_{j_1} \circ \cdots \circ f_{j_{n_0}}(f_1(S) \cup \cdots \cup f_m(S)) \\ &= f_{j_1} \circ \cdots \circ f_{j_{n_0}} \circ f_1(S) \cup \cdots \cup f_{j_1} \circ \cdots \circ f_{j_{n_0}} \circ f_m(S) \\ &= S_{z \circ 1} \cup \cdots \cup S_{z \circ m} \end{aligned}$$

と表される．$S^A \cap S_z \neq \phi$, $S^{A'} \cap S_z \neq \phi$, となっているのだから，$i, j \in \overline{m}$ が在って，$S^A \cap S_{z \circ i} \neq \phi$, $S^{A'} \cap S_{z \circ j} \neq \phi$, となる．この i, j に対して，[7.3.1] の条件 [C] から $\{f_i(S), f_{p_1}(S), \ldots, f_{p_n}(S), f_j(S)\}$, $p_1, \ldots, p_n \in \overline{m}$ が finite chain, であるように出来る．そこで $\{S_{z \circ i}, S_{z \circ p_1}, \ldots, S_{z \circ p_n}, S_{z \circ j}\}$ を考えれば，これもまた，finite chain になっている[*7)]．$S^A \cap S_{z \circ i} \neq \phi$ であったから，$S_{z \circ j}$ は S_x と finite chain でむすべることになる．すなわち $z \circ j \in A$ であって，$S_{z \circ j} \subset S^A$ となるが，これは上記の関係 $S_{z \circ j} \cap S^{A'} \neq \phi$ に矛盾する．すなわち，上のような n_0 は存在しない．■

[7.3.3] S を距離空間 (X, τ_d) 内の弱い自己相似 compact 集合とする．この S に関して [7.3.1] の条件 [C] が成り立つとき，閉区間 $[0,1]$ から S への連続な全射が存在する．

proof) [7.2.6] を用いる．その証明で見たように，任意の $\varepsilon > 0$ に対して k を十分大きくとれば，$z \in W_k$ に対して，常に，$\text{dia} S_z < \varepsilon$, と出来る．$S$ の任意の点 x, x' を考えれば，$S = \bigcup_{z \in W_k} S_z$ であるから，$x \in S_z$, $x' \in S_{z'}$ なる $z, z' \in W_k$ が存在する．このとき [7.3.2] から，条件 [C] のもとで，$\{S_z, S_{z_1}, \ldots, S_{z_n}, S_{z'}\}$, $z_1, \ldots, z_n \in W_k$ なる finite chain が存在する．すなわち，S は well–chained ([5.1.1] 参照) である．S は compact であったから，[5.1.4] から S は連結となる．一方，どんな $k \geq 1$ の，どんな $z \in W_k$ に対しても，S_z は連結空間 S の連続像だから，それ自身連結となる．今，任意の $\varepsilon > 0$ に対して，$\text{dia} S_z < \varepsilon$, $z \in W_k$, とする k が存在し，かつ $S = \bigcup_{z \in W_k} S_z$ (和 $\bigcup$

[*7)] たとえば，$S_{z \circ i} \cap S_{z \circ p_1} \supset f_{j_1} \circ \cdots \circ f_{j_n} \circ (f_i(S) \cap f_{p_1}(S)) \neq \phi$.

は有限和）となっているのだから，集合 S は性質 S ([5.2.1] 参照）をもつことになる*8)．したがって [5.2.3] から S は局所連結ということになる．S は局所連結で連結な compact 距離空間だから Hahn–Mazurkiewicz の定理（[5.4.1]）から，直ちに結論をうる．■

7.4　0 次元で compact な完全空間の存在

[7.4.1] (X,τ) を距離 d による距離位相 τ をもつ compact 距離空間とする．f_j, $j=1,\ldots,m$ をそれぞれ縮小係数 $\alpha_j(t)$, $0<\alpha_j(t)<1$, $\inf_{t>0}\alpha_j(t)>0$ をもつ X 上の弱い縮小写像（[7.2.1], [7.2.6] 参照）とする．さらに f_j に関して，以下の条件を仮定する．
  i) 各 f_j は単射．
  ii) 集合 $\bigcup_{j\in\overline{m}}\{x\in X;\ f_j(x)=x\}$ は 2 点以上の点から成る*9)．
  iii) $\sum_{j\in\overline{m}}\alpha_j(t_0)<1$ となる点 t_0 が存在する．

このとき，$\bigcup_{j\in\overline{m}}f_j(S)=S$ をみたす，0 次元で完全な compact 集合 S が存在する．すなわち，X の部分空間 (S,τ_S) は 0 次元，完全，compact であってかつ，縮小写像 f_j にもとづく自己相似である（参考書・参考文献 [10]）．

proof） $\bigcap_n X^n = S$ とおこう．ここで $X^n = \bigcup_{j_1\cdots j_n\in W_n} f_{j_1}\circ\cdots\circ f_{j_n}(X)$ であって，記号 W_n は長さ n の，$j_i\in\overline{m}$ の組 $j_1\cdots j_n$*10) の全体を表す．今，条件 ii) は異なる 2 点 x_0 と x_0' とが在って $f_{j_0}(x_0)=x_0$ および $f_{j_0'}(x_0')=x_0'$ なる関係が成り立つことを要求している．まず，$x_0=f_{j_0}\circ\cdots\circ f_{j_0}(x_0)\in f_{j_0}\circ\cdots\circ f_{j_0}(X)\subset X^n$ なる関係が任意の n に対して成り立つから，compact 集合 S は ϕ ではない．次に x_0 において，任意の長さ n と任意の組 $j_1\cdots j_n\in W_n$ に対して，$f_{j_1}\circ\cdots\circ f_{j_n}(x_0)=f_{j_1}\circ\cdots\circ f_{j_n}\circ f_{j_0}\circ\cdots\circ f_{j_0}(x_0)\in X^k$, $k\geq n+1$, となる．$X^{n+1}\subset X^n\subset\cdots\subset X^1$ なる関係は明らかだから，$f_{j_1}\circ\cdots\circ f_{j_n}(x_0)\in\bigcap_n X^n = S$ である．同様に，任意の $j_1\cdots j_n$ に対して $f_{j_1}\circ\cdots\circ f_{j_n}(x_0')\in S$ なる関係も成り立つ．ここで $f_{j_1}\circ\cdots\circ f_{j_n}(X)$ の大きさについて考えよう．$d(f_j(x),f_j(y))\leq$

---

*8)　自己相似集合 S と，幾何学的性質の S とが同じ記号を用いることになったが，混乱のおそれはないものと思う．
*9)　完備距離空間上の弱い縮小写像は不動点をただひとつもつ（[7.2.2] 参照）．
*10)　これを $\overline{m}=\{1,\ldots,m\}$ の要素から成る長さ n の語（word）ということがある．

$\tilde{\alpha}_j(d(x,y))d(x,y)$ なる関係が $\tilde{\alpha}_j(t) = \inf_{p>t} \alpha_j(p)$ に対して成り立つから,以下の評価がえられる ([7.2.6] 参照).

$$\mathrm{dia}(f_{j_1} \circ \cdots \circ f_{j_n}(X)) \leq (\max_j \{\tilde{\alpha}_j(\mathrm{dia}X)\})^n \mathrm{dia}X$$

ここで $\mathrm{dia}A$ は A の直径を表す. $\tilde{\alpha}_j(\mathrm{dia}X)$ は 1 未満だから任意の $\varepsilon > 0$ に対して,番号 N が在って $N \leq n$ なる任意の n と任意の $j_1 \cdots j_n \in W_n$ とに対して $\mathrm{dia}(f_{j_1} \circ \cdots \circ f_{j_n}(X)) < \varepsilon$ が成り立つ.さて,x を S の任意の点としよう.任意の $\varepsilon > 0$ に対して,開球 $S_d(x, \varepsilon)$ を考えれば,$j_1 \cdots j_m \in W_m$ が在って $x \in f_{j_1} \circ \cdots \circ f_{j_m}(X) \subset S_d(x, \varepsilon)$ と出来る. f_j は条件 i) からすべて単射だから $p = f_{j_1} \circ \cdots \circ f_{j_m}(x_0)$ と $p' = f_{j_1} \circ \cdots \circ f_{j_m}(x'_0)$ とは異なる.したがって,開球 $S_d(x, \varepsilon)$ は S の異なる 2 点 p と p' とを含むことになるから,少なくとも p と p' のいずれかは点 x とは異なる.これは点 x が S の集積点であることを示している.したがって X の部分空間 (S, τ_S) は完全である ([4.1.2] 参照).次に関係 $\bigcup_{j \in \overline{m}} f_j(S) = S$ が成り立つことをたしかめよう.まず $\bigcup_{j \in \overline{m}} f_j(S) \subset S$ なることは明らかである. x を S の点としよう. x は任意の X^n の点である. $j_1 \cdots j_n j_{n+1} \in W_{n+1}$ が在って $x \in f_{j_1} \circ \cdots \circ f_{j_n} \circ f_{j_{n+1}}(X) \subset f_{j_1}(X^n)$ となっている.もし,同じ j_1 をすべての n に対して共通にとることが出来るならば,f_j に対する条件 i) から,$x \in \bigcap_n f_{j_1}(X^n) = f_{j_1}(\bigcap_n X^n) = f_{j_1}(S) \subset \bigcup_{j \in \overline{m}} f_j(S)$ となる.したがって $S \subset \bigcup_{j \in \overline{m}} f_j(S)$ がえられる.そこで番号 j_1 がすべての n に共通にとれることを以下でたしかめよう.今, $x \in f_{j_1}(X^1), \ldots, x \in f_{j_1}(X^{p-1}), x \notin f_{j_1}(X^p), x \in f_{j'_1}(X^p), j_1 \neq j'_1$ となるものとしよう.さらに $x \in f_{j'_1}(X^{p+1}), \ldots, x \in f_{j'_1}(X^{q-1}), x \notin f_{j'_1}(X^q), x \in f_{j''_1}(X^q), j'_1 \neq j''_1$ であるとしよう.関係 $f_j(X^{n+1}) \subset f_j(X^n)$ は常に成り立っているのだから, j''_1 は j_1 と必ず異なっている.したがって,j''_1 は j_1 とも j'_1 とも異なる番号でなければならない.これを続けていくと,最終的にある番号 $j_e \in \overline{m}$ に到る.関係 $f_{j_e}(X^k) \subset f_{j_e}(X^{k-1}) \subset \cdots \subset f_{j_e}(X^1)$ を考えると,この番号 j_e をはじめから j_1 としてとればよいことがわかる.これで S が自己相似であることがたしかめられた.最後に条件 iii) の下で S が 0 次元であることは,[7.2.6] から明らかである.このとき,S は,X の距離 d を S に制限した距離 d' による距離位相 τ' に関して 0 次元であったのだが,この τ' は部分空間位相 τ_S と等しいから,結局,X の部分空間 (S, τ_S) は 0 次元となる. ∎

7.4 0次元でcompactな完全空間の存在

■例1

compact距離空間として閉区間 $I=[0,1]$ をとり, $f_1: I \to I$, $x \mapsto x/3$, $f_2: I \to I$, $x \mapsto x/3+2/3$ なる2つの縮小写像を考えれば, これらは条件i), ii), iii)をみたす. このとき, $S \subset I$ が在って, $\bigcup_{j \in \overline{2}} f_j(S) = S$ となるが, この S をCantorの中央1/3集合（Cantor's Middle–Thirds Set）とよぶ（次章参照）. すなわちこの集合は0次元で完全でcompactである.

■例2

2次反応 $dx/dt = kx(1-x)$ を考えよう. これを $(x_{n+1}-x_n)/\Delta t = kx_n(1-x_n)$ と差分化して, さらに $\Delta t k x_n/(1+\Delta tk) = q_n$ とおいて整理すると, $q_{n+1} = \mu q_n(1-q_n)$, $\mu = 1+\Delta tk$, なる離散力学をうる. これは $f(q) = \mu q(1-q)$ という2次関数だから閉区間 $[0,1]$ においてこれを考えれば, μ が大きくなると図11のような曲線となる. この上の図を横にして下のように見ると, 十分 μ が大きいときは写像 f_1, $f_2: [0,1] \to [0,1]$ は [7.4.1] の条件i), ii), iii)をみたすことがわかる. この縮小写像 $\{f_1, f_2\}$ から作られる自己相似集合 S は, すなわち $f_1(S) \cup f_2(S) = S$ をみたす S は, 0次元で完全でcompactである（参考書・参考文献 [12]）.

[7.4.2] [7.4.1] の各 $f_j(S)$ について, X の部分空間 $(f_j(S), \tau_{f_j(S)})^{*11)}$ は0次元, 完全でcompactである.

proof) f_j を用いて, 新たに写像 $g_j: (S, \tau_S) \to (f_j(S), \tau_{f_j(S)})$, $x \mapsto f_j(x)$ を考えれば, g_j は連続全単射であって, S はcompact空間, $f_j(S)$ は T_2 空間だから g_j は同相写像となる. ∎

[7.4.3] テント写像（tent map）

$\varphi: [0,1] \to [0,1]$, $\varphi(x) = 2x$, $x \in [0, 1/2]$, $\varphi(x) = 2-2x$, $x \in [1/2, 1]$ なる写像はテント写像とよばれ以下のような大変興味ある性質をもっている. 各 ω_i, $i = 1, 2, \ldots$ を区間 $[0, 1/2]$ もしくは $[1/2, 1]$ とするとき, 任意に

[*11)] $f_j(S) \subset S$ であり, また, $\tau_{f_j(S)} = (\tau_S)_{f_j(S)}$（[0.3.1] 参照）であるから, (S, τ_S) の部分空間としての $f_j(S)$ が, すなわち, $(f_j(S), (\tau_S)_{f_j(S)})$ が0次元, 完全でcompactであるといってもよい.

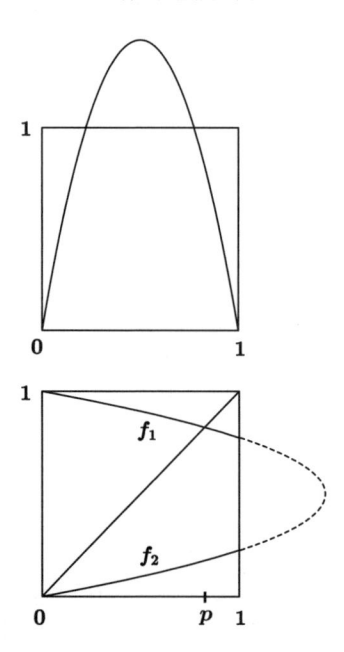

図 11 2 次関数 $f(q) = \mu q(1-q)$, $\mu > 4$, から作られる縮小写像

与えられた w_i の無限列 $w_0, w_1, w_2, w_3, \ldots$ に対して——すなわち,たとえば $w_0 = [1/2, 1]$, $w_1 = [1/2, 1]$, $w_2 = [0, 1/2]$, $w_3 = [1/2, 1], \ldots$ に対して——初期値 $x_0 \in w_0$ が在って $\varphi(x_0) \in w_1$, $\varphi(\varphi(x_0)) \in w_2$, $\varphi(\varphi(\varphi(x_0))) \in w_3, \ldots$ とすることが出来る,という性質である.ここではどのような集合が与えられたときに,このような性質をもつ写像をその上に定めることが出来るかについて以下で考えよう.

i) (X, τ) を compact 空間,$\{X_\lambda \in \mathfrak{F}; \lambda \in \Lambda\}$ をその ϕ でない閉集合から成るひとつの集合族とする.$g_{X_\lambda} : (X_\lambda, \tau_{X_\lambda}) \to (X, \tau)$ なる連続全射が存在すれば,任意の無限列 $\omega_0, \omega_1, \omega_2, \ldots$ に対して,初期値 $x_0 \in \omega_0$ が在って,$g_{\omega_0}(x_0) \in \omega_1$, $g_{\omega_1}(g_{\omega_0}(x_0)) \in \omega_2, \ldots$ と出来る.ただし,ここで $\omega_i \in \{X_\lambda; \lambda \in \Lambda\}$, $i = 1, 2, \ldots$ である(参考書・参考文献 [13]).

proof) $Y_n = g_{\omega_0}^{-1}(g_{\omega_1}^{-1}(\cdots g_{\omega_{n-2}}^{-1}(g_{\omega_{n-1}}^{-1}(X))\cdots))$, $n = 1, 2, \ldots$ とおこう.各 g_{ω_i} は連続全射だから閉集合 Y_n は ϕ ではない.X は compact であって,かつ明らかに $Y_n \supset Y_{n+1}$ だから $\bigcap_n Y_n \neq \phi$ となる.$x_0 \in \bigcap_n Y_n$

としよう. $x_0 \in Y_1$ だから $x_0 \in g_{\omega_0}^{-1}(X) = \omega_0$, $x_0 \in Y_2$ だから $g_{\omega_0}(x_0) \in g_{\omega_1}^{-1}(X) = \omega_1$. $x_0 \in Y_3$ だから $g_{\omega_1}(g_{\omega_0}(x_0)) \in g_{\omega_2}^{-1}(X) = \omega_2, \ldots$ となる. ∎

ii) 上の i) と [7.4.2], [4.3.5] から以下の事実がえられる（参考書・参考文献 [11], [13]）.

"S を [7.4.1] でえられた弱い自己相似集合とする. このとき, $\omega_i \in \{f_1(S), \ldots, f_m(S)\}$ から成る任意の無限列 $\omega_0, \omega_1, \omega_2, \ldots$ に対して, 連続全射 $g_{f_j(S)} : f_j(S) \to S$, $j = 1, \ldots, m$ と 1 点 $x_0 \in \omega_0$ とが在って, $g_{\omega_0}(x_0) \in \omega_1$, $g_{\omega_1}(g_{\omega_0}(x_0)) \in \omega_2, \ldots$ と出来る"

[7.4.4] ここで位相的共役 (topologically conjugate) という概念を定義しよう. 写像 $f : (A, \tau) \to (A, \tau)$ と写像 $g : (B, \tau') \to (B, \tau')$ とが位相的に共役であるとは, 同相写像 $h : (A, \tau) \to (B, \tau')$ が存在して $h \circ f = g \circ h$ となることである. この関係は, 明らかに同値関係である. もし片方が全単射ならば, 他方もそうであり, また, 片方の不動点（[7.2.2] 参照）の, 同相写像 h による像は, 他方の不動点である.

今, S を [7.4.1] の弱い縮小写像系 $\{f_j : (X, \tau) \to (X, \tau), j \in \overline{m}\}$ にもとづく 0 次元, 完全な compact 自己相似集合としよう. 同じ同相写像 $h : (X, \tau) \to (X, \tau)$ を共有して, m 個の写像 $g_j : (X, \tau) \to (X, \tau)$ が f_j とそれぞれ位相的共役であるならば[*12], 以下の集合力学系 T は不動点 $h(S)$ をもつ.

$$T : 2^X \to 2^{X\,[*13]}, \quad E \mapsto \bigcup_{j \in \overline{m}} g_j(E)$$

実際 $\bigcup_{j \in \overline{m}} f_j(S) = S$ であるから $T(h(S)) = \bigcup_{j \in \overline{m}} g_j(h(S)) = \bigcup_{j \in \overline{m}} h(f_j(S)) = h(\bigcup_{j \in \overline{m}} f_j(S)) = h(S)$ となる.

ここで, 0 次元, 完全および compact なる性質はいずれも同相写像 h の下で不変だから, $h(S)$ もそれらの性質をもつことになる.

[*12] たとえば,
$f_1 : [0, 1] \to [0, 1]$, $x \mapsto x/10$, $\quad f_2 : [0, 1] \to [0, 1]$, $x \mapsto x/10 + \alpha$
$g_1 : [0, 1] \to [0, 1]$, $x \mapsto x/100$, $\quad g_2 : [0, 1] \to [0, 1]$, $x \mapsto (\sqrt{x}/10 + \alpha)^2$
$h : [0, 1] \to [0, 1]$, $x \mapsto x^2$
$\Rightarrow \quad h \circ f_1(x) = x^2/100 = g_1 \circ h(x), \quad f_2(x) \circ h = (x/10 + \alpha)^2 = g_2 \circ h(x)$

[*13] ここでは, X の部分集合全部の集合を 2^X と書くことにする.

7.5 dendriteの系列

[7.5.1] 弱い自己相似集合から生成されるdendrite（参考書・参考文献 [12]）

(X,τ) を dendrite（[2.4.8] 参照）としよう．ここで τ は距離 d による距離位相とする．dendrite は compact 距離空間だから，この dendrite 上で [7.4.1] におけるのと同様に，弱い縮小写像系 $f_j : (X,\tau) \to (X,\tau)$, $(d(f_j(x), f_j(y)) \leq \alpha_j(t) d(x,y)$, $d(x,y) < t$, $0 < \alpha_j(t) < 1$, $\inf_{t>0} \alpha_j(t) > 0)$, $j = 1, \ldots, m$ $(2 \leq m < \infty)$ に関する議論が出来る．そこで [7.4.1] の3つの条件 i), ii), iii) をみたす系 $\{f_j; j = 1, \ldots, m\}$ を考えよう．このとき，X の0次元で完全な compact 部分空間 (S, τ_S) で $\bigcup_{j \in \overline{m}} f_j(S) = S$ をみたすものが存在するのであった（[7.4.1] 参照）．この弱い自己相似 (S, τ_S) から compact 距離空間である dendrite (X, τ) への連続全射 $f : S \to X$ が存在する（[4.3.5] 参照）．S は compact 空間，X は T_2 空間だから f は商写像となる（[6.1.3] 参照）．そこで，この f による S の分解空間 $(\mathbf{D}_f, \tau(\mathbf{D}_f))$ $(\mathbf{D}_f = \{f^{-1}(x) \subset S; x \in X\}$, $\tau(\mathbf{D}_f) = \{\mathbf{u} \subset \mathbf{D}_f; \cup \mathbf{u} \in \tau_S\})$ を考えれば，同相写像 $h : (X, \tau) \to (\mathbf{D}_f, \tau(\mathbf{D}_f))$, $x \mapsto f^{-1}(x)$, によって $\mathbf{D}_f$ は dendrite X と同相になる（[6.1.4] 参照）[*14]．X は距離空間だから，[1.2.4], iv) から $\tau(\mathbf{D}_f)$ は $\rho(y, y') = d(h^{-1}(y), h^{-1}(y'))$, $y, y' \in \mathbf{D}_f$, なる距離によって，距離位相 τ_ρ になることがわかる．さらに [1.2.4], iii) から，それは単純閉曲線を含まないところの連結で局所連結な compact 距離空間であることになる．こうして，ひとつの弱い自己相似集合 S から S の分解空間としての dendrite がひとつ形作られることになる．

次に弱い縮小写像 f_j と上の同相写像 h とを用いて，新たな写像 f_j^1 を $f_j^1 = h \circ f_j \circ h^{-1} : \mathbf{D}_f \to \mathbf{D}_f$, で定めよう．この写像 f_j^1 は写像 f_j に位相的共役（[7.4.4] 参照）になっている．まず，この f_j^1, $j = 1, \ldots, m$ が [7.4.1] の条件 i), ii), iii) を compact 距離空間 $\mathbf{D}_f$ においてみたしていることをたしかめよう．

i) について．$y, y' \in \mathbf{D}_f$ に対して $f_j^1(y) = f_j^1(y')$ としよう．すなわち，$h \circ f_j \circ$

[*14] ここで連続全射 $f : S \to X$ は単射にはならないことを注意しよう．もし単射ならば [6.1.4], i) に述べたように $(S, \tau_S) \simeq (\mathbf{D}_f, \tau(\mathbf{D}_f))$, となるから，$(S, \tau_S)$ と (X, τ) とが同相ということになる．しかし，S は0次元（すなわち完全不連結）であって，一方，dendrite は連結であるから，これは不可能である．

$h^{-1}(y) = h \circ f_j \circ h^{-1}(y')$ であるが，h は単射だから，$f_j \circ h^{-1}(y) = f_j \circ h^{-1}(y')$ となる．また，[7.4.1] の i) の仮定から f_j も単射だから，$h^{-1}(y) = h^{-1}(y')$ となって $y = y'$ をうる．すなわち各 f_j^1 は単射である．

ii) について．完備距離空間において，弱い縮小写像はただひとつ不動点をもつ ([7.2.2] 参照) から，[7.4.1] における ii) の仮定から，番号 j_0 と j_0' および X の異なる 2 点 x_0 と x_0' とが在って，$f_{j_0}(x_0) = x_0$, $f_{j_0'}(x_0') = x_0'$ となっている．$h(x_0) = y_0$, $h(x_0') = y_0'$ とおくと，当然 $y_0 \neq y_0'$ である．さらに $f_{j_0}^1(y_0) = h \circ f_{j_0} \circ h^{-1}(y_0) = y_0$, $f_{j_0'}^1(y_0') = h \circ f_{j_0'} \circ f^{-1}(y_0') = y_0'$ となるから，$\bigcup_{j \in \overline{m}} \{y \in \mathbf{D}_f; f_j^1(y) = y\}$ は 2 点以上を含む集合であることがわかる．

iii) について．$\rho(y, y') < t$ とする．$\rho(y, y') = d(h^{-1}(y), h^{-1}(y')) < t$ であるから，$d(f_j(h^{-1}(y)), f_j(h^{-1}(y'))) \leq \alpha_j(t) d(h^{-1}(y), h^{-1}(y')) = \alpha_j(t) \rho(y, y')$ となる．ここで，

$$d(f_j(h^{-1}(y)), f_j(h^{-1}(y'))) = d(h^{-1}(f_j^1(y)), h^{-1}(f_j^1(y'))) = \rho(f_j^1(y), f_j^1(y'))$$

であるから，結局，$\rho(y, y') < t$ のとき，

$$\rho(f_j^1(y), f_j^1(y')) \leq \alpha_j(t) \rho(y, y')$$

が成り立つ．したがって縮小係数 $\alpha_j(t)$ に関する条件 iii) はそのまま成り立つ．

以上によって，[7.4.1] における写像 f_j に関する条件は f_j に位相的共役である写像 f_j^1 に関してもすべてみたされることがたしかめられたから，弱い縮小写像系 $\{f_j^1 : (\mathbf{D}_f, \tau_\rho) \to (\mathbf{D}_f, \tau_\rho); j = 1, \ldots, m\}$ にもとづく自己相似集合 S^1 が再び $\mathbf{D}_f$ 内に存在することになる．すなわち，弱い自己相似集合 S の分解空間 $\mathbf{D}_f$ 内に $\bigcup_{j \in \overline{m}} f_j^1(S^1) = S^1$ をみたすところの 0 次元，完全な compact 集合 S^1 が存在する．さらにこの S^1 から，compact 距離空間 $\mathbf{D}_f$ への連続全射 f^1 が存在する．先に，脚注 *14) で注意したように，この写像 f^1 は決して単射にはならない．この写像 f^1 による，S^1 の分解空間 $\mathbf{D}_{f^1} = \{(f^1)^{-1}(y) \subset S^1; y \in \mathbf{D}_f\}$ と $\mathbf{D}_f$ とは $h^1; \mathbf{D}_f \to \mathbf{D}_{f^1}, y \mapsto (f^1)^{-1}(y)$ なる写像によって同相となる．ここで前と同様に $\mathbf{D}_{f^1}$ の位相 $\tau(\mathbf{D}_{f^1})$ を $\rho^1(z, z') = \rho((h^1)^{-1}(z), (h^1)^{-1}(z'))$ なる距離によって距離位相とすれば，$(\mathbf{D}_{f^1}, \tau_{\rho^1})$ は再び dendrite となる．ここで $\mathbf{D}_f$ 上の弱い縮小写像 f_j^1 と位相的共役な写像 f_j^2 を $f_j^2 : (\mathbf{D}_{f^1}, \tau_{\rho^1}) \to (\mathbf{D}_{f^1}, \tau_{\rho^1})$, $z \mapsto h^1 \circ f_j^1 \circ (h^1)^{-1}(z)$ で定めれば，f_j^1 の場合と同様にして，弱い縮小写像系 $\{f_j^2 : (\mathbf{D}_{f^1}, \tau_{\rho^1}) \to (\mathbf{D}_{f^1}, \tau_{\rho^1}); j = 1, \ldots, m\}$ にもとづく，自己相

似集合 S^2 が $\mathbf{D}_{f^1}$ 内に存在することになる．こうして，0 次元，完全な compact 自己相似集合を通して，互いに同相な dendrite の系列 $X \simeq \mathbf{D}_f \simeq \mathbf{D}_{f^1} \simeq \cdots$ を次々にうることが出来る．dendrite は end point と cut point とから成り立っている ([2.4.8] 参照) が，ここで各 dendrite の end point と cut point はそれぞれ同相写像によって 1 対 1 に対応している ([2.4.2], [2.4.4] 参照) ことを注意しよう．

ここで dendrite として閉区間 $[0,1]$ を考えれば [7.4.1] の例 2 において，興味ある軌道の系列がえられることになる．

第8章
Cantor の中央 1/3 集合

8.1 Cantor の中央 1/3 集合（CMTS）の定義

本章では，離散力学系理論において重要な役割を演ずるところの具体的なひとつの 0 次元，compact で完全な位相空間について詳述する．

[8.1.1] Cantor の中央 1/3 集合 (Cantor's Middle–Thirds Set，以後 CMTS と略記)

[0.2.4] で述べた超距離不等式をみたすところの 0 次元空間 ([4.1.4] 参照) (T, τ_ρ) を考えよう．すなわち，$T = \{t = \{t_i\};\ t_i \in \{0, 1\}\}$ とする．0, 1 から成る数列 $t = \{t_i\}$ と $t' = \{t'_i\}$ との間の距離 $\rho(t, t')$ を $t_1 = t'_1, \ldots, t_{n-1} = t'_{n-1},\ t_n \neq t'_n$ のとき $\rho(t, t') = 1/n$，一方，$t_i = t'_i$ がすべての番号 i に対して成り立つとき $\rho(t, t') = 0$ として定める．

この位相空間 (T, τ_ρ) を用いて，位相空間 CMTS を定義しよう．集合 R^1 の部分集合 $C = \{\sum_{i=1}^\infty 2t_i/3^i;\ t = \{t_i\} \in T\}$[*1] に位相空間 R^1 の部分空間としての位相を入れたものを位相空間 CMTS と定める．すなわち，R^1 の位相を通常の距離 $d(x, y) = |x - y|$ による距離位相 τ_d とするとき，この d を C に制限してえられる C 上の距離 d' による距離位相 $\tau_{d'}$ が CMTS の位相である ([0.3.1] 参照)．以下の i), ii), iii) が成り立つことを示し，写像

$$\varphi : (T, \tau_\rho) \to \mathrm{CMTS},\ t = \{t_i\} \mapsto \sum_{i=1}^\infty \frac{2}{3^i} t_i$$

[*1] [8.1.2] 参照．

が同相写像であることを示そう．したがって位相空間 CMTS は (T, τ_ρ) にあらわれる位相的性質（たとえば，0次元であること）をもつことになる．
  i) φ は単射である．
  ii) φ は連続である．
  iii) φ は開写像である．
proof) i) $t \neq t'$ とする．すなわち，$t_n \neq t'_n$ となる n が存在するが，そのような n の中の最小のものをあらためて n とおこう．今，たとえば $t_n = 1$, $t'_n = 0$ としよう．

$$\varphi(t) = \frac{2}{3}t_1 + \cdots + \frac{2}{3^{n-1}}t_{n-1} + \frac{2}{3^n} + \frac{2}{3^{n+1}}t_{n+1} + \cdots,$$

$$\varphi(t') = \frac{2}{3}t_1 + \cdots + \frac{2}{3^{n-1}}t_{n-1} + 0 + \frac{2}{3^{n+1}}t'_{n+1} + \cdots.$$

ここで公式 $\sum_{i=n}^{\infty} 2/3^i = 1/3^{n-1}$, を用いれば，$2t_1/3 + \cdots + 2t_{n-1}/3^{n-1} = \alpha$ として，

$$\alpha + \frac{2}{3^n} \leq \varphi(t) \leq \alpha + \frac{1}{3^{n-1}},$$

$$\alpha \leq \varphi(t') \leq \alpha + \frac{1}{3^n}$$

とそれぞれ評価される．したがって，$\varphi(t) - \varphi(t') \geq 1/3^n$ となる．$t \neq t'$ のとき $|\varphi(t) - \varphi(t')| \geq 1/3^n$ が示されたのだから φ は単射である．

  ii) $\rho(t, t') < 1/n$ としよう．すなわち，$\rho(t, t') = 1/(n+l)$, $1 \leq l$, となっている．今，$t_{n+l} = 1$, $t'_{n+l} = 0$ としよう．i) におけるのと同様に

$$\varphi(t) = \frac{2}{3}t_1 + \cdots + \frac{2}{3^{n+l-1}}t_{n+l-1} + \frac{2}{3^{n+l}} + \frac{2}{3^{n+l+1}}t_{n+l+1} + \cdots.$$

$$\varphi(t') = \frac{2}{3}t_1 + \cdots + \frac{2}{3^{n+l-1}}t_{n+l-1} + 0 + \frac{2}{3^{n+l+1}}t'_{n+l+1} + \cdots.$$

$2t_1/3 + \cdots + 2t_{n+l-1}/3^{n+l-1} = \alpha$ とおけば

$$\alpha + \frac{2}{3^{n+l}} \leq \varphi(t) \leq \alpha + \frac{1}{3^{n+l-1}}$$

$$\alpha \leq \varphi(t') \leq \alpha + \frac{1}{3^{n+l}}$$

となる．したがって $|\varphi(t) - \varphi(t')| \leq 1/3^{n+l-1} \leq 1/3^n$. そこで任意の $\varepsilon > 0$ に対して n を十分大きくとれば $1/3^n < \varepsilon$ と出来るから，この n に対して $\rho(t, t') < 1/n$ なる t, t' に対しては $|\varphi(t) - \varphi(t')| < \varepsilon$, となる．すなわち，$\varphi$ は

（一様）連続である．

iii) まず関係, $\rho(t,t') \geq 1/n \Rightarrow |\varphi(t)-\varphi(t')| \geq 1/3^n$, が成り立つことをたしかめよう．$\rho(t,t') \geq 1/n$ とは, $1 \leq l \leq n$ なる自然数 l が在って, $\rho(t,t') = 1/l$ となることである．i) における議論から

$$|\varphi(t)-\varphi(t')| \geq \frac{1}{3^l} \geq \frac{1}{3^n}$$

となっている．したがって, $|\varphi(t)-\varphi(t')| < 1/3^n$ のとき $\rho(t,t') < 1/n$, が成り立つことになる．この関係を用いて, φ が開写像であることを示そう．$\forall u \in \tau_\rho$ と $\forall a \in \varphi(u)$ とを考える．$t \in u$ に対して, $\varphi(t) = a$ としよう．自然数 n が在って, $S_\rho(t, 1/n) \subset u$, となっている．CMTS の開球 $S_{d'}(a, 1/3^n)$ を考えよう．$\forall b \in S_{d'}(a, 1/3^n)$, $\exists^1 t' \in T$ s.t. $\varphi(t') = b$, となっている．$1/3^n > d'(a,b) = |\varphi(t)-\varphi(t')|$ だから, $\rho(t,t') < 1/n$ となる．$t' \in S_\rho(t, 1/n) \subset u$ であるから, $b = \varphi(t') \in \varphi(u)$ となって, 関係 $S_{d'}(a, 1/3^n) \subset \varphi(u)$ がしたがう．これは $\varphi(u) \in \tau_{d'}$ を意味する．■

[8.1.2] CMTS の具体的な図

i) $a \in [0,1)$ の 3 進小数表示[*2)]

$$a = \sum_{i=1}^{\infty} \frac{a_i}{3^i},\ a_i \in \{0,\ 1,\ 2\}$$

すなわち $a = (0.a_1 a_2 \cdots)_3$, $a_i \in \{0, 1, 2\}$, を考えよう．今, $a_i \in \{0, 2\}$ となる場合であって, しかも $i_0 < i$ なる i に対しては a_i が常に 0 となるような, 有限 3 進数の場合だけを考えよう．すなわち

$$a = (0.a_1 \cdots a_{i_0} 00 \cdots)_3,\ a_i \in \{0, 2\},\ 1 \leq i \leq i_0$$

なるものすべてを考えよう．ここで後述するように a の有限 3 進小数表示としては 2 通りの表示法が存在するが, ここでは有限個で終るところの, 上のような表示を用いよう．すなわち,

$$a = \frac{a_1}{3} + \frac{a_2}{3^2} + \cdots + \frac{a_n}{3^n},\ a_1,\ a_2,\ldots,a_n \in \{0,\ 2\},\ n < \infty,$$

と表現されるもの全部を考えるわけである．これらの数の最初のいくつかを書いてみると $a = 0/3$, $a = 2/3$, $a = 0/3 + 2/3^2$, $a = 2/3 + 2/3^2, \ldots$

[*2)] pp.125–126 参照.

などとなっている．そこで，ここでは簡単に $a = (0.a_1 \cdots a_i \cdots)_3$ の最初の n 個までを $a = (0.a_1 \cdots a_n)$ と書くことにして

step 1 として $a = (0.a_1)$, $a_1 \in \{0, 2\}$ なる点の組を，

step 2 として $a = (0.a_1 a_2)$, $a_1, a_2 \in \{0, 2\}$ なる点の組を，

step 3 として $a = (0.a_1 a_2 a_3)$, $a_1, a_2, a_3 \in \{0, 2\}$ なる点の組を，

…というようにして順次，点 a の組を考えよう．これらの点は図12の各区間の一方の端点に対応していることがわかる．図は，まず $[0,1]$ から中央の開区間 $(1/3, 2/3)$ をそれぞれ除き，閉区間 $[0, 1/3]$ から，中央の開区間 $(1/9, 2/9)$ を，閉区間 $[2/3, 1]$ から，中央の開区間 $(7/9, 8/9)$ を，それぞれ除き，…とこれを続けていってえられるものである．したがって，中央の $1/3$ の部分を取り去る行為によって残る閉区間の数は，n step 目では 0 と 2 という 2 つのものから重複を許して n 個とるものであるから 2^n となる．中央 $1/3$ 部分を取り除いて残るそれぞれの区間を以下のように表現しよう．step 1 では I_0 と I_2 なる区間，step 2 では I_{00}, I_{02}, I_{20}, I_{22} なる区間，step 3 では I_{000}, I_{002}, I_{020}, I_{022}, I_{200}, I_{202}, I_{220}, I_{222} なる区間，…などと表現しよう．それぞれの区間の添字は，区間の左端の点の3進表示によるものである．

step 1

$I_0 = [(0.0), (0.0) + 1/3]$, $I_2 = [(0.2), (0.2) + 1/3]$

step 2

$I_{00} = [(0.00), (0.00) + 1/3^2]$, $I_{02} = [(0.02), (0.02) + 1/3^2]$

$I_{20} = [(0.20), (0.20) + 1/3^2]$, $I_{22} = [(0.22), (0.22) + 1/3^2]$

step 3

$I_{000} = [(0.000), (0.000) + 1/3^3]$, $I_{002} = [(0.002), (0.002) + 1/3^3]$

$I_{020} = [(0.020), (0.020) + 1/3^3]$, $I_{022} = [(0.022), (0.022) + 1/3^3]$

$I_{200} = [(0.200), (0.200) + 1/3^3]$, $I_{202} = [(0.202), (0.202) + 1/3^3]$

$I_{220} = [(0.220), (0.220) + 1/3^3]$, $I_{222} = [(0.222), (0.222) + 1/3^3]$

となる．ここで各区間の右端の表示は左端の表示に区間の実際の長さを足したものである．各区間の和をそれぞれ $I_0 \cup I_2 = I^1$, $I_{00} \cup \cdots \cup I_{22} = I^2$, $I_{000} \cup \cdots \cup I_{222} = I^3, \ldots$ と表示しよう．

さてここで図において，どのようなことがわかるのか，この図の性質

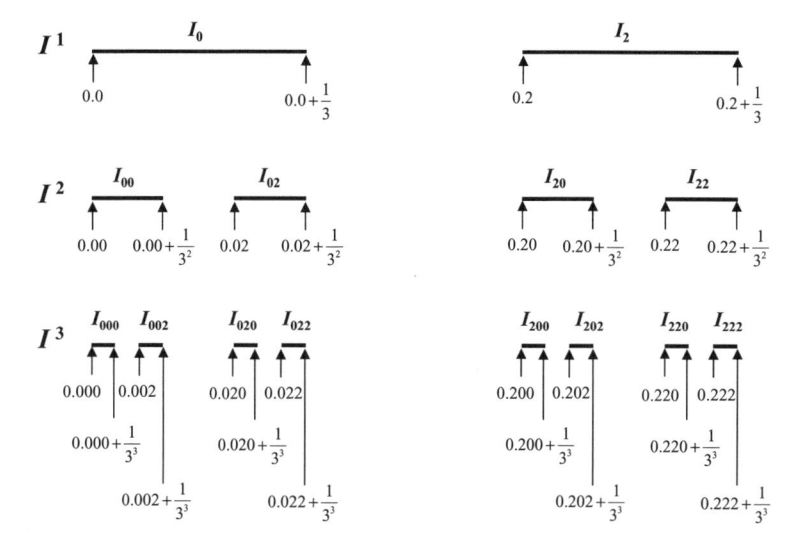

8.1 Cantor の中央 1/3 集合 (CMTS) の定義

図12 CMTS の図

について考えてみよう．

a) $I_{a_1\cdots a_n} \supset I_{a_1\cdots a_n a_{n+1}}$．

b) $a_1\cdots a_n$ と $a'_1\cdots a'_n$ とを 0 と 2 とから成るところの, 長さは同じだが互いに異なる列とすると, $I_{a_1\cdots a_n} \cap I_{a'_1\cdots a'_n} = \phi$ である. 同じ step に属している 2 つの区間は互いに共通部分をもたない．

　　a), b) から $I_{a_1\cdots a_n} \supset I_{a'_1\cdots a'_n a'_{n+1}}$ ならば $a_1\cdots a_n = a'_1\cdots a'_n$ でなければならないことがわかる．実際, $a_1\cdots a_n \neq a'_1\cdots a'_n$ ならば, b) から $I_{a_1\cdots a_n} \cap I_{a'_1\cdots a'_n} = \phi$ である．また, a) から $I_{a'_1\cdots a'_n} \supset I_{a'_1\cdots a'_n a'_{n+1}}$ だから関係 $I_{a_1\cdots a_n} \supset I_{a'_1\cdots a'_n a'_{n+1}}$ は成り立たないことになる．

c) R^1 の compact 集合 $\bigcap_n I^n$ を考えるとき, 各 step を構成する各小区間の端点はすべて $\bigcap_n I^n$ に含まれる．

ii) $\bigcap_n I^n$ と CMTS とは集合として等しい．すなわち,

$$\bigcap_n I^n = C(= \{a \in [0,1]; a = \sum_{i=1}^{\infty} \frac{a_i}{3^i},\ a_i \in \{0,\ 2\}\})$$

proof) 上記 i), c) からまず $\bigcap_n I^n \neq \phi$. 今, 任意の $a \in$ 右辺を考えよ

う．a は非負の a_i から成る点列 $\{a_i\}$ が在って，
$$a = \sum_{i=1}^{\infty} \frac{a_i}{3^i} = \sum_{i=1}^{n} \frac{a_i}{3^i} + \sum_{i=n+1}^{\infty} \frac{a_i}{3^i}$$
と表現されているのだから，
$$\sum_{i=1}^{n} \frac{a_i}{3^i} \leq a \leq \sum_{i=1}^{n} \frac{a_i}{3^i} + \sum_{i=n+1}^{\infty} \frac{2}{3^i} = \sum_{i=1}^{n} \frac{a_i}{3^i} + \frac{1}{3^n}$$
と上下に評価される．ここで $\sum_{i=1}^{n} a_i/3^i$ を $(0.a_1 \cdots a_n)$ と表示すれば，$a \in [(0.a_1 \cdots a_n), (0.a_1 \cdots a_n) + 1/3^n]$ となるから，$a \in I_{a_1 \cdots a_n} \subset I^n$ なる関係が任意の n に関して成り立っていることがわかる．したがって $a \in$ 左辺，がえられる．逆に任意の $a \in$ 左辺を考えよう．n をひとつ固定すれば i) の b) から，ただひとつ $a'_1 \cdots a'_n$ が在って，$a \in I_{a'_1 \cdots a'_n}$ となっている．さらに $a \in I^{n+1}$ だから，ただひとつ $a_1 \cdots a_n a_{n+1}$ が在って $a \in I_{a_1 \cdots a_n a_{n+1}}$，となっているのであるが，i) の b) の後に注意したようにこのときには，$a_1 \cdots a_n = a'_1 \cdots a'_n$ でなければならない．したがって，ただひとつ列 $a'_1 \cdots a'_n a'_{n+1} \cdots$ が定まっていて，$I_{a'_1} \supset I_{a'_1 a'_2} \supset \cdots \supset I_{a'_1 \cdots a'_n} \supset I_{a'_1 \cdots a'_n a'_{n+1}} \supset \cdots$ となっていて，$a \in I_{a'_1}, a \in I_{a'_1 a'_2}, \ldots, a \in I_{a'_1 \cdots a'_n}, a \in I_{a'_1 \cdots a'_n a'_{n+1}}, \ldots$ となっている．さて
$$a \in \left[(0.a'_1 \cdots a'_n), (0.a'_1 \cdots a'_n) + \frac{1}{3^n} \right] = \left[\sum_{i=1}^{n} \frac{a'_i}{3^i}, \sum_{i=1}^{n} \frac{a'_i}{3^i} + \frac{1}{3^n} \right]$$
であるから，
$$\left| a - \sum_{i=1}^{\infty} \frac{a'_i}{3^i} \right| \leq \left| a - \sum_{i=1}^{n} \frac{a'_i}{3^i} \right| + \left| \sum_{i=1}^{n} \frac{a'_i}{3^i} - \sum_{i=1}^{\infty} \frac{a'_i}{3^i} \right|$$
$$\leq \frac{1}{3^n} + \sum_{i=n+1}^{\infty} \frac{a'_i}{3^i} \leq \frac{1}{3^n} + \sum_{i=n+1}^{\infty} \frac{2}{3^i} = \frac{2}{3^n}$$
となる．n は任意だから任意の $\varepsilon > 0$ に対して
$$\left| a - \sum_{i=1}^{\infty} \frac{a'_i}{3^i} \right| < \varepsilon$$
が成り立つから，$a = \sum_{i=1}^{\infty} a'_i/3^i \in$ 右辺，をうる．∎

ここで C の定義に用いた和 $\sum_{i=1}^{\infty} 2/3^i$ が存在することをたしかめてお

8.1 Cantor の中央 1/3 集合（CMTS）の定義

こう．公式

$$1+x+x^2+\cdots+x^n = \frac{1-x^{n+1}}{1-x}$$

によって $\sum_{i=1}^{\infty} 2/3^i$ の部分和 S_n は

$$\begin{aligned}S_n &= \sum_{i=1}^{n} \frac{2}{3^i} = 2\sum_{i=1}^{n} \frac{1}{3^i} \\ &= \frac{2}{3}\left(1+\frac{1}{3}+\cdots+\frac{1}{3^{n-1}}\right) = \frac{2}{3}\left(\frac{1-1/3^n}{1-1/3}\right) < 1\end{aligned}$$

と評価されるから $\{S_n\}$ は上に有界な単調増加列となって，その上限に収束する（[3.2.2] 参照）．したがって $\sum_{i=1}^{\infty} 2t_i/3^i$ はたしかに存在する．

次に $x \in [0,1)$ の m 進小数表示について復習しておこう．$m \geq 2$ とするとき，どんな $x \in [0,1)$ に対しても

$${}^{\exists}k_i \in \{0,\ 1,\ldots,m-1\} \text{ s.t. } \sum_{i=1}^{\infty} \frac{k_i}{m^i} = x$$

と出来る．これをたしかめよう．まず $0 \leq k_i \leq m-1$ だから，部分和 S_n は非負であって，$S_n = \sum_{i=1}^{n} k_i/m^i \leq \sum_{i=1}^{n} m-1/m^i$ と評価される．上に記した公式から

$$\sum_{i=1}^{n}\frac{m-1}{m^i} = \frac{m-1}{m}\left(1+\frac{1}{m}+\cdots+\frac{1}{m^{n-1}}\right) = \frac{m-1}{m}\frac{1-(1/m)^n}{1-1/m}$$

となるから $S_n < 1$ が各 n について成り立つ．したがって上と同様にして，級数 $\sum_{i=1}^{\infty} k_i/m^i$ は任意の $k_1,\ldots,k_i,\ldots \in \{0,\ 1,\ldots,m-1\}$ に対して存在する．

さらに，区間 $[0,1)$ を m 個の区間 $[0,\ 1/m),\ [1/m,\ 2/m),\ldots,[m-1/m,\ 1)$ に分割すれば，点 x はこれらのどれかひとつの区間に入っている．その区間を再び m 個の区間に分割すると，点 x は，その中のひとつの区間に入っている．これを続けると，なんらかの $k_1,\ldots,k_n \in \{0,\ 1,\ldots,m-1\}$ が在って，

$$S_n \leq x < S_n + \frac{1}{m^n}, \ \ S_n = \frac{k_1}{m}+\cdots+\frac{k_n}{m^n}$$

とすることが出来ることがわかる．したがって，$\lim_{n \to \infty} S_n = \sum_{i=1}^{\infty} k_i/m^i = x$ をうる．

$x = \sum_{i=1}^{\infty} k_i/m^i$ を

$$x = (0.k_1 k_2 \cdots)_m$$

と書いて，x の m 進小数表示という．

ここで $k_{n_0}/m^{n_0} = (k_{n_0}-1)/m^{n_0} + 1/m^{n_0}$ とおいて $1/m^{n_0} = 1/m^{n_0} \times \sum_{i=1}^{\infty}(m-1)/m^i$ に注意すると，

$$(0.k_1 \cdots k_{n_0} 0\, 0 \cdots)_m = (0.k_1 \cdots k_{n_0}-1\, (m-1)(m-1)\cdots)_m$$

となるから，あるところから先がすべて 0 になるときだけ，2 通りの表示法が存在する．

8.2 CMTS の性質

[8.2.1] CMTS の性質

i) 位相空間 CMTS は完全である．

proof) 位相空間 CMTS は (R^1, τ_d) の部分空間であった．CMTS が完全であることを示すには [4.1.2] から，関係 $\forall a \in$ CMTS, $\forall u(a) \in \tau_d$, $(u(a) - \{a\}) \cap$ CMTS $\neq \phi$, を示すことが十分であった．今，$\forall \varepsilon > 0$, $\exists N$ s.t. $\mathrm{dia} I_{a_1 \cdots a_N} < \varepsilon$ なる関係が，長さ N のすべての列 $a_1 \cdots a_N$ に対して成り立っている．そこで今，$S_d(a, \varepsilon) \subset u(a)$ なる $\varepsilon > 0$ をひとつ固定すれば，この $\varepsilon > 0$ に対して，N が在って $\mathrm{dia} I_{a_1 \cdots a_N} < \varepsilon$ なる長さ N のある列に対して $a \in I_{a_1 \cdots a_N}$, と出来る．すなわち，$a \in I_{a_1 \cdots a_N} \subset S_d(a, \varepsilon)$ となっている．[8.1.2], i) の c) から，区間 $I_{a_1 \cdots a_N}$ の両端は集合 CMTS に含まれるのだったから，少なくともそのいずれか一方は a 以外の点だから a 以外の CMTS の点が $S_d(a, \varepsilon)$ に，すなわち $u(a)$ に含まれることになって $(u(a) - \{a\}) \cap$ CMTS はたしかに ϕ ではないことになる．∎

今，開集合 $u(a)$ として R^1 の開集合 $S_d(a, 1/n)$ を考えれば $(S_d(a, 1/n) - \{a\}) \cap$ CMTS $\neq \phi$ だから，点 a に R^1 の距離位相で収束する CMTS の点列 $\{a_n\}$ $(a_n \neq a)$ が存在することになる．ここで [0.3.1] の距離空間に関する注意から $S_d(a, 1/n) \cap$ CMTS $= S_{d'}(a, 1/n)$ であることを思い出せば，$a_n \in S_{d'}(a, 1/n) - \{a\}$ なる CMTS の点列 $\{a_n\}$ $(a_n \neq a)$ で，CMTS の位相で，点 a に収束するものが存在するといってもよいことに

ii) [8.1.1] から CMTS は 0 次元であるところの (T, τ_ρ) と同相なのだから，それ自身 0 次元である．したがって CMTS は完全不連結である．

iii) CMTS に属する任意の点 a に対して，$(\text{CMTS})^c = R^1 - \text{CMTS}$ (CMTS の補集合) の点 p_n から成る R^1 の列 $\{p_n\}$ で R^1 の距離位相で点 a に収束するものがとれる．

proof) もし点 $a \in \text{CMTS}$ と番号 n_0 とが在って $S_d(a, 1/n_0) \cap (\text{CMTS})^c = \phi$, となるものとすると，$S_d(a, 1/n_0) \subset \text{CMTS}$ ということになる．$S_d(a, 1/n_0) = (a - 1/n_0, a + 1/n_0)$ であって，R^1 の区間は (R^1, τ_d) の連結集合である ([2.1.4] 参照) から，R^1 の部分空間 CMTS の連結集合ということになる ([2.1.3] 参照)．これは位相空間 CMTS が完全不連結であるという，上記 ii) に反する．したがって，$\forall n$ に対して，$S_d(a, 1/n) \cap (\text{CMTS})^c \neq \phi$, と出来るから，$\exists \{p_n\} \subset \text{CMTS}^c$ s.t. $p_n \to a \ (n \to \infty)$ in (R^1, τ_d), となる．■

8.3 CMTS と同相な空間

[8.3.1] CMTS の分割

実数 R^1 の部分空間としての位相空間 (CMTS, τ_{CMTS})[*3] は 0 次元で完全な T_0 空間である．したがって [4.2.1], i) が適用出来て，以下が成り立つ．

『任意の自然数 $n \ (\geq 2)$ に対して，CMTS の，ϕ でない開かつ閉なる集合 $D_1, \ldots, D_n$ が在って，$D_i \cap D_{i'} = \phi, i \neq i'$ かつ $\bigcup_{i \in \overline{n}} D_i = \text{CMTS}$, と出来る』

各 D_i は R^1 の，上下に有界な集合だからその下限，$\inf D_i$ と，その上限，$\sup D_i$ とが存在する．ここで D_i は完全な空間の開集合だから，2 点以上を含む ([4.1.3] 参照)．したがって，$\inf D_i < \sup D_i$ となる[*4]．今，以下のような開区間 (a, b) を考えよう．

$$a = \frac{9}{10} \inf D_i + \frac{1}{10} \sup D_i$$

[*3] $d(x, y) = |x - y|$ による実数 R^1 の距離位相を τ, その閉集合の全体を $\mathfrak{S}$ と書くことにする．したがって τ_{CMTS} は CMTS の R^1 における部分空間位相である．

[*4] $\exists e, e' \in D_i$ s.t. $e < e' \Rightarrow \inf D_i \leq e < e' \leq \sup D_i$.

$$b = \frac{1}{10}\inf D_i + \frac{9}{10}\sup D_i$$

今，区間 (a,b) がすべて CMTS に含まれているとすると，(a,b) は R^1 の連結集合だから R^1 の部分空間 CMTS においても連結ということになって（[2.1.3] 参照），CMTS が完全不連結（[8.2.1], ii) 参照）であるという事実に反することになる．したがって CMTS に含まれない点 $q \in (a,b)$ が存在する．D_i は CMTS の部分集合だから，点 q は当然，D_i には含まれない．

この点 q を用いて，D_i を 2 つの部分 D_{i_1}, D_{i_2} に分けよう．

$$D_{i_1} = [\inf D_i, q] \cap D_i$$

$$D_{i_2} = [q, \sup D_i] \cap D_i$$

D_i は R^1 の閉集合 CMTS の閉集合だから，D_i 自身が R^1 の閉集合である．したがって，$\inf D_i \in D_i$ および $\sup D_i \in D_i$ となるから，$D_{i_j} \neq \phi$, $j = 1, 2$. また当然，各 D_{i_j} は CMTS の閉集合である．さらに，$q \notin D_i$ であることを考慮すれば，なんらかの小さい $\delta > 0$ に対して，

$$D_{i_1} = (\inf D_i - \delta, q) \cap D_i$$

$$D_{i_2} = (q, \sup D_i + \delta) \cap D_i$$

とも書けるから，$D_{i_j} \in \tau_{\text{CMTS}}$, $j = 1, 2$ となる．したがって，各 D_{i_j} は CMTS の ϕ でない開かつ閉なる集合であって，$D_{i_1} \cap D_{i_2} = \phi$ かつ $D_{i_1} \cup D_{i_2} = D_i$ なる関係をみたしていることになる．さらにその直径（diameter）に関して

$$\text{dia}D_{i_1} \leq q - \inf D_i \leq b - \inf D_i = \frac{9}{10}(\sup D_i - \inf D_i)$$

$$\text{dia}D_{i_2} \leq \sup D_i - q \leq \sup D_i - a = \frac{9}{10}(\sup D_i - \inf D_i)$$

と評価されるから，D_{i_j} それぞれの直径と D_i の直径との間に

$$\text{dia}D_{i_j} \leq \frac{9}{10}\text{dia}D_i, \quad j = 1, 2 \tag{$*$}$$

なる関係が成り立つ．

ここで CMTS の部分空間としての位相空間 $(D_{i_2}, (\tau_{\text{CMTS}})_{D_{i_2}})$ について考えよう．D_{i_2} は完全な空間 CMTS の開集合だから，CMTS の部分空間として再び完全となる（[4.1.3] 参照）．また，0 次元空間の部分空間は再び 0 次元であるから，CMTS の部分空間 $(D_{i_2}, (\tau_{\text{CMTS}})_{D_{i_2}})$ は 0 次元で完全な T_0 空間という

8.3 CMTSと同相な空間

ことになる．したがって，この D_{i_2} に対して再び [4.2.1], i) が適用出来ることになって以下が成り立つ．

『任意の $m (\geq 2)$ に対して，D_{i_2} の，ϕ でない開かつ閉なる集合 $D_{i_{2_1}}, \ldots, D_{i_{2_{m-1}}}$ が在って，$D_{i_{2_l}} \cap D_{i_{2_{l'}}} = \phi, l \neq l'$ かつ $\bigcup_{l \in \overline{m-1}} D_{i_{2_l}} = D_{i_2}$，と出来る』

ここで D_{i_2} は CMTS の，ϕ でない開かつ閉なる集合だったから，その開かつ閉なる集合 $D_{i_{2_1}}, \ldots, D_{i_{2_{m-1}}}$ もまた，それぞれ，CMTS の，ϕ でない開かつ閉なる集合ということになる（[4.2.1], ii) 参照）．さて，

$$\mathrm{dia} D_{i_{2_l}} \leq \mathrm{dia} D_{i_2} \leq \frac{9}{10} \mathrm{dia} D_i, \quad l = 1, \ldots, m-1$$

は明らかだから，今，$D_{i_{2_1}}$ を D_{i_2}，$D_{i_{2_2}}$ を D_{i_3}，$\ldots$，$D_{i_{2_{m-1}}}$ を D_{i_m} とそれぞれあらためて書くことにすれば，上の関係 (*) と合わせて，

$$\mathrm{dia} D_{i_j} \leq \frac{9}{10} \mathrm{dia} D_i, \quad j = 1, \ldots, m$$

なる関係が，成り立つことがわかる．すなわち，D_i に対して $m (\geq 2)$ を任意の自然数とするとき，CMTS の，ϕ でない開かつ閉なる m 個の集合 $D_{i_1}, \ldots, D_{i_m}$ が在って，

$$D_{i_j} \cap D_{i_{j'}} = \phi, j \neq j', \bigcup_{j \in \overline{m}} D_{i_j} = D_i \text{ かつ } \mathrm{dia} D_{i_j} \leq \frac{9}{10} \mathrm{dia} D_i,$$

と出来る．次にさらに上のひとつの D_{i_j} について考えてみよう．D_{i_j} は上に述べたように，CMTS の，ϕ でない開かつ閉なる集合であったから，D_i の場合とまったく同様の手続きを行おう．

$$a_1 = \frac{9}{10} \inf D_{i_j} + \frac{1}{10} \sup D_{i_j}$$

$$b_1 = \frac{1}{10} \inf D_{i_j} + \frac{9}{10} \sup D_{i_j}$$

とおくと，開区間 (a_1, b_1) 内に D_{i_j} に含まれない点 q_1 が存在するから，この点 q_1 を用いて D_{i_j} を $D_{i_{j_1}}$ と $D_{i_{j_2}}$ の 2 つの部分に分ける．

$$D_{i_{j_1}} = [\inf D_{i_j}, q_1] \cap D_{i_j}$$

$$D_{i_{j_2}} = [q_1, \sup D_{i_j}] \cap D_{i_j}$$

$\inf D_{i_j} \in D_{i_j}$，$\sup D_{i_j} \in D_{i_j}$ となるから，$D_{i_{j_1}} \neq \phi$，$D_{i_{j_2}} \neq \phi$ となる．D_{i_j} は CMTS の閉集合だから，$D_{i_{j_1}}$ も $D_{i_{j_2}}$ もともに CMTS の閉集合となる．また，

$$D_{i_{j_1}} = (\inf D_{i_j} - \delta, q_1) \cap D_{i_j}$$

$$D_{i_{j_2}} = (q_1, \sup D_{i_j} + \delta) \cap D_{i_j}$$

とも書けるから，$D_{i_{j_1}}$ も $D_{i_{j_2}}$ も CMTS の開集合でもある．したがって $D_{i_{j_1}}$ および $D_{i_{j_2}}$ は，CMTS の ϕ でない開かつ閉なる集合であって，$D_{i_{j_1}} \cap D_{i_{j_2}} = \phi$ かつ $D_{i_{j_1}} \cup D_{i_{j_2}} = D_{i_j}$ なる関係をみたしていることになる．さらにその直径に関しても

$$\mathrm{dia} D_{i_{j_1}} \leq q_1 - \inf D_{i_j} \leq b_1 - \inf D_{i_j} = \frac{9}{10}(\sup D_{i_j} - \inf D_{i_j})$$

$$\mathrm{dia} D_{i_{j_2}} \leq \sup D_{i_j} - q_1 \leq \sup D_{i_j} - a_1 = \frac{9}{10}(\sup D_{i_j} - \inf D_{i_j})$$

なる $(*)$ と類似の関係がえられる．

そこで CMTS の部分空間 $(D_{i_{j_2}}, (\tau_{\mathrm{CMTS}})_{D_{i_{j_2}}})$ に関して D_{i_2} の場合と同じ状況が与えられたわけだから，結局，以下の結果がえられる．すなわち，D_{i_j} に対して，$m'\,(\geq 2)$ を任意の自然数とするとき，CMTS の，ϕ でない開かつ閉なる m' 個の集合 $D_{i_{j_1}},\dots,D_{i_{j_{m'}}}$ が在って，

$$D_{i_{j_k}} \cap D_{i_{j_{k'}}} = \phi, \ k \neq k', \ \bigcup_{k \in \overline{m'}} D_{i_{j_k}} = D_{i_j} \ かつ$$

$$\mathrm{dia} D_{i_{j_k}} \leq \frac{9}{10} \mathrm{dia} D_{i_j} \leq \left(\frac{9}{10}\right)^2 \mathrm{dia} D_i \leq \left(\frac{9}{10}\right)^2 {}^{*5)}$$

と出来る．

こうして次々に分割を続けるとき，分割によってえられるところの各小部分の直径に関して

$$\mathrm{dia} D_{i_{j_1}\cdots j_n} \leq \left(\frac{9}{10}\right)^n$$

なる一般的評価が成り立つことになる．

[8.3.2] compact 距離空間 (X, τ_d) が完全かつ 0 次元ならば，CMTS と同相である．

proof) まず，compact 空間 (X, τ) から T_2 空間 (Y, τ') への連続全単射 f が存

---

*5) $D_i \subset [0,1]$ だから．

8.3 CMTS と同相な空間

在するならば,$f: X \to Y$ は同相写像であることに注意しよう.実際,$K \in \mathfrak{S}$ は [3.1.1], ii) から X の compact 集合であって,[3.1.9] で注意したように $f(K)$ は Y の compact 集合である.したがって [3.1.1], iii) から $f(K) \in \mathfrak{S}'$ が成り立って f は閉写像([1.2.3] 参照)である.そこで,CMTS から X への連続な全単射 f の存在が示されれば,f は同相写像であることになる.そのような f を [4.3.4] を用いて構成しよう.まず $\varepsilon = 1$ として,[4.2.4], i) における $X_1, \ldots, X_n$ を定めよう.すなわち,各 X_i は X の,ϕ でない開かつ閉なる集合であって dia $X_i < 1$,となっている.[8.3.1] の CMTS の分割のところで述べたように,この数 n に対して,CMTS をその ϕ でない開集合 $D_1, \ldots, D_n$ を用いて,n 個に分割することが出来る.

今,写像 $F_1 : \text{CMTS} \to \mathfrak{S}_d - \{\phi\}$ を $F_1(p) = X_i$, $p \in D_i$,として定めれば,この写像 F_1 が,[4.3.4] の i), iii) の条件をみたしていることは明らかである.実際,X_i を含むところの,X の任意の開集合 U に対して,CMTS の開集合 D_i が在って,D_i 内の任意の点 p' に対しても $F_1(p') = X_i \subset U$ となるから F_1 は usc 写像である.さて各 X_i は完全な空間の開集合だから少なくとも異なる 2 点を含むことになる([4.1.3] 参照)から $\text{dia} X_i > 0$ である.ここで $\varepsilon = \text{dia} X_i / 2$ に対して,[4.2.4], ii) を X_i に対して適用して,以下のような X_i の分割 $X_{i_1}, \ldots, X_{i_{n_i}}$ を作ろう.すなわち,各 X_{i_j} は X の,ϕ でない開かつ閉なる集合であって,$\text{dia} X_{i_j} < \varepsilon$,となっている.ここで $n_i \geq 2$ は明らかである.実際,X_{i_j} の直径は $(\text{dia} X_i)/2$ 未満なのだから,ひとつの X_{i_j} で X_i を覆うことは出来ない.ここで,[8.3.1] の CMTS の分割における D_{i_j} を考えれば,各 D_i を CMTS の ϕ でない開集合 $D_{i_1}, \ldots, D_{i_{n_i}}$ を用いて,n_i 個の部分に分割することが出来る.さて,写像 $F_2 : \text{CMTS} \to \mathfrak{S}_d - \{\phi\}$ を,$F_2(p) = X_{i_j}$, $p \in D_{i_j}$,として定めよう.この写像 F_2 が [4.3.4] の i), ii), iii) の条件をみたしていることは見やすい.$\text{dia} X_{i_j} > 0$ を考慮して [4.2.4], iii) を X_{i_j} に適用しよう.さらにそれを続けていって写像 $F_n : \text{CMTS} \to \mathfrak{S}_d - \{\phi\}$ を作れば,条件 [4.3.4], iv) が明らかにみたされるから,結局 CMTS から X への連続な全射 f の存在が示された.最後にこの写像 f が単射であることを示して証明を終ろう.今,点 $p, p' \in \text{CMTS}$, $p \neq p'$ を考えよう.$|p - p'| > (9/10)^{k-1}$ なる番号 k をひとつ定めよう.そこで写像 $F_k : \text{CMTS} \to \mathfrak{S}_d - \{\phi\}$ を定めるのに用いられた CMTS

の分割を考えよう．$\text{dia}D_{i_{j_1}\cdots j_{k-1}} \leq (9/10)^{k-1}$ であるから点 p と点 p' とは同じ，小領域 $D_{i_{j_1}\cdots j_{k-1}}$ に入ることは出来ない．そこで $F_k(p) \cap F_k(p') = \phi$ でなければならない．$f(p) = \bigcap_n F_n(p) \subset F_k(p)$, $f(p') = \bigcap_n F_n(p') \subset F_k(p')$ であるから $f(p) \neq f(p')$ となって写像 f が単射であることがたしかめられた．∎

さて，もしこの 0 次元 compact 距離空間が完全ではない場合には，どのようなことがいえるのだろうか．これについては以下が成り立つ（より詳しい解説は参考書・参考文献 [9]）．

[8.3.3] comapct 距離空間 (X, τ_d) が 0 次元ならば，それは CMTS に埋め込まれる（[1.2.2] 参照）．

proof) [4.2.4] の後でも注意したように，上の証明の中の X_i, $X_{i_j}, \ldots$ が 1 点であるとすると，そのとき，対応する D_i の中から任意に 1 点を選んでそれをあらためて D_i と考えよう．こうしてあらためて添字付けられたところの小領域をもつところの，CMTS の部分集合は明らかに，CMTS の閉集合である．次に X_{i_j} が 1 点であれば対応する D_{i_j} を 1 点に還元して考えよう．こうして各 step ごとに作られた，CMTS の閉集合の共通部分をとってそれを CMTS' と書くことにすれば，CMTS' は明らかに CMTS の，ϕ でない compact 集合ということになる．また，たとえ 1 点に還元されたとはいえ，新たな D_i, $D_{i_j}, \ldots$ などは CMTS' の開集合である．したがって，CMTS の compact 集合 CMTS' から X への同相写像が存在することがわかる．すなわち，X は CMTS に埋め込まれることが理解された．∎

第9章
有限次元線形空間の位相

ベクトル解析の基礎としての有限次元線形空間の位相について詳しく述べる．特に，線形空間 V の位相が，V から実数 R^1 への線形写像をすべて連続にするところの最も弱い位相であることを説明する．なお線形空間の初歩的な事項については一応既知とするが，不慣れな読者は参考書・参考文献 [4] などをごらんいただきたい．

9.1 ノルムの定める位相

[9.1.1] 有限次元線形空間 (finite dimensional linear space) のノルム (norm)

線形空間 V 上のノルムとは V から実数 R^1 への写像 $x \mapsto \|x\|$ で以下の条件をみたすもののことである．

 i) $x \in V$ について $\|x\| \geq 0$, $\|x\| = 0 \Leftrightarrow x = \mathbf{0}$ (V のゼロベクトル)，
 ii) $\|\lambda x\| = |\lambda|\|x\|$, $\lambda \in R^1$,
 iii) $\|x+y\| \leq \|x\|+\|y\|$ (三角不等式)．

i), iii) から $\|x_1+\cdots+x_n\| \leq \|x_1\|+\cdots+\|x_n\|$，および $\|x-y\| \geq |\|x\|-\|y\||$ が出る．ノルムの定まった線形空間をノルム（線形）空間 (normed (linear) space) という．

内積 $(\,,\,)$ によってノルムが $\|x\| = \sqrt{(x,x)}$ として定義されているとき Schwarz の不等式 (Schwarz inequality)

$$|(x,x)| \leq \|x\|\|y\|$$

が成り立つ．

さて線形空間 V 上のノルム $\| \|_1$ とノルム $\| \|_2$ とが同値であるとは，正数 k と K とが在って，

$$k\|x\|_1 \leq \|x\|_2 \leq K\|x\|_1$$

なる関係が任意の $x \in V$ に対して成り立つことである[*1]．今，実線形空間 V の次元を n として，V の基底 (base) のひとつを $e = \{e_1, \ldots, e_n\}$ としよう．この固定された基底を用いて，ノルム $\| \|_0$ を $x = \sum_i x_i e_i$ に対して $\|x\|_0 = \max_i |x_i|$ （ここで $|x_i|$ は x_i の絶対値）で定めよう．すなわち $\|x\|_0$ の値はあらかじめ固定した基底 e を反映する．

[9.1.2] $\| \|$ を V 上のひとつのノルムとする．$\| \|$ は上記のノルム $\| \|_0$ と同値である．
proof) $\|x\| = \|\sum_i x_i e_i\| \leq \max_i |x_i| \sum_i \|e_i\|$ となるから，$\sum_i \|e_i\|$ を K とおけば，関係 $(*)$ がえられる．

$$\|x\| \leq K\|x\|_0 \tag{*}$$

次に逆向きの不等式を求めよう．まず恒等写像 $I: (V, \tau_{\| \|_0}) \to (V, \tau_{\| \|})$, $x \mapsto x$ を考えよう．ここで $\tau_{\| \|_0}$ などは，$x, y \in V$ に対して，$\|x-y\|_0$ なる値を 2 点間の距離とした距離位相を表す．上に与えられた関係から，

$$\|I(x) - I(y)\| = \|x - y\| \leq K\|x - y\|_0$$

となるから，この写像 I は（一様）連続である．今，$\mathbf{0}$ を V のゼロベクトルとして $(V, \tau_{\| \|})$ の閉集合 $B_{\| \|}(\mathbf{0}, r) = \{x \in V;\ \|x\| \leq r\}$ を考えれば，写像 I の連続性から，

$$I^{-1}(B_{\| \|}(\mathbf{0}, r)) = B_{\| \|}(\mathbf{0}, r)$$

は $(V, \tau_{\| \|_0})$ 内の閉集合となる．

ここで $(V, \tau_{\| \|_0})$ 内の有界閉集合 F が compact 集合となることをたしかめよう．ただし，$F \subset V$ が有界であるとは，F の点 x に対して $\|x\|_0 \leq M$ なる M が存在すること，すなわち，$F \subset B_{\| \|_0}(\mathbf{0}, M) = \{x \in V;\ \|x\|_0 = \|\sum_i x_i e_i\|_0 = \max_i |x_i| \leq M\}$ となることである．閉区間 $[-M, M]$ の n 個の直積 $[-M, M] \times$

[*1] このとき，$\forall x \in V$, $\exists p, P > 0$ s.t. $p\|x\|_2 \leq \|x\|_1 \leq P\|x\|_2$, である．

$\cdots\times[-M,M]$ は，2 点 $x=(x_1,\ldots,x_n)$, $y=(y_1,\ldots,y_n)$, $x_i, y_i\in[-M,M]$ 間の距離 d を $d(x,y)=\max_i|x_i-y_i|$ によって定めれば [3.2.10] Heine–Borel の定理の後の注意から，compact となる．そこで連続全射

$$\psi_e: [-M,M]\times\cdots\times[-M,M]\to B_{\|\ \|_0}(\mathbf{0},M),\ (x_1,\ldots,x_n)\mapsto x=\sum_i x_i e_i$$

を考えれば，$B_{\|\ \|_0}(\mathbf{0},M)$ も compact となる．さて，F は $B_{\|\ \|_0}(\mathbf{0},M)$ に含まれる閉集合だから，そこで compact となる．したがって，[3.1.1] の終りに述べたことから F は $(V,\tau_{\|\ \|_0})$ の compact 集合である．今，F として $\{x\in V;\|x\|_0=1\}$ なるものを考えれば，この F は $(V,\tau_{\|\ \|_0})$ 内の閉集合であって，$B_{\|\ \|_0}(\mathbf{0},1)$ に含まれるから，$(V,\tau_{\|\ \|_0})$ の compact 集合である．$B_{\|\ \|}(\mathbf{0},r)$ が $(V,\tau_{\|\ \|_0})$ の閉集合となることは先に述べたから，

$$F_r = F\cap B_{\|\ \|}(\mathbf{0},r)$$

とおけば，F_r は $(V,\tau_{\|\ \|_0})$ の compact 集合 F に含まれる閉集合である．今，$\bigcap_{r>0}B_{\|\ \|}(\mathbf{0},r)=\{\mathbf{0}\}$ なる関係に注意すれば

$$\bigcap_{r>0}F_r = F\cap(\bigcap_{r>0}B_{\|\ \|}(\mathbf{0},r)) = \phi$$

となるが，F は compact だから，$^\exists r_1,\ldots,r_n$ s.t. $F_{r_1}\cap\cdots\cap F_{r_n}=\phi$, となっている（[3.1.1] 参照）[*2]．$\min\{r_1,\ldots,r_n\}=k>0$ とおくと，

$$F_k = F\cap B_{\|\ \|}(\mathbf{0},k)\subset F\cap B_{\|\ \|}(\mathbf{0},r_i) = F_{r_i},\ i\in\overline{n}$$

であるから，

$$F_k \subset \bigcap_{i\in\overline{n}}F_{r_i} = \phi$$

となる．すなわち，

$$\|x\|\leq k \text{ なる } x\in V \text{ に対しては，}\|x\|_0\neq 1 \qquad (**)$$

という関係がえられた．そこで，V の点 a に関して $\|a\|_0\geq 1$ でありながら，$\|a\|\leq k$ ということがありうるか否か，検討しよう．

$$\left\|\frac{1}{\|a\|_0}a\right\| = \frac{1}{\|a\|_0}\|a\| \leq \frac{k}{\|a\|_0} \leq k$$

[*2] 各 F_r は compact 空間 F の閉集合だから．

ところが，上の関係 (**) を用いれば，$\left\|\frac{1}{\|a\|_0}a\right\|_0 \neq 1$ となって，$\|\ \|_0$ がノルムであることに反することになる．したがって，関係 (**) の下では，

$$\|x\| \leq k \text{ ならば } \|x\|_0 < 1$$

なる関係が成り立つことがわかる．そこで，$\mathbf{0} \neq x \in V$ に対して $\|x\|/k = \mu > 0$ とおくと $\|x/\mu\| = k$ であるから，上の関係から $\|x/\mu\|_0 < 1$ をうる．すなわち，$k\|x\|_0 < \|x\|$ である．もし $x = \mathbf{0}$ ならば，$k\|x\|_0 = \|x\| = 0$ であるから，両者を合わせて，評価 (***) がえられた．

$$k\|x\|_0 \leq \|x\|. \qquad (***)$$

(*) と (***) とから，任意の $x \in X$ に対して関係

$$k\|x\|_0 \leq \|x\| \leq K\|x\|_0$$

をうる．したがって $\|\ \|_0$ と $\|\ \|$ とは同値なノルムである．∎

[9.1.3] $\|\ \|$ と $\|\ \|'$ とを V 上の2つのノルムとするとき，$\|\ \|$ と $\|\ \|_0$ が同値であって，$\|\ \|'$ と $\|\ \|_0$ も同値であるから，結局，$\|\ \|$ と $\|\ \|'$ とも同値となる．

さて，同値なノルムの作る位相は等しいことをたしかめよう．$k\|\ \| \leq \|\ \|' \leq K\|\ \|$ となっているものとしよう．$\tau_{\|\ \|} \subset \tau_{\|\ \|'}$ を示そう．$u \in \tau_{\|\ \|}$ の点 p を考えると，$\delta > 0$ が在って，$S_{\|\ \|}(p, \delta) = \{q \in V;\ \|p - q\| < \delta\} \subset u$ となっている．そこで，$S_{\|\ \|'}(p, k\delta) = \{q \in V;\ \|p - q\|' < k\delta\}$ なる開球を考えると，$q \in S_{\|\ \|'}(p, k\delta)$ に対して

$$\|p - q\| \leq \frac{1}{k}\|p - q\|' < \frac{1}{k}k\delta = \delta$$

だから，$q \in S_{\|\ \|}(p, \delta) \subset u$ となる．すなわち，$S_{\|\ \|'}(p, k\delta) \subset u$ となって，$u \in \tau_{\|\ \|'}$ が示された．関係 $\tau_{\|\ \|'} \subset \tau_{\|\ \|}$ も同様にしてえられるから $\tau_{\|\ \|} = \tau_{\|\ \|'}$ となる．すなわち，有限次元線形空間上の任意の2つのノルムの作る位相は同じものである．逆に，2つのノルムが同じ位相を定めるとき，この2つのノルムは同値であることを示すことが出来る．実際，$\tau_{\|\ \|} = \tau_{\|\ \|'}$ としよう．$S_{\|\ \|}(\mathbf{0}, 1)$ は $\tau_{\|\ \|'}$ の開集合だから，$S_{\|\ \|'}(\mathbf{0}, r) \subset S_{\|\ \|}(\mathbf{0}, 1)$ なる正数 r が存在する．したがって，$\mathbf{0} \neq x$ に対して，$0 < k < r$ なる k を用いて，$kx/\|x\|'$ なるベクトルを考えれば $S_{\|\ \|}(\mathbf{0}, 1) \subset B_{\|\ \|'}(\mathbf{0}, 1)$ だから $k\|x\|/\|x\|' \leq 1$ なる関係がえられる．すなわち $k\|x\| \leq \|x\|'$ となる．まったく同様にして，ある正数 K をもっ

て，$K\|x\|' \le \|x\|$ とすることが出来る．

[9.1.4] 写像の族が定める位相について考えよう．X を集合，(Y, τ') を位相空間とする．$f : X \to Y$ なる写像のある族 $\{f\}$ に対して，以下のような，X の部分集合族 $\mathcal{L}_0$ を作ろう．

$$\mathcal{L}_0 = \{f^{-1}(u') \subset X;\ u' \in \tau',\ f \in \{f\}\}$$

この $\mathcal{L}_0$ によって生成された位相 τ^* を考えると，τ^* は $\mathcal{L}_0$ を含む位相の中で最も弱いものであった（[0.2.2] 参照）．今，族 $\{f\}$ に含まれるすべての写像 f を連続にするところの X の位相 τ をひとつ考えよう．X の全部分集合 2^X はそのような位相 τ のひとつだから，そのような τ の全体は ϕ ではない．当然，$\mathcal{L}_0 \subset \tau$ でなければならないから，$\tau^* \subset \tau$ である．一方，τ^* 自身も $\mathcal{L}_0$ を含んでいるのだから，すべての f を連続にする位相である．すなわち τ^* は $\{f\}$ のすべての f を連続にするところの最も弱い位相であることになる．

今，n 次元線形空間 V から実数 R^1 への線形写像 (linear mapping) T の全体 $L(V, R^1)$ を考えよう．R^1 の位相を $d(x,y) = |x-y|$ なる距離 d で定めるとき，$L(V, R^1)$ のすべての T を連続にするところの最も弱い位相は

$$\mathcal{L} = \{T^{-1}(u) \subset V;\ u \in \tau_d,\ T \in L(V, R^1)\}$$

から生成される位相 τ^* である．この τ^* を線形空間 V の標準位相という．

[9.1.5] $\|\ \|$ を n 次元線形空間 V 上のひとつのノルムとすると，常に $\tau_{\|\ \|} \subset \tau^*$ が成り立つ．

proof) 任意の $u \in \tau_{\|\ \|}$ と u の任意の点 x を考えれば，$S_{\|\ \|}(x, \delta) \subset u$ となる $\delta > 0$ が存在している．δ は x に依存している．V のひとつの基底を $\{v_1, \ldots, v_n\}$ としよう．今，写像 T_i を $x = \sum_i x_i v_i$ に対して，$T_i : V \to R^1,\ x \mapsto x_i$ となるように定めれば，明らかに $T_i \in L(V, R^1)$ である．ここで $\sum_i \|v_i\| = k$ とおいて，距離空間 R^1 の開集合であるところの開区間 $(x_i - \delta/k,\ x_i + \delta/k)$ を考えよう．

$$T_i^{-1}\left(\left(x_i - \frac{\delta}{k}, x_i + \frac{\delta}{k}\right)\right) = \{y \in V;\ y \text{ の } i \text{ 成分 } y_i \text{ が } \left(x_i - \frac{\delta}{k}, x_i + \frac{\delta}{k}\right)$$

に含まれる $\}$.

$\bigcap_{i\in\overline{n}} T_i^{-1}((x_i-\delta/k,\ x_i+\delta/k)) = \{y \in V;\ y_1 \in (x_1-\delta/k,\ x_1+\delta/k),\dots,y_n \in (x_n-\delta/k,\ x_n+\delta/k)\}$ は当然 ϕ ではないから[*3], 今, $y \in \bigcap_{i\in\overline{n}} T_i^{-1}((x_i-\delta/k,\ x_i+\delta/k))$ なる任意の点 y を考えると,

$$\|x-y\| = \|\sum_i (x_i-y_i)v_i\| \le k \max_i |x_i-y_i| < k\cdot\frac{\delta}{k} = \delta$$

となって, $y \in S_{\|\ \|}(x,\delta)$ をうる. すなわち, $E(x) = \bigcap_{i\in\overline{n}} T_i^{-1}((x_i-\delta/k,\ x_i+\delta/k))$ とおけば

$$E(x) \subset S_{\|\ \|}(x,\delta) \subset u$$

となっている. そこで各 $x \in u$ に対して, このような $E(x)$ を定めることによって,

$$u \subset \bigcup_{x\in u} E(x) \subset u$$

と出来るから, 結局, $u = \bigcup_{x\in u} E(x)$ をうることになる. したがって $u \in \tau^*$ である. ∎

[9.1.6] 有限次元線形空間 V では必ず内積 $(\ ,\ )$ を定めることが出来る. このとき $x \in V$ に対して $\sqrt{(x,x)} = \|x\|_1$ とおくと $\|\ \|_1$ はノルムとなって, このノルムに関して, Schwarz の不等式 $|(x,y)| \le \|x\|_1\|y\|_1$ が成り立つのであった ([9.1.1] 参照). 今, $\|\ \|_1$ を内積 $(\ ,\ )$ から定まるノルムとするとき, 関係 $\tau^* \subset \tau_{\|\ \|_1}$ が成り立つ. これをたしかめよう.

$T \in L(V, R^1)$ を考える. この T に対してただ 1 点 $a \in V$ が在って, $T(x) = (a,x)$, と出来る (参考書・参考文献 [18]) ことを思い出そう. Schwarz の不等式から

$$d(T(x), T(y)) = |T(x)-T(y)| = |T(x-y)| = |(a,(x-y))| \le \|a\|_1 \|x-y\|_1$$

となるから, V 上のノルムを $\|\ \|_1$ としたとき, $T \in L(V, R^1)$ は連続である. したがって $\tau^* \subset \tau_{\|\ \|_1}$ となる. 実際, τ^* は, $T \in L(V, R^1)$ をすべて連続とするところの最も弱い位相であったから.

[9.1.7] [9.1.3] に注意したように, 有限次元線形空間上の任意の 2 つのノルム

[*3] $x = \sum_i x_i v_i$ を含む.

は同値であるから，任意のノルム $\| \ \|$ は内積 $(\ ,\ )$ から定められるノルム $\| \ \|_1$ と同値である．そこで [9.1.3] から $\tau_{\| \ \|} = \tau_{\| \ \|_1}$ であって，一方，[9.1.6] から $\tau^* \subset \tau_{\| \ \|_1}$ だから，$\tau^* \subset \tau_{\| \ \|}$ がえられる．一方，[9.1.5] から $\tau_{\| \ \|} \subset \tau^*$ であったから，結局 $\tau^* = \tau_{\| \ \|}$ となる．すなわち以下が成り立つ．

『有限次元線形空間 V 上のノルムによる V の位相はノルムの種類によらずすべて同じものであって，それは V から（通常の距離 $d(x,y) = |x-y|$ をそなえた）実数 R^1 への線形写像のすべてを連続にするような V の位相の中で最も弱い位相である』

[9.1.8] $\| \ \|$ と $\| \ \|'$ とを V 上の同値なノルムとする．一方のノルムで V が完備[*4)]ならば他方でもそうである．
proof) 一般性を失うことなく，$(V, \tau_{\| \ \|})$ を完備とし，$\| \ \| \leq K\| \ \|'$ としよう．$\{x_n\}$ を $(V, \tau_{\| \ \|'})$ の Cauchy 列とする．すなわち，任意の $\varepsilon > 0$ に対して，N が在って，$N \leq n, m$ に対して，$\|x_n - x_m\|' < \varepsilon/K$，となっている．したがって，$\|x_n - x_m\| < \varepsilon$ であるので，$\{x_n\}$ は $(V, \tau_{\| \ \|})$ の Cauchy 列となって，仮定から x_n はある点 x に収束する．今，任意の $u(x) \in \tau_{\| \ \|'}$ をとれば，$u(x) \in \tau_{\| \ \|}$ でもあるので，N_0 が在って，$N_0 \leq n$ なる任意の n に対して，$x_n \in u(x)$ となる．これは $\{x_n\}$ が $(V, \tau_{\| \ \|'})$ において，点 x に収束していることである．故に $(V, \tau_{\| \ \|'})$ は完備である．■

[9.1.9] 有限次元線形空間 V は任意のノルムで完備である．
proof) $\| \ \|_0$ を [9.1.1] で導入したノルムとして，$\{x_n\}$ を $(V, \tau_{\| \ \|_0})$ の Cauchy 列とする．すなわち，番号 N が在って $N \leq n$ なる n に対しては $\|x_N - x_n\|_0 < 1$ と出来る．$\|x_n\|_0 \leq \|x_N\|_0 + 1$ であるから，

$$\max\{\|x_1\|_0, \ldots, \|x_{N-1}\|_0, \|x_N\|_0 + 1\}^{*5)} = r$$

とおくと，すべての x_n に対して，$x_n \in B_{\| \ \|_0}(\mathbf{0}, r)$ となっていることになる．$B_{\| \ \|_0}(\mathbf{0}, r)$ は [9.1.2] で見たように compact であったから，点列 $\{x_n\}$ は $B_{\| \ \|_0}(\mathbf{0}, r)$ 内で収束する部分列 $\{x_{n_j}\}$ をもつ．Cauchy 列が収束部分列をもて

[*4)] vector $v - w$ のノルムを vector v と vector w との距離としたときに，この距離によって完備（[3.2.1] 参照）ということ．
[*5)] $\max\{a_1, \ldots, a_n\}$ は $a_1, \ldots, a_n$ の中の最大値を指す．

ば，Cauchy 列自身も同じ点に収束する ([3.2.8] 参照)．すなわち $(V, \tau_{\|\ \|_0})$ は完備である．[9.1.8] から，任意のノルム $\|\ \|$ に対しても $(V, \tau_{\|\ \|})$ は完備となる．∎

したがって，一般のノルム空間においてその有限次元部分線形空間は閉集合である．さらに，

『有限次元線形空間 V は局所 compact ([3.3.1]) である』

ことを示すことが出来る．実際，ノルムを $\|\ \|$ としよう．任意の点 $a \in V$ に対して閉球 $B_{\|\ \|}(a, r)$ を考えれば，[9.1.2] に述べたところによって，$B_{\|\ \|}(a, r)$ は $(V, \tau_{\|\ \|_0})$ の閉集合となる．また，$\|\ \|_0 \leq K \|\ \|$ なる関係から，$x \in B_{\|\ \|}(a, r)$ に対して，$\|x\|_0 \leq K(r + \|a\|)$ がえられるから，$B_{\|\ \|}(a, r)$ はノルム $\|\ \|_0$ で有界である．すなわち，$B_{\|\ \|}(a, r)$ は $(V, \tau_{\|\ \|_0})$ の有界閉集合となるから，[9.1.2] の議論から，それは $(V, \tau_{\|\ \|_0})$ の compact 集合である．ところで [9.1.3] から $\tau_{\|\ \|} = \tau_{\|\ \|_0}$ であるから，$B_{\|\ \|}(a, r)$ は $\tau_{\|\ \|}$ の compact 集合でもある．開球 $S_{\|\ \|}(a, r)$ を $B_{\|\ \|}(a, r)$ は含んでいるのだから，[3.3.1] から，$(V, \tau_{\|\ \|})$ は局所 compact ということになる．

無限次元ノルム空間は決して局所 compact にならないことが知られている（参考書・参考文献 [18]）．一方，局所 compact は明らかに位相的性質 ([1.2.1] 参照) だから，無限次元ノルム空間と有限次元ノルム空間とは同相にはならない．

9.2　アフィン空間の位相

[9.2.1]　アフィン空間（affine space）

ここまでは線形空間を考えてきたが，最後にアフィン空間をとりあげて，点，直線，平面などの語の定義を与えておこう．線形空間がベクトルの空間であるのに対して，アフィン空間は点の空間である．線形空間がいわば時間の空間であるのに対して，アフィン空間は時刻の空間である．

X を ϕ でない集合，$\mathbf{X}$ をひとつの線形空間，$\theta: X \times X \to \mathbf{X}$ を，以下の性質によって特徴付けられるところの写像とする．

  i) $\theta_a: X \to \mathbf{X}, x \mapsto \theta(a, x)$ なる偏写像はすべての $a \in X$ に対して全単

ii) Chasles の関係 $\theta_a(b)+\theta_b(c)=\theta_a(c)$ [*7)] が 3 点 $a,b,c\in X$ [*8)] に対して常に成り立つ（図 13）．

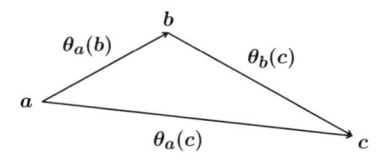

図 13 Chasles の関係

$\mathbf{X}$ を X に付随する線形空間という．X を，あるいは $X,\mathbf{X},\theta$ の 3 つの組 $(X,\mathbf{X},\theta)$ をアフィン空間という．上の関係 ii) において $a=b=c$ とおけば $\theta_a(a)=\mathbf{0}$（$\mathbf{X}$ のゼロベクトル）となるから，常に $\theta_b(a)=-\theta_a(b)$ である．$\theta_a(b)$ を始点 a，終点 b のベクトルとよぶ．

$\mathbf{X}$ の次元を n として，その基底をひとつ $\{x_1,\ldots,x_n\}$ と固定しよう．X の 1 点 c を固定したとき，これらの組 $(c,\{x_1,\ldots,x_n\})=\Sigma$ をアフィン枠（affine frame）とよび c を原点という．点 $a\in X$ の Σ 座標（Σ–coordinate）とは，$\theta_c(a)=\sum_{i\in\overline{n}}\lambda_i x_i$，$\lambda_i\in R^1$ と一意的に表現したときの，実数の n-組 $(\lambda_1,\ldots,\lambda_n)$ のことである．写像

$$\varphi_\Sigma: X\to R^n,\ a\mapsto(\lambda_1,\ldots,\lambda_n)$$

は明らかに全単射である．$\varphi_\Sigma(p)=(\lambda_1,\ldots,\lambda_n)$，$\varphi_\Sigma(q)=(\mu_1,\ldots,\mu_n)$ とするとき，ベクトル $\theta_p(q)$ は $\sum_{i\in\overline{n}}(\mu_i-\lambda_i)x_i$ で表される．

[9.2.2] アフィン多様体（affine manifold）

E を X の部分集合，$\mathbf{E}$ を $\mathbf{X}$ の部分線形空間としよう．以下の i), ii) が成り立つとき，E をアフィン空間 X のアフィン多様体[*9)]という．

i) $a,b\in E$ に対して $\theta(a,b)\in\mathbf{E}$,

ii) $a\in E$，$h\in\mathbf{E}$ に対して $b\in E$ が在って $\theta_a(b)=h$，すなわち $\theta_a^{-1}(h)\in E$,

---

[*6)] すなわち，集合 X と線形空間 $\mathbf{X}$ とは全単射同型である．
[*7)] ここで $\theta_a(b)+\theta_b(c)$ の和 + は当然，線形空間 $\mathbf{X}$ における和である．
[*8)] 正確には $(a,b,c)\in X\times X\times X$.
[*9)] 部分アフィン空間ともいう．

となっている.

写像 θ を $E \times E$ に制限すればアフィン多様体はそれ自身ひとつのアフィン空間である.

さて $\mathbf{X}$ の部分線形空間 $\mathbf{E}$ がひとつ与えられたとき, X の 1 点 a を固定して,

$$E = \{\theta_a^{-1}(h); h \in \mathbf{E}\}$$

とおけば E は X のアフィン多様体となる. ここで θ_a は全単射だから逆写像 θ_a^{-1} はたしかに定まる. 上の i), ii) が成り立つことをたしかめよう.

i) E の任意の 2 点 b, c に対して, $\theta_a(b) = h, \theta_a(c) = k$ となる $\mathbf{E}$ のベクトル h, k が存在する. そこで $\theta(b,c) = \theta_b(c) = \theta_b(a) + \theta_a(c) = -h + k$ となるが, $\mathbf{E}$ はそれ自身ひとつの線形空間だから $-h + k \in \mathbf{E}$ となって i) が示された.

ii) c を E の任意の点, k を $\mathbf{E}$ の任意のベクトルとしよう. $c \in E$ とは $\theta_a(c) \in \mathbf{E}$ ということ. $\theta_a(c) + k \in \mathbf{E}$ だから, E の点 b が在って, $\theta_a(b) = \theta_a(c) + k$ と出来る. $\theta_c(b) = \theta_c(a) + \theta_a(b) = -\theta_a(c) + \theta_a(b) = k$ となって, この点 b が求める点である. ∎

$\mathbf{E}$ の次元をアフィン多様体 E の次元という. 上の結果を用いて, アフィン空間の中の n 次元アフィン多様体を具体的にいくつか定めてみよう.

$\mathbf{E} = \{\mathbf{0}\}$ の場合. ただし, $\mathbf{0}$ は $\mathbf{X}$ のゼロベクトルである. 1 点 $a \in X$ に対して $E = \{\theta_a^{-1}(h); h \in \{\mathbf{0}\}\} = \{a\}$. 0 次元アフィン多様体 $E = \{a\}$ を点 (point) という.

$\mathbf{E} = \{\lambda h; \lambda \in R^1, \mathbf{0} \neq h \in \mathbf{X}\}$ の場合. $E = \{\theta_a^{-1}(v); v \in \mathbf{E}\}$ とおくとき, 1 次元アフィン多様体 E を点 $a \in E$ を通る直線 (line) という.

$\mathbf{E} = \{\lambda h + \mu k; \lambda, \mu \in R^1, h, k$ は, $\mathbf{X}$ の 1 次独立なベクトル $\}$ の場合. $E = \{\theta_a^{-1}(v); v \in \mathbf{E}\}$ とおくとき 2 次元アフィン多様体 E を点 $a \in E$ を通る平面 (plane) という.

[9.2.3] 超平面 (hyperplane)

[9.2.2] において, 平面の定義を述べたので, 時として初学者を悩ます「超平面」の考え方について述べておこう. そのためにまず同値類や商集合について復習

9.2 アフィン空間の位相

しよう．ϕ でない集合 X の直積 $X \times X$ の部分集合 $\sim$ を関係という．$(x,y) \in \sim$ を $x \sim y$ と書くことにしたとき，以下の 3 つの性質が成り立つとき，関係 $\sim$ を同値関係というのであった．

i) $x \sim x$, ii) $x \sim y \Rightarrow y \sim x$, iii) $x \sim y, y \sim z \Rightarrow x \sim z$.

今，点 $a \in X$ の同値類 $\{x \in X;\ x \sim a\}$ を $C(a)$ と書くことにすれば，

$$\bigcup_{a \in X} C(a) = X, \quad C(a) = C(b) \Leftrightarrow a \sim b, \quad C(a) \cap C(b) = \phi \Leftrightarrow a \sim b \text{ でない}.$$

が成り立つ．相異なる同値類全体の作る集合を同値関係 $\sim$ による X の商集合といって，一般に記号 $X/\sim$ で表す（[0.1.5] 参照）．

さて，ここで $\mathbf{E}$ を線形空間 $\mathbf{X}$ の部分線形空間としよう．$x \in \mathbf{X}$ に対して $x - y \in \mathbf{E}$ となるとき，$x \sim y$ と定めれば，$\sim$ は $\mathbf{X}$ における同値関係となる．関係 $\sim$ による $\mathbf{X}$ の商集合を，ここでは $\mathbf{X}/\mathbf{E}$ と書くことにしよう．今，$C, C' \in \mathbf{X}/\mathbf{E}$ に対して，$x \in C$, $x' \in C'$ なる点をひとつずつ選ぼう．そして

$$C(x + x') = C + C', \quad C(\lambda x) = \lambda C(x),\ \lambda \in R^1$$

として，和とスカラー倍を定めると，$\mathbf{X}/\mathbf{E}$ はそれ自身ひとつの線形空間となる．この線形空間 $\mathbf{X}/\mathbf{E}$ のゼロベクトル $\overline{\mathbf{0}}$ は $\mathbf{X}$ のゼロベクトル $\mathbf{0}$ の同値類 $C(\mathbf{0})$ であって

$$\overline{\mathbf{0}} = \mathbf{E}$$

であることに注意しよう．

線形空間 $\mathbf{X}/\mathbf{E}$ の次元を $\mathbf{E}$ の余次元（codimension）といって，$\mathbf{X}$ の次元を n とするとき以下の関係が成り立つ．

$$n = \mathbf{E} \text{ の余次元} + \mathbf{E} \text{ の次元} \qquad (****)$$

実際，今，部分線形空間 $\mathbf{E}$ の基底のひとつを $\{x_1, \ldots, x_m\}$ としよう．線形代数の教えるところによって，これを拡張した $\{x_1, \ldots, x_m, y_1, \ldots, y_p\}$ が $\mathbf{X}$ の基底となるように出来る．以下で $y_1, \ldots, y_p$ それぞれの同値類 $C(y_1), \ldots, C(y_p)$ が線形空間 $\mathbf{X}/\mathbf{E}$ の基底となっていることを示そう．

生成について．C を $\mathbf{X}/\mathbf{E}$ のベクトルとして，点 $x \in C$ を選ぶ．すなわち $C = C(x)$ である．$x = \lambda_1 x_1 + \cdots + \lambda_m x_m + \mu_1 y_1 + \cdots + \mu_p y_p$, $\lambda_i,\ \mu_j \in R^1$

と展開すれば, $x-(\mu_1 y_1+\cdots+\mu_p y_p) \in \mathbf{E} = C(\mathbf{0})$ となることがわかる. したがって $C(x-(\mu_1 y_1+\cdots+\mu_p y_p)) = C(\mathbf{0})$ となるが, $\mathbf{X}/\mathbf{E}$ における和やスカラー倍の定義から, $C(x)+(-1)C(\mu_1 y_1+\cdots+\mu_p y_p) = \overline{\mathbf{0}}$ となる. したがって, $C = C(x) = \mu_1 C(y_1) \dotplus \cdots \dotplus \mu_p C(y_p)$ となって, $\mathbf{X}/\mathbf{E}$ の任意のベクトルが, ベクトル $C(y_1),\ldots,C(y_p)$ の1次結合で表されることがたしかめられた.

1次独立について. $\mu_1 C(y_1) \dotplus \cdots \dotplus \mu_p C(y_p) = \overline{\mathbf{0}}$ としよう. 定義から $C(\mu_1 y_1+\cdots+\mu_p y_p) = C(\mathbf{0})$ であるが, これは $\mu_1 y_1+\cdots+\mu_p y_p - \mathbf{0} \in \mathbf{E}$ を意味する. そこで $\mathbf{E}$ の基底 $\{x_1,\ldots,x_m\}$ を用いれば, $\mu_1 y_1+\cdots+\mu_p y_p = \lambda_1 x_1+\cdots+\lambda_m x_m$ なる関係がなんらかの $\lambda_1 \in R^1,\ldots,\lambda_m \in R^1$ に対して成り立たなければならない. しかし $\{x_1\ldots,x_m,y_1,\ldots,y_p\}$ は1次独立であったから, 結局 $\mu_1 = \cdots = \mu_p = 0$ が導かれる. すなわち, $C(y_1),\ldots,C(y_p)$ は1次独立であることがたしかめられた.

余次元が1となるような部分線形空間 $\mathbf{E}$ を $\mathbf{X}$ の超平面とよぶ, アフィン空間 X のアフィン多様体 E に付随した部分線形空間 $\mathbf{E}$ が $\mathbf{X}$ の超平面のとき, アフィン多様体 E 自身を超平面という. 上の公式 $(****)$ から X が n 次元アフィン空間ならば超平面 E の次元は $n-1$ となる.

[9.2.4] アフィン空間の位相

X に付随した線形空間 $\mathbf{X}$ にノルム $\|\ \|$ が定まっているとき, X に距離 d を
$$d(x,y) = \|\theta_x(y)\|$$
で定める. X の位相はこの距離 d による距離位相 τ_d である. (X,τ_d) と $(\mathbf{X},\tau_{\|\ \|})$ とが同相であることをたしかめよう. 点 $p \in X$ をひとつ固定しよう. 全単射 $\theta_p : X \to \mathbf{X}, x \mapsto \theta_p(x)$ は連続である. 実際, 任意の $\varepsilon > 0$ に対して, $d(x,y) = \|\theta_x(y)\| < \varepsilon$ なる点 y を考えれば $\|\theta_p(x) - \theta_p(y)\| = \|\theta_y(x)\| < \varepsilon$ であるから. また, 逆に $\varphi_p : \mathbf{X} \to X, h \mapsto \theta_p^{-1}(h)$ なる, 写像 θ_p の逆写像を考えれば, これも連続である. 実際, 任意の $\varepsilon > 0$ に対して, $\|h-k\| < \varepsilon$ となるベクトル k を考えれば $\varphi_p(h) = \theta_p^{-1}(h) = a$, $\varphi_p(k) = \theta_p^{-1}(k) = b$ として, $d(\varphi_p(k),\varphi_p(h)) = \|\theta_a(b)\| = \|\theta_p(b) - \theta_p(a)\| = \|k-h\| < \varepsilon$ となるから. すなわち, 偏写像 θ_p が同相写像になっている. したがって, X のアフィン多様体 E が閉集合となるのは, E に付随した部分線形空間 $\mathbf{E}$ が閉集合であるときであっ

て，また，そのときに限ることがわかる．また，アフィン空間 X が完備であるためには，付随した線形空間 $\mathbf{X}$ が完備であることが必要十分であることもたやすく理解出来る．

付　　　録

A.1　fixed point property

[A.1.1] fixed point property
　位相空間 (X,τ) は X からそれ自身への任意の連続写像が少なくともひとつ $f(p)=p$ なる点（f の不動点）をもつとき，X は fixed point property をもつという．同相な空間どうしの間では，片方が fixed point property をもてば他方ももつ．
proof) 仮定から同相写像 $h:(X,\tau)\to(Y,\tau')$ が存在する．今，X が fixed point property をもつものとしよう．$g:(Y,\tau')\to(Y,\tau')$ を連続写像とするとき，合成写像 $h^{-1}\circ g\circ h:(X,\tau)\to(X,\tau)$ は連続だから，$^{\exists}p\in X$ s.t. $h^{-1}\circ g\circ h(p)=p$, となる．$h$ は上への写像だから，$g\circ h(p)=h(p)$ となって，点 $h(p)$ が写像 g の不動点であることがわかる．∎

[A.1.2] 位相空間 (X,τ) が fixed point property をもてば，X は連結．
proof) もし不連結であるとすれば，ϕ でない開集合 A,B が在って $A\cup B=X$, $A\cap B=\phi$, と出来る．今，$f:(X,\tau)\to(X,\tau)$ を $x\in A$ のとき，$f(x)=b\in B$, $x\in B$ のとき，$f(x)=a\in A$ と定めよう．A,B はともに ϕ でないから，それぞれ少なくとも1点は含まれているから，これは可能である．この f は連続だが明らかに不動点をもたない．∎

[A.1.3] 閉区間 $[0,1]$ と同相な位相空間 (X,τ) は fixed point property をもつ．
proof) [A.1.1] から，閉区間 $[0,1]$ が fixed point property をもつことが示されればよいことがわかる．$f:[0,1]\to[0,1]$ を連続としよう．今, $F(x)=f(x)-x$ と

おけば F も連続である．$F(0) = f(0) \geq 0$, $F(1) \leq 0$ であるが，もし $F(0) = 0$ か，あるいは $F(1) = 0$ であるならば，0もしくは1が f の不動点である．そこで，このいずれでもない場合，$F(0) > 0$, $F(1) < 0$ となる場合を考えよう．この場合には，$\xi \in [0,1]$ なる点 ξ が在って $F(\xi) = f(\xi) - \xi = 0$ となることが中間値の定理 ([2.1.10]参照) からいえる．したがって任意の連続写像 $f : [0,1] \to [0,1]$ は不動点をもつ．■

[A.1.4] 位相空間 (X, τ) を連結とする．f, g を X から閉区間 $[0,1]$ への連続写像とし，特に f を全射とする．このとき $f(s) = g(s)$ となる点 $s \in X$ が存在する．

proof) $h(x) = f(x) - g(x)$ とおけば，$h : (X, \tau) \to [-1, 1]$ は連続である．点 $x_0 \in X$ を任意にひとつ固定しよう．$h(x_0) = 0$ ならば，この x_0 が求める点 s である．そこで $h(x_0) > 0$ としよう．写像 f は全射であるから，$^\exists a \in X$ s.t. $f(a) = 0$, となっている．もし $g(a) = 0$ ならば，この a が s である．そこで，$0 < g(a) \leq 1$ の場合を考えると，$h(a) < 0$ となるから中間値の定理から，点 $\xi \in X$ が在って，$h(\xi) = f(\xi) - g(\xi) = 0$, と出来る．一方，$h(x_0) < 0$ とすれば，上と同様にして，$^\exists b \in X$ s.t. $f(b) = 1$, であるから，$g(b) = 1$ ならば $s = b$, $0 \leq g(b) < 1$ ならば $h(b) > 0$ となって，中間値の定理が再び使える．■

[A.1.5] E, F を位相空間 (X, τ) の閉集合であって，$E \cap F = \{p\}$ となるものとする．すなわち，1点だけを共有するものとする．部分空間 (E, τ_E), (F, τ_F) がともに fixed point property をもてば，部分空間 $(E \cup F, \tau_{E \cup F})$ も fixed point property をもつ．

proof) $f : (E \cup F, \tau_{E \cup F}) \to (E \cup F, \tau_{E \cup F})$ を連続写像としよう．一般性を失うことなく，$f(p) \in E$ と仮定しよう．ここで新たな写像

$$\varphi : (E \cup F, \tau_{E \cup F}) \to (E, \tau_E),$$

を $x \in E$ に対しては $\varphi(x) = x$, $x \in F$ に対しては $\varphi(x) = p$ として定めよう．写像 φ の $E \cup F$ の各点における連続性は3つの場合 i) $x \in E$, $x \neq p$, ii) $x = p$, iii) $x \in F$, $x \neq p$ においてたやすくたしかめられる．さて，φ と，f の E への制限

$$f_E : (E, \tau_E)^{*1)} \to (E \cup F, \tau_{E \cup F})$$

との合成 $\varphi \circ f_E : (E, \tau_E) \to (E, \tau_E)$ は連続である．部分空間 (E, τ_E) は fixed point property をもっているので，$\varphi \circ f_E(q) = q$ なる点が存在する．

case 1) $f_E(q) \in F.$ $q = p \Rightarrow \varphi \circ f_E(p) = p.$ $f(p) \in E$ だから $\varphi \circ f(p) = f(p).$ そこで $f(p) = p$ となる．

case 2) $f_E(q) \in E.$ $\varphi \circ f_E(q) = f_E(q) \Rightarrow f_E(q) = q.$ すなわち，$f(q) = q.$ ∎

以下の [A.1.6], [A.1.7], [A.1.8] は証明なしに認めよう．

[A.1.6] S^1（半径 1 の円の円周）と同相な部分を含まないような，局所連結で連結な compact 距離空間（dendrite, [2.4.8] 参照）は fixed point property をもつ．

[A.1.7] Brouwer の定理

2-cell は fixed point property をもつ．ただし，2-cell とは 2 次元の閉球と同相な位相空間のことである．

[A.1.8] (X, τ_d) を連結な compact 距離空間とする．$f_j : (X, \tau_d) \to (X, \tau_d)$, $j = 1, 2, \ldots$ を恒等写像に一様収束するところの写像の列とする．このとき各 $f_j(X)$ が fixed point property をもてば，X 自身, fixed point property をもつ．

A.2　位相空間 dendrite（本文 [2.4.8]）の物理学

本文において，"数学" としての dendrite について述べた．しかし，元来 dendrite とは，自然界にあっては，金属・合金の凝固過程にあらわれる図 14 のような樹枝状晶（単結晶）のことである．近年の詳しい界面物理学的議論は単純閉曲線をその部分空間として含まないという，dendrite の数学的定義は現実

---

*1) $\tau_E = (\tau_{E \cup F})_E$

A.2 位相空間 dendrite（本文 [2.4.8]）の物理学

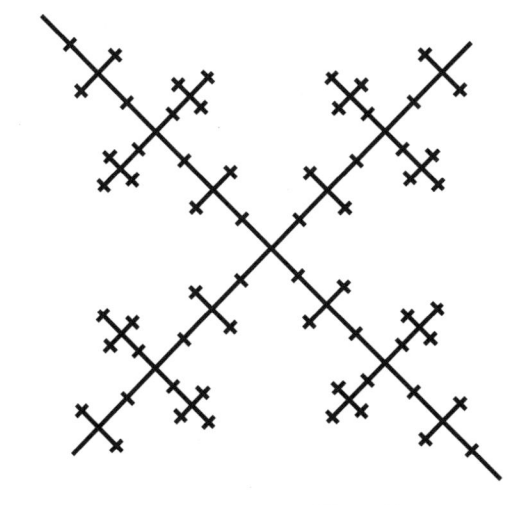

図 14 dendrite の形状の一例

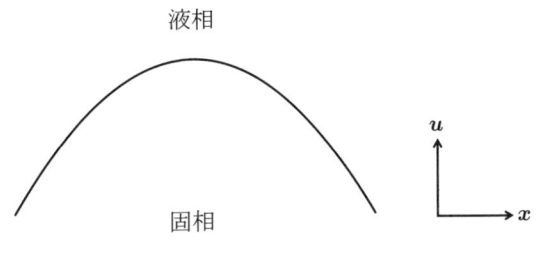

図 15 固液界面の形状

の dendrite の，ある種の成長機構と矛盾しないことを明らかにした（参考書・参考文献 [16], [17] など）．そこでこの付録においては，同じ名前で語られるところのこの自然界の dendrite について，その成長の機構の最も基本的な部分について簡単に説明しておこうと思う．

まず図 15 における固相・液相界面の時間発展を記述する方程式を空間変数 1 次元の場合について導出しよう[*2]．G_s, G_l をそれぞれ界面の法線方向への固相側，液相側における温度勾配とする．界面の成長速度 R は，凝固潜熱 L, 固

[*2] 前述の単純閉曲線に関する議論も，空間変数が 2 次元の場合のこの方程式の古典解の，最大値原理などの幾何学的性質にもとづいてなされる．

相の熱伝導率 C_s, 液相の熱伝導率 C_l, 界面の曲率 K の関数 $f_s(K)$, $f_l(K)$ を用いて

$$LR = C_s G_s f_s(K) - C_l G_l f_l(K) \tag{A.1}$$

と表現される．ここで $f_s(K)$, $f_l(K)$ は曲率の熱流速への影響を表しており，それぞれ以下の性質によって特徴付けられる．

$$f_s(0) = f_l(0) = 1 \tag{A.2}$$

$$\frac{df_s}{dK} < 0 ,\quad \frac{df_l}{dK} > 0 \tag{A.3}$$

時間 t とともに変化する界面の形状を表す関数を，すなわち界面の profile を，空間変数を x として，$u(x,t)$ とおくと，

$$u_t = R(1+u_x{}^2)^{\frac{1}{2}} ,\quad \text{ただし } u_t = \frac{\partial u}{\partial t},\ u_x = \frac{\partial u}{\partial x} \tag{A.4}$$

となる．この関係を用いれば，(A.1) から以下の発展方程式がえられる．

$$u_t = F(u, u_x, u_{xx}),\ t > 0,\ x \in R^1,$$

$$F(u,p,q) = \frac{C_s G_s}{L}(1+p^2)^{\frac{1}{2}} f_s(K(p,q)) - \frac{C_l G_l}{L}(1+p^2)^{\frac{1}{2}} f_l(K(p,q)),$$

$$K(p,q) = -\frac{q}{(1+p^2)^{\frac{3}{2}}}. \tag{A.5}$$

(A.5) の方程式の右辺の関数 $F(u,p,q)$ の性質を調べよう．

$$\begin{aligned}
\frac{\partial F(u,p,q)}{\partial q} &= \frac{C_s G_s}{L}(1+p^2)^{\frac{1}{2}} \frac{df_s}{dK}\frac{\partial K}{\partial q} - \frac{C_l G_l}{L}(1+p^2)^{\frac{1}{2}} \frac{df_l}{dK}\frac{\partial K}{\partial q} \\
&= -\frac{C_s G_s}{L}\frac{1}{1+p^2}\frac{df_s}{dK} + \frac{C_l G_l}{L}\frac{1}{1+p^2}\frac{df_l}{dK}
\end{aligned}$$

となるから固相の温度が液相の温度より高く，$G_s < 0$, $G_l < 0$ となるときには (A.3) から，$F_q\ (=\partial F/\partial q) < 0$ となることがわかる．そこで図 15 の，固相の頂点 P の高さの変化を，$u_x(g(t),t) = 0$, $u_{xx}(g(t),t) < 0$ によって特徴付けられるところの P の x–t 平面内における軌跡 $x = g(t)$ に沿って評価してみると，平均値の定理を用いて

$$\begin{aligned}
\frac{du(g(t),t)}{dt} &= u_x(g(t),t)\frac{dg(t)}{dt} + u_t(g(t),t) = u_t(g(t),t) \\
&= F(u(g(t),t), 0, u_{xx}(g(t),t)) - F(u(g(t),t), 0, 0) \\
&\quad + F(u(g(t),t), 0, 0)
\end{aligned}$$

$$= F_q(u(g(t),t), 0, \zeta(t))u_{xx}(g(t),t)) + F(u(g(t),t), 0, 0)$$

となる (参考書・参考文献 [6]). ここで $\zeta(t)$ は $u_{xx}(g(t),t) < \zeta(t) < 0$ なる, 関数である. (A.2) と $F_q < 0$ とを考慮すれば,

$$\frac{du(g(t),t)}{dt} > \frac{C_s G_s}{L} - \frac{C_l G_l}{L} \tag{A.6}$$

となる. $C_s G_s/L - C_l G_l/L$ は平らな界面の成長速度を意味するが, 固相の peak の成長速度は, それよりも大きいことがわかる. すなわち, 固相内部が固相・液相界面より温度が高いとき, dendrite の枝が成長することがわかる.

逆に, 固相の温度が液相の温度より低く, $G_s > 0$, $G_l > 0$ となるときには, (A.6) の不等号が反対となり, 界面が平らに近づくことがわかる.

A.3　集合列の収束 —Hausdorff 距離 d_H (本文 7.1 節) の補足—

[A.3.1]　$\lim A_i$ の定義

位相空間 (X, τ) の部分集合から成る無限列 $\{A_i\}$ を考えよう.
$\liminf A_i$
$= \{x \in X \,;\, {}^\forall u(x)^{*3)} \in \tau$ に対して, $u(x) \cap A_i \neq \phi$ が有限個の i を除いて成り立つ $\}$,
$\limsup A_i$
$= \{x \in X \,;\, {}^\forall u(x) \in \tau$ に対して, $u(x) \cap A_i \neq \phi$ が無限個の i に対して成り立つ $\}$,
として記号 $\liminf A_i$, $\limsup A_i$ を定めよう. すなわち, $\liminf A_i$ の点に対しては, その点を含むどんな開集合もある番号 I から先の i に対する A_i とはすべて共通部分をもつことになる. $\liminf A_i \subset \limsup A_i$ なる関係は常に成り立つが, $\limsup A_i \subset \liminf A_i$ であるとき, すなわち $\limsup A_i = \liminf A_i$ となるとき, この共通の集合を $\lim A_i$ で表す. たとえば, A_i を開区間 $(0, 1/i)$ とおけば, $\lim A_i$ が存在して $\lim A_i = \{0\}$ である.

$\liminf A_i$, $\limsup A_i$, $\lim A_i$ はそれぞれ以下のような性質をもっている.
　a) $\liminf A_i$ も $\limsup A_i$ も, いずれも閉集合である.

[*3)]　点 x を含む部分集合を $u(x)$ と書いた.

proof) $\liminf A_i$ についてだけ示そう．任意の $p \in \text{Cl}\liminf A_i$[*4] を考えよう．任意の $u(p) \in \tau$ に対して，$^\exists q \in u(p) \cap \liminf A_i$ である．$u(p)$ は $\liminf A_i$ の点 q を含む開集合だから，番号 I が在って，$I \leq i$ なる i に対するすべての A_i と共通部分をもっている．すなわち $p \in \liminf A_i$ であるから，$\text{Cl}\liminf A_i \subset \liminf A_i$ となっている．∎

b) $\limsup A_i = \limsup \text{Cl}A_i$, $\liminf A_i = \liminf \text{Cl}A_i$ が成り立つ．
proof) $\limsup A_i$ についてだけ示そう．任意の $p \in \limsup \text{Cl}A_i$ と任意の $u(p) \in \tau$ とを考えよう．関係 $u(p) \cap \text{Cl}A_i \neq \phi$ が無限個の i に対して成り立っている．$u(p)$ は A_i の触点を含むのだから，$u(p) \cap A_i \neq \phi$ となって，$p \in \limsup A_i$ が示された．∎

c) $\lim A_i$ か $\lim \text{Cl}A_i$ か，いずれかが存在すれば他方も存在して，それらは等しい．
proof) $\lim \text{Cl}A_i$ が存在するものとしよう．上の b) から $\lim \text{Cl}A_i = \limsup \text{Cl}A_i = \limsup A_i$, $\lim \text{Cl}A_i = \liminf \text{Cl}A_i = \liminf A_i$ であるから，$\limsup A_i = \liminf A_i$ となって $\lim A_i$ の存在がいえた．∎

[A.3.2] (X, τ_d) を compact 距離空間とする．$A_i \in \mathfrak{F}_d$ に対して $\lim A_i$ が存在するとき，$d_H(A_i, A)$[*5] $\to 0$ $(i \to \infty)$ となる．ただし $\lim A_i$ を A と書いた．
proof) 任意の $\varepsilon > 0$ に対して番号 I が在って，$I \leq i$ なる i に対しては常に $N_\varepsilon(A_i) \supset A_i$ および $N_\varepsilon(A_i) \supset A$ となることが示されれば本文 [7.1.3] に述べたことによって，$I \leq i$ に対して $d_H(A_i, A) < \varepsilon$ となる．まず $N_\varepsilon(A) \supset A_i$ を示そう．もしそうでないとすれば，$\varepsilon_0 > 0$ が在って，どんな番号 j に対しても $j \leq i_j$ なる i_j が在って $A_{i_j} \not\subset N_{\varepsilon_0}(A)$ となっている．すなわち A_{i_j} の点 a_{i_j} で $N_{\varepsilon_0}(A)^c$ ($N_{\varepsilon_0}(A)$ の補集合) の点となっているものが存在する．ここで $N_{\varepsilon_0}(A) = \bigcup_{a \in A} S_d(a, \varepsilon_0) \in \tau_d$ であるから $N_{\varepsilon_0}(A)^c \in \mathfrak{F}_d$ となる．すなわち $N_{\varepsilon_0}(A)^c$ は X の compact 集合である．compact 集合 $N_{\varepsilon_0}(A)^c$ 内の点列 $\{a_{i_j}\}$ は $N_{\varepsilon_0}(A)^c$ 内で収束する収束部分列をもつ．この部分列の極限を b とおくと，

[*4] 記号 ClE は E の閉包 (closure) を表す．
[*5] [A.3.1] に述べたように $\lim A_i \in \mathfrak{F}$ である．ただし，$\mathfrak{F}$ は閉集合の全体．X は仮定から compact だから，$A = \lim A_i$ も compact 集合である．したがって $A \in C(X)$ (X の ϕ でない compact 集合の全体) となって，$d_H(A, A_i)$ を考えることが出来る．

b を含む任意の開集合は無限個の i に対する A_i と共通部分をもつことになるから $b \in \limsup A_i = \lim A_i = A$ となる．しかし，$b \in N_{\varepsilon_0}(A)^c$ であるから，これは矛盾である．これで $N_\varepsilon(A) \supset A_i$ が示された．次に $N_\varepsilon(A_i) \supset A$ なることを示そう．A は仮定から compact であるから，点 $a_1, \ldots, a_n \in A$ が在って，$\{S_d(a_1, \varepsilon/2), \ldots, S_d(a_n, \varepsilon/2)\}$ で A を覆うことが出来る．$\liminf A_i = A$ だから，これらの開球の中心 a_j に対して，それぞれ番号 I_j が在って，$I_j \leq i$ に対しては $S_d(a_j, \varepsilon/2) \cap A_i \neq \phi$，と出来る．今，$\max\{I_j\} = I$ とおこう．任意の $a \in A$ を考えれば a_j が在って，$d(a, a_j) < \varepsilon/2$ となっている．各 $i \geq I$ に対して点 $b_i \in A_i$ がそれぞれ在って，$d(a_j, b_i) < \varepsilon/2$ であるから
$$d(a, b_i) \leq d(a, a_j) + d(a_j, b_i) < \frac{\varepsilon}{2} + \frac{\varepsilon}{2} = \varepsilon$$
をえる．すなわち A の任意の点 a は $I \leq i$ なるすべての i に対して，$a \in N_\varepsilon(A_i)$ となるから，関係 $A \subset N_\varepsilon(A_i)$ がえられた．ここで与えられた $\varepsilon > 0$ に対して $N_\varepsilon(A) \supset A_i$ が成り立つための $I \leq i$ なる I と，$N_\varepsilon(A_i) \supset A$ が成り立つための $I \leq i$ なる I との大きい方をあらためて I として定めれば，目的の結果がえられる． ∎

[A.3.3] (X, τ_d) を距離空間とする．集合 $A_i \in C(X)$ の列 $\{A_i\}$ が，集合 $A \in C(X)$ に距離 d_H で収束しているものとすると，$\lim A_i$ が存在して A に等しい．
proof) $\forall \varepsilon > 0$, $\exists I$ s.t. $I \leq i$ なるすべての i に対して，$N_\varepsilon(A) \supset A_i$, $N_\varepsilon(A_i) \supset A$, となっている．このとき，$\limsup A_i \subset A$ および $A \subset \liminf A_i$ を示せばよいわけである．まず $\limsup A_i \subset A$ を示そう．点 $p \in \limsup A_i$ を考えよう．今，$1/n$ に対して，番号 I_n が在って，$I_n \leq i$ なる i に対して $N_{\frac{1}{n}}(A) \supset A_i$ となっている．$I_n \leq i_n$ なる i_n が在って，p を中心とする開球 $S_d(p, 1/n)$ に対して $S_d(p, 1/n) \cap A_{i_n} \neq \phi$ となっている．この共通部分から点 a_{i_n} を選ぼう．$a_{i_n} \in A_{i_n} \subset N_{\frac{1}{n}}(A)$ であるから，$\exists a_n \in A$ s.t. $d(a_{i_n}, a_n) < 1/n$ と出来る．各 n に対して，こうして点 a_n を定めれば A 内の点列 $\{a_n\}$ が作られる．
$$d(p, a_n) \leq d(p, a_{i_n}) + d(a_{i_n}, a_n) < \frac{2}{n}$$
であるから $\lim a_n = p \ (n \to \infty)$ となる．ここで A は閉集合であったから $p \in A$ をえる．すなわち，$\limsup A_i \subset A$ がえられた．次に $A \subset \liminf A_i$ を示そう．今，任意の点 $a \in A$ と任意の $u(a) \in \tau_d$ とを考えよう．$S_d(a, \delta) \subset u(a)$ なる

$\delta > 0$ に対して, $N_\delta(A_i) \supset A$ なる関係がある番号 I 以上のすべての i に対して成り立っている. すなわち, $I \leq i$ なる A_i に対して, $^\exists a_i \in A_i$ s.t. $a_i \in S_d(a, \delta)$, となっている. すなわち I 以上の i に対して $A_i \cap u(a) \neq \phi$ となって, 関係 $A \subset \liminf A_i$ が示された. ∎

[A.3.4] (X, d) を compact 距離空間とする. $\{A_i\}$ を ϕ でない X の部分集合[*6]の列とする. このとき, ϕ でない閉集合 A と $\{A_i\}$ の部分列 $\{A_{i_j}\}$ とが在って, $\lim A_{i_j} = A$ となる. ここで lim は j に関するものである.

proof) compact 距離空間 X の ϕ でない閉集合の全体 $C(X)$ に Hausdorff 距離を入れた距離空間は再び compact 距離空間であることが知られている (参考書・参考文献[3]) から, 閉集合列 $\{\text{Cl}A_i\}$ は $C(X)$ 内のなんらかの集合 $A \neq \phi$ に距離 d_H で収束するところの部分列 $\{\text{Cl}A_{i_j}\}$ をもつ. すなわち $d_H(\text{Cl}A_{i_j}, A) \to 0$ $(j \to \infty)$ である. このとき, [A.3.3] から $\lim \text{Cl}A_{i_j}$ が存在して A に等しい. ところで [A.3.1], c) から $\lim \text{Cl}A_{i_j} = \lim A_{i_j}$ となるから, $\lim A_{i_j} = A$ がえられた. ∎

A.4 数学的帰納法

本文においても, 証明において, 数学的帰納法 (mathematical induction) を用いた. この付録では, その起源であるところの自然数に対する Peano の公理について少々触れておこう.

今, e という対象を含むところの, ϕ でない集合 $\mathbf{N}$ と写像 $\varphi : \mathbf{N} \to \mathbf{N}$ との組 $(\mathbf{N}, e, \varphi)$ を考える. これが以下の公理 (Peano の公理) をみたすとき $\mathbf{N}$ の元を自然数という.

  i) $\varphi : \mathbf{N} \to \mathbf{N}$ は単射である.
  ii) $e \notin \varphi(\mathbf{N})$.
  iii) M を $\mathbf{N}$ の部分集合とする. "$e \in M$" および "$n \in M \Rightarrow \varphi(n) \in M$", が成り立つならば $M = \mathbf{N}$ である.

この iii) を数学的帰納法の公理という. 以下に例をあげて, iii) の用い方について説明しよう.

[*6] $A_i \in \mathfrak{F}_d$ とは限らない.

1) $^\forall n \in \mathbf{N},\ \varphi(n) \neq n$ が成り立つ.
   proof) $\varphi(n) \neq n$ なる n の集合を M としよう. ii) から $\varphi(e) \neq e$ だから,まず $e \in M$ となっている. 次に $\varphi(n) \neq n$ なるとき,もし $\varphi(\varphi(n)) = \varphi(n)$ であるとすると, i) から $\varphi(n) = n$ となるから, $\varphi(\varphi(n)) \neq \varphi(n)$ でなければならない. すなわち $n \in M \Rightarrow \varphi(n) \in M$ が成り立つ. したがって iii) から $M = \mathbf{N}$ をうる. ∎

2) $e \neq n \in \mathbf{N}$ に対して, $\varphi(m) = n$ なる $m \in \mathbf{N}$ が必ず存在する.
   proof) $\varphi(\mathbf{N}) \cup \{e\} = M$ とおこう. M が iii) をみたすことは明らかだから $M = \mathbf{N}$ となる. すなわち,e と異なる $n \in \mathbf{N}$ を考えれば $n \in \varphi(\mathbf{N})$ でなければならない. これはなんらかの $m \in \mathbf{N}$ が在って $\varphi(m) = n$ となっていることを示している. ∎

3) $x_0 \in X$ なる集合 X と $g : X \to X$ なる写像を考える. このとき
   a) $f(e) = x_0$
   b) $^\forall n \in \mathbf{N},\ f(\varphi(n)) = g(f(n))$

   をみたす $f : \mathbf{N} \to X$ はただひとつである[*7].
   proof) 今, $f : \mathbf{N} \to X$ と $f' : \mathbf{N} \to X$ とがともに条件 a), b) をみたすものとする. $M = \{n \in \mathbf{N};\ f(n) = f'(n)\}$ とおくと, a) から $x_0 = f(e) = f'(e)$ だから,まず $e \in M$ である. 次に, $n \in M$ とするき, $f(\varphi(n)) = g(f(n)) = g(f'(n)) = f'(\varphi(n))$ となるから, $\varphi(n) \in M$ である. したがって, iii) から $M = \mathbf{N}$ となるから, f と f' とは写像として等しい. ∎

[*7] 実際は,一意性だけではなく,このような f の存在もいえる.たとえば,彌永昌吉,数の体系(上),岩波書店,1972 を参照のこと.

参考書・参考文献

[1] 深石博夫他, トポロジー万華鏡 I, II, 朝倉書店, 1996.
[2] W. Hurewicz and H. Wallman, Dimension Theory, Princeton University Press, 1941.
[3] A. Illanes and S. B. Nadler Jr., Hyperspaces, Marcel Dekker, 1999, および そこに引用されている Nadler の著作.
[4] 入江昭二, 線形数学 I, II, 共立出版, 1971.
[5] 加藤久男, 巾空間と Whitney 連続体の幾何学的構造, 数学, 44(1992)229.
[6] A. Kitada and H. Umehara, A rapid proof for a flattening property of a classical solution of the Mullins equation. Journal of Mathematical Physics, 32(1991)1478.
[7] A. Kitada, T. Konishi, T. Watanabe, An estimate of the Hausdorff dimension of a weak self–similar set. Chaos, Solitons & Fractals, 13(2002)363.
[8] A. Kitada, A note on a property of a weak self–similar perfect set. Chaos, Solitons & Fractals, 15(2003)903.
[9] A. Kitada, On a topological embedding of a weak self–similar, zero–dimensional set. Chaos, Solitons & Fractals, 22(2004)171.
[10] A. Kitada, Y. Ogasawara, On a decomposition space of a weak self–similar set. Chaos, Solitons & Fractals, 24(2005)785, Erratum to "On a decomposition space of a weak self–similar set". Chaos, Solitons & Fractals, 25(2005)1273.
[11] A. Kitada, Y. Ogasawara, On a property specific to the tent map. Chaos, Solitons & Fractals, 29(2006)1256.
[12] A. Kitada, Y. Ogasawara, T. Yamamoto, On a dendrite generated by a zero–dimensional weak self–similar set. Chaos, Solitons & Fractals, 34 (2007)1732.
[13] A. Kitada, Y. Ogasawara, K. Eda, Note on a property specific to the tent map. Chaos, Solitons & Fractals, 2007 in press. (Available online at

www.sciencedirect.com)
- [14] 小西徹治, 博士学位論文（早稲田大学）, 2001.
- [15] 森田紀一, 位相空間論, 岩波書店, 1981.
- [16] Y. Ogasawara, K. Eda and A. Kitada, The effect of curvature on the instability of a solid/liquid interface. Journal of the Physical Society of Japan, 74(2005)2439.
- [17] Y. Ogasawara and A. Kitada, A consideration of the morphological stability of an interface. Journal of the Physical Society of Japan, 75(2006)064003.
- [18] L. Schwartz, シュヴァルツ解析学, 小島順他訳, 東京図書, 1967.

索　引

B

Baire の定理（Baire theorem）　62
Bernstein の定理（Bernsetin theorem）　2
Brouwer の定理（Brouwer theorem）　148

C

Cantor の中央 1/3 集合（Cantor's Middle-Thirds Set）　113, 119
Cauchy 列（Cauchy sequence）　57
Chasles の関係（relation of Chasles）　141
cik（connected im kleinen）　46
compact 空間（compact space）　50
compact 集合（compact set）　50
cut point　41

D

D–saturated　94
dendrite　43, 116, 148

E

end point　40
$\langle \varepsilon \rangle$–chain　84
ε–chain　80
ε–chained　80
ε–δ 論法　22

F

$f(x)$ の，部分集合 A に関する，点 x_0 における極限（limit of $f(x)$ at the point x_0 with respect to A）　24
finite chain　84
fixed point property　146

H

Hahn–Mazurkiewicz の定理（Hahn–Mazurkiewicz theorem）　89
Hausdorff 距離（Hausdorff metric）d_H　98, 151
Hausdorff 次元（Hausdorff dimension）$\dim_H$　106
Heine–Borel の定理（Heine–Borel theorem）　64

L

$\mathcal{L}$ によって，生成された位相（topology generated by $\mathcal{L}$）　11
Lebesgue 数（Lebesgue number）　53

P

Peano 連続体（Peano continuum）　83

S

Schwarz の不等式（Schwarz inequality）　133
Σ 座標（Σ–coordinate）　141

T

T_0 空間（T_0 space）　7
T_1 空間（T_1 space）　7
T_2 空間（T_2 space）　7

U

upper semi continuous　94
usc 写像（usc mapping）　77
usc 分解（usc decomposition）　94

V

Vietoris 位相（Vietoris topology） 100

W

well-chained 80

X

X において離れている（separated in X） 29

ア 行

アフィン空間（affine space） 140
アフィン多様体（affine manifold） 141
アフィン枠（affine frame） 141

位相（topology） 6
位相空間（topological space） 6
位相的共役（topologically conjugate） 115
位相的性質（topological property） 24
一様収束（uniform convergence） 23
一様連続（uniformly continuous） 56

埋め込み（embedding） 25

カ 行

開基（open base） 11
開球（open sphere） 9
開写像（open mapping） 25
開集合（open set） 6
開被覆（open cover） 50
下界（lower bound） 58
下限（infimum） 58, 59
可算開基（countable open base） 11
可分（separable） 16
完全（perfect） 69
完全不連結（totally disconnected） 33
完備（complete） 57

境界（boundary） 14
局所 compact（locally compact） 65
局所連結（locally connected） 44

距離（metric） 9
距離位相（metric topology） 9
距離化可能（metrizable） 10
距離空間（metric space） 9

弧状連結（arcwise connected） 46

サ 行

最小元（minimum） 58
最大元（maximum） 58

射影（projection） 5, 12
集合力学系（set dynamical system） 104, 115
集積点（accumulation point） 14
順序集合（orderd set） 58
準成分（quasi component） 35
上界（upper bound） 58
商空間（quotient space） 8
上限（supremum） 57, 59
商写像（quotient map） 92
商集合（quotient set） 5
触点（adherent point） 14

数学的帰納法（mathematical induction） 154

性質 S（property S） 81
成分（component） 33
積位相（product topology） 12
積空間（product space） 12
0 次元（zero-dimensional） 39, 70
0 次元空間（zero-dimensional space） 39, 70
全射（onto mapping） 2
全順序集合（totally ordered set） 58
選択公理（axiom of choice） 1
全有界（totally bounded） 54

タ 行

第 2 可算（second countable） 11
互いに離れた（mutually separated） 28

索　引　　　　　　　　　　　　　　　　*161*

単射（one to one mapping）　2
単純閉曲線（simple closed curve）　26, 42
中間値の定理（intermediate value theorem）　33
超距離不等式（ultra metric inequality）　15
超平面（hyperplane）　142
直積集合（direct product set）　5
直線（line）　142
直径（diameter）　55

点（point）　142
点 x において不連続（discontinuous at x）　20
点 x において連続（continuous at x）　20
テント写像（tent map）　113

同相（homeomorphic）　24
同相写像（homeomorphism）　24
同値関係（equivalence relation）　5
同値類（equivalence class）　5

　　　　　　ナ　行

内部（interior）　6

ノルム（norm）　133
ノルム（線形）空間（normed (linear) space）　133

　　　　　　ハ　行

被覆（cover）　50

不動点（fixed point）　103
部分空間（subspace）　16
不連結（disconnected）　29

分解空間（decomposition space）　91
分割（partition）　72, 91

閉写像（closed mapping）　25
閉集合（closed set）　14
閉包（closure）　14
平面（plane）　142

補完実数直線（extended real line）　59

　　　　　　マ　行

密（dense）　16
密着位相（trivial topology）　7
無限集合（infinite set）　2

　　　　　　ヤ　行

有限次元線形空間（finite dimensional linear space）　133
有限集合（finite set）　2

余次元（codimension）　143
弱い自己相似集合（weak self–similar set）　103
弱い縮小写像（weak contraction）　102

　　　　　　ラ　行

離散位相（discrete topology）　7
離散距離（discrete metric）　9

連結（connected）　29
連結空間（connected space）　29
連結集合（connected set）　29
連続写像（continuous mapping）　20

著者略歴

北田　韶彦(きただ　あきひこ)

1946 年　鹿児島県に生まれる
1975 年　早稲田大学大学院理工学研究科修了
現　在　早稲田大学理工学術院教授
　　　　工学博士

現代基礎数学 12
位相空間とその応用　　　　　定価はカバーに表示

2007 年 1 月 25 日　初版第 1 刷
2007 年 7 月 30 日　　　第 2 刷

著　者　北　田　韶　彦
発行者　朝　倉　邦　造
発行所　株式会社 朝　倉　書　店
　　　　東京都新宿区新小川町6-29
　　　　郵便番号　162-8707
　　　　電　話　03(3260)0141
　　　　F A X　03(3260)0180
　　　　http://www.asakura.co.jp

〈検印省略〉

Ⓒ 2007〈無断複写・転載を禁ず〉　　東京書籍印刷・渡辺製本

ISBN 978-4-254-11762-2　C 3341　　Printed in Japan

◆ 講座 数学の考え方 ◆

飯高　茂・川又雄二郎・森田茂之・谷島賢二　編集

東京電機大 桑田孝泰著
講座　数学の考え方2
微　分　積　分
11582-6 C3341　　　　A5判 208頁 本体3400円

微分積分を第一歩から徹底的に理解させるように工夫した入門書。多数の図を用いてわかりやすく解説し，例題と問題で理解を深める。〔内容〕関数／関数の極限／微分法／微分法の応用／積分法／積分法の応用／2次曲線と極座標／微分方程式

学習院大 飯高　茂著
講座　数学の考え方3
線　形　代　数　基礎と応用
11583-3 C3341　　　　A5判 256頁 本体3400円

2次の行列と行列式の丁寧な説明から始めて，3次，n次とレベルが上がるたびに説明を繰り返すスパイラル方式を採り，抽象ベクトル空間に至る一般論を学習者の心理を考えながら展開する。理解を深めるため興味深い応用例を多数取り上げた

東大 坪井　俊著
講座　数学の考え方5
ベクトル解析と幾何学
11585-7 C3341　　　　A5判 240頁 本体3900円

2次元の平面や3次元の空間内の曲線や曲面の表示の方法，曲線や曲面上の積分，2次元平面と3次元空間上のベクトル場について，多数の図を活用して丁寧に解説。〔内容〕ベクトル／曲線と曲面／線積分と面積分／曲線の族，曲面の族

東北大 柳田英二・横市大 栄伸一郎著
講座　数学の考え方7
常　微　分　方　程　式　論
11587-1 C3341　　　　A5判 224頁 本体3800円

微分方程式を初めて学ぶ人のための入門書。初等解法と定性理論の両方をバランスよく説明し，多数の実例で理解を助ける。〔内容〕微分方程式の基礎／初等解法／定数係数線形微分方程式／2階変数係数線形微分方程式と境界値問題／力学系

東大 森田茂之著
講座　数学の考え方8
集　合　と　位　相　空　間
11588-8 C3341　　　　A5判 232頁 本体3800円

現代数学の基礎としての集合と位相空間について予備知識を前提とせずに初歩から解説。一般化へ進むさいには重要な概念や定義を言い換えや繰り返しによって丁寧に記述した。一般論の有用性を伝えるため少し発展した内容にも触れた

上智大 加藤昌英著
講座　数学の考え方9
複　素　関　数　論
11589-5 C3341　　　　A5判 232頁 本体3800円

集合と位相に関する準備から始めて，1変数正則関数の解析的および幾何学的な側面を解説．多数の演習問題には詳細な解答を付す。〔内容〕複素数値関数／正則関数／コーシーの定理／正則関数の性質／正則関数と関数の特異点／正則写像

東大 川又雄二郎著
講座　数学の考え方11
射　影　空　間　の　幾　何　学
11591-8 C3341　　　　A5判 224頁 本体3600円

射影空間の幾何学を通じて，線形代数から幾何学への橋渡しをすることを目標とし，その過程で登場する代数幾何学の重要な諸概念を丁寧に説明する。〔内容〕線形空間／射影空間／射影空間の中の多様体／射影多様体の有理写像

日大 渡辺敬一著
講座　数学の考え方12
環　と　体
11592-5 C3341　　　　A5判 192頁 本体3600円

まずガロワ理論を念頭において環の理論を簡明に説明する。ついで体の拡大・拡大次数から始めて分離拡大，方程式の可解性に至るまでガロワ理論を丁寧に解説する。最後に代数幾何や整数論などと関わりをもつ可換環論入門を平易に述べる

学習院大 谷島賢二著
講座　数学の考え方13
ルベーグ積分と関数解析
11593-2 C3341　　　　A5判 276頁 本体4500円

前半では「測度と積分」についてその必要性が実感できるように配慮して解説。後半では関数解析の基礎を説明しながら，フーリエ解析，積分作用素論，偏微分方程式論の話題を多数例示して現代解析学との関連も理解できるよう工夫した。

学習院大 川崎徹郎著 講座 数学の考え方14	曲面と多様体		
11594-9 C3341		A5判 256頁	本体4200円

微積分と簡単な線形代数の知識以外には線形常微分方程式の理論だけを前提として、曲線論、曲面論、多様体の基礎について、理論と実例の双方を分かりやすく丁寧に説明する。多数の美しい図と豊富な例が読者の理解に役立つであろう

大阪市大 枡田幹也著 講座 数学の考え方15	代数的トポロジー		
11595-6 C3341		A5判 256頁	本体4200円

物理学など他分野と関わりながら重要性を増している代数的トポロジーの入門書。演習問題には詳しい解答を付す。〔内容〕オイラー数／回転数／単体的ホモロジー／特異ホモロジー群／写像度／胞体複体／コホモロジー環／多様体と双対性

立大 木田祐司著 講座 数学の考え方16	初等整数論		
11596-3 C3341		A5判 232頁	本体3800円

整数と多項式に関する入門的教科書。実際の計算を重視し、プログラム作成が可能なように十分に配慮している。〔内容〕素数／ユークリッドの互除法／合同式／二次合同式／F_p係数多項式の因数分解／円分多項式と相互法則

東大 新井仁之著 講座 数学の考え方17	フーリエ解析学		
11597-0 C3341		A5判 276頁	本体4600円

多変数フーリエ解析は光学など多次元の現象を研究するのに用いられ、近年は画像処理など多次元ディジタル信号処理で本質的な役割を果たしている。このように応用分野で広く使われている多変数フーリエ解析を純粋数学の立場から見直す

東大 小木曽啓示著 講座 数学の考え方18	代数曲線論		
11598-7 C3341		A5判 256頁	本体4200円

コンパクトリーマン面の射影埋め込み定理を目標に置いたリーマン面論。〔内容〕リーマン球面／リーマン面と正則写像／リーマン面上の微分形式／いろいろなリーマン面／層と層係数コホモロジー群／リーマン-ロッホの定理とその応用／他

東大 舟木直久著 講座 数学の考え方20	確率論		
11600-7 C3341		A5判 276頁	本体4500円

確率論を学ぶ者にとって最低限必要な基礎概念から、最近ますます広がる応用面までを解説した入門書。〔内容〕はじめに／確率論の基礎概念／条件つき確率と独立性／大数の法則／中心極限定理と少数の法則／マルチンゲール／マルコフ過程

東大 吉田朋広著 講座 数学の考え方21	数理統計学		
11601-4 C3341		A5判 296頁	本体4800円

数理統計学の基礎がどのように整理され、また現代統計学の発展につながるかを解説。題材の多くは初等統計学に現れるもので種々の推測法の根拠を解明。〔内容〕確率分布／線形推測論／統計的決定理論／大標本理論／漸近展開とその応用

東工大 小島定吉著 講座 数学の考え方22	3次元の幾何学		
11602-1 C3341		A5判 200頁	本体3600円

曲面に対するガウス・ボンネの定理とアンデレーフ・サーストンの定理を足がかりに、素朴な多面体の貼り合わせから出発し、多彩な表情をもつ双曲幾何を背景に、3次元多様体の幾何とトポロジーがおりなす豊饒な世界を体積をめぐって解説

弘前大 難波完爾著 講座 数学の考え方23	数学と論理		
11603-8 C3341		A5判 280頁	本体4800円

歴史的発展を辿りながら、数学の論理的構造を興味深く語り、難解といわれる数学基礎論を平易に展開する。〔内容〕推論と証明／証明と完全性／計算可能性／不完全性定理／公理的集合論／独立性／有限体／計算量／有限から無限へ／その他

四日市大 小川束・東海大 平野葉一著 講座 数学の考え方24	数学の歴史 —和算と西欧数学の発展—		
11604-5 C3341		A5判 288頁	本体4800円

2部構成の、第1部は日本数学史に関する話題から、建部賢弘による円周率の計算や円弧長の無限級数への展開計算を中心に、第2部は数学という学問の思想的発展を概観することに重点を置き、西洋数学史を理解できるよう興味深く解説

東大 中村　周著
応用数学基礎講座 4
フーリエ解析
11574-1　C3341　　　A5判 200頁　本体3500円

応用に重点を置いたフーリエ解析の入門書。特に微分方程式、数理物理、信号処理の話題を取り上げる。〔内容〕フーリエ級数展開／フーリエ級数の性質と応用／1変数のフーリエ変換／多変数のフーリエ変換／超関数／超関数のフーリエ変換

前奈良女大 山口博史著
応用数学基礎講座 5
複素関数
11575-8　C3341　　　A5判 280頁　本体4500円

多数の図を用いて複素関数の世界を解説。複素多変数関数論の入門として上空移行の原理に触れ、静電磁気学を関数論的手法で見直す。〔内容〕ガウス平面／正則関数／コーシーの積分表示／岡潔の上空移行の原理／静電磁場のポテンシャル論

前東大 岡部靖憲著
応用数学基礎講座 6
確率・統計
11576-5　C3341　　　A5判 288頁　本体4200円

確率論と統計学の基礎と応用を扱い、両者の交流を述べる。〔内容〕場合の数とモデル／確率測度と確率空間／確率過程／中心極限定理／時系列解析と統計学／テント写像のカオス性と揺動散逸定理／時系列解析と実験数学／金融工学と実験数学

東大 宮下精二著
応用数学基礎講座 7
数値計算
11577-2　C3341　　　A5判 190頁　本体3600円

数値計算を用いて種々の問題を解くユーザーの立場から、いろいろな方法とそれらの注意点を解説する。〔内容〕計算機を使う／誤差／代数方程式／関数近似／高速フーリエ変換／関数推定／微分方程式／行列／量子力学における行列計算／乱数

東大 細野　忍著
応用数学基礎講座 9
微分幾何
11579-6　C3341　　　A5判 228頁　本体4000円

微分幾何を数理科学の諸分野に応用し、あるいは応用する中から新しい数理の発見を志す初学者を対象に、例題と演習・解答を添えて理論構築の過程を丁寧に解説した。〔内容〕曲線・曲面の幾何学／曲面のリーマン幾何学／多様体上の微分積分

東大 杉原厚吉著
応用数学基礎講座10
トポロジー
11580-2　C3341　　　A5判 224頁　本体3800円

直観的なイメージを大切にし、大規模集積回路の配線設計や有限要素法のためのメッシュ生成など応用例を多数取り上げた。〔内容〕図形と位相空間／ホモトピー／結び目とロープマジック／複体／ホモロジー／トポロジーの計算論／グラフ理論

理科大 戸川美郎著
シリーズ〈数学の世界〉1
ゼロからわかる数学
―数論とその応用―
11561-1　C3341　　　A5判 144頁　本体2500円

0, 1, 2, 3, …と四則演算だけを予備知識として数学における感性を会得させる数学入門書。集合・写像などは丁寧に説明して使える道具としてしまう。最終目的地はインターネット向きの暗号方式として最もエレガントなRSA公開鍵暗号

中大 山本　慎著
シリーズ〈数学の世界〉2
情報の数理
11562-8　C3341　　　A5判 168頁　本体2800円

コンピュータ内部での数の扱い方から始めて、最大公約数や素数の見つけ方、方程式の解き方、さらに名前のデータの並べ替えや文字列の探索まで、コンピュータで問題を解く手順「アルゴリズム」を中心に情報処理の仕組みを解き明かす

早大 沢田　賢・早大 渡邊展也・学芸大 安原　晃著
シリーズ〈数学の世界〉3
社会科学の数学
―線形代数と微積分―
11563-5　C3341　　　A5判 152頁　本体2500円

社会科学系の学部では数学を履修する時間が不十分であり、学生も高校であまり数学を学習していない。このことを十分考慮して、数学における文字の使い方などから始めて、線形代数と微積分の基礎概念が納得できるように工夫をこらした

早大 沢田　賢・早大 渡邊展也・学芸大 安原　晃著
シリーズ〈数学の世界〉4
社会科学の数学演習
―線形代数と微積分―
11564-2　C3341　　　A5判 168頁　本体2500円

社会科学系の学生を対象に、線形代数と微積分の基礎が確実に身に付くように工夫された演習書。各章の冒頭で要点を解説し、定義、定理、例、例題と解答により理解を深め、その上で演習問題を与えて実力を養う。問題の解答を巻末に付す

専大 青木憲二著
シリーズ〈数学の世界〉5
経済と金融の数理
—やさしい微分方程式入門—
11565-9 C3341　　　A5判 160頁 本体2700円

微分方程式は経済や金融の分野でも広く使われるようになった。本書では微分積分の知識をいっさい前提とせずに，日常的な感覚から自然に微分方程式が理解できるように工夫されている。新しい概念や記号はていねいに繰り返し説明する

早大 鈴木晋一著
シリーズ〈数学の世界〉6
幾 何 の 世 界
11566-6 C3341　　　A5判 152頁 本体2800円

ユークリッドの平面幾何を中心にして，図形を数学的に扱う楽しさを読者に伝える。多数の図と例題，練習問題を添え，談話室で興味深い話題を提供する。〔内容〕幾何学の歴史／基礎的な事項／3角形／円周と円盤／比例と相似／多辺形と円周

数学オリンピック財団 野口 廣著
シリーズ〈数学の世界〉7
数学オリンピック教室
11567-3 C3341　　　A5判 140頁 本体2700円

数学オリンピックに挑戦しようと思う読者は，第一歩として何をどう学んだらよいのか。挑戦者に必要な数学を丁寧に解説しながら，問題を解くアイデアと道筋を具体的に示す。〔内容〕集合と写像／代数／数論／組み合せ論とグラフ／幾何

東北大 石田正典著
すうがくの風景2
トーリック多様体入門
—扇の代数幾何—
11552-9 C3341　　　A5判 164頁 本体3200円

本書は，この分野の第一人者が，代数幾何学の予備知識を仮定せずにトーリック多様体の基礎的内容を，何のあいまいさも含めず，丁寧に解説した貴重な書。〔内容〕錐体と双対錐体／扇の代数幾何／2次元の扇／代数的トーラス／扇の多様化

早大 村上 順著
すうがくの風景3
結 び 目 と 量 子 群
11553-6 C3341　　　A5判 200頁 本体3300円

結び目の量子不変量とその背後にある量子群についての入門書。量子不変量がどのように結び目を分類するか，そして量子群のもつ豊かな構造を平明に説く。〔内容〕結び目とその不変量／組紐群と結び目／リー群とリー環／量子群（量子展開環）

神戸大 野海正俊著
すうがくの風景4
パンルヴェ方程式
—対称性からの入門—
11554-3 C3341　　　A5判 216頁 本体3400円

1970年代に復活し，大きく進展しているパンルヴェ方程式の具体的・魅惑的紹介。〔内容〕ベックルント変換とは／対称形式／τ函数／格子上のτ函数／ヤコビ-トゥルーディ公式／行列式に強くなろう／ガウス分解と双有理変換／ラックス形式

東京女大 大阿久俊則著
すうがくの風景5
D 加群と計算数学
11555-0 C3341　　　A5判 208頁 本体3500円

線形常微分方程式の発展としてのD加群理論の初歩を計算数学の立場から平易に解説〔内容〕微分方程式を線形代数で考える／環と加群の言葉では？／微分作用素環とグレブナー基底／多項式の巾とb函数／D加群の制限と積分／数式処理システム

奈良女大 松澤淳一著
すうがくの風景6
特異点とルート系
11556-7 C3341　　　A5判 224頁 本体3700円

クライン特異点の解説から，正多面体の幾何，正多面体群の群構造，特異点解消及び特異点の変形とルート系，リー群・リー環の魅力的世界を活写〔内容〕正多面体／クライン特異点／ルート系／単純リー環とクライン特異点／マッカイ対応

熊本大 原岡喜重著
すうがくの風景7
超 幾 何 関 数
11557-4 C3341　　　A5判 208頁 本体3300円

本書前半ではテイラー展開から大域挙動をつかまえる話をし，後半では三つの顔を手がかりにして最終，微分方程式からの統一理論に進む物語〔内容〕雛形／超幾何関数の三つの顔／超幾何関数の仲間を求めて／積分表示／級数展開／微分方程式

阪大 日比孝之著
すうがくの風景8
グレブナー基底
11558-1 C3341　　　A5判 200頁 本体3300円

組合せ論あるいは可換代数におけるグレブナー基底の理論的な有効性を簡潔に紹介。〔内容〕準備（可換環他）／多項式環／グレブナー基底／トーリック環／正規配置と単模被覆／正則三角形分割／単模性と圧搾性／コスツル代数とグレブナー基底

現代基礎数学

新井仁之・小島定吉・清水勇二・渡辺　治　［編集］

1	数学の言葉と文法	渡辺　治（編著）	
2	計算機と数学	高橋正子	
3	線形代数の基礎	和田昌昭	
4	線形代数と正多面体	小林正典	
5	多項式と計算代数	横山和弘	
6	初等整数論と暗号	内山成憲・藤岡　淳・藤崎英一郎	
7	微積分の基礎	浦川　肇	本体 3300 円
8	微積分の発展	細野　忍	
9	複素関数論	柴　雅和	
10	応用微分方程式	小川卓克	
11	フーリエ解析とウェーブレット	新井仁之	
12	位相空間とその応用	北田韶彦	
13	確率と統計	藤澤洋徳	本体 3300 円
14	離散構造	小島定吉	
15	数理論理学	鹿島　亮	
16	圏と加群	清水勇二	
17	有限体と代数曲線	諏訪紀幸	
18	曲面と可積分系	井ノ口順一	
19	群論と幾何学	藤原耕二	
20	ディリクレ形式入門	竹田雅好	
21	非線形偏微分方程式	柴田良弘	

上記価格（税別）は 2007 年 6 月現在